网络工程师教育丛书

城域网与广域网
（第2版）

Metropolitan and Wide Area Networks, 2nd Edition

刘化君　郭丽红　等编著

电子工业出版社

Publishing House of Electronics Industry

北京·BEIJING

内 容 简 介

本书是《网络工程师教育丛书》的第 3 册,较为系统、全面地介绍了城域网与广域网的概念、技术、构件、协议,以及远程访问与配置技术。全书分为 9 章,内容包括:城域网基础,目前常用的几种宽带城域网技术,无线城域网,广域网基础,广域网设备与接入,物理层广域网协议,数据链路层广域网协议,高层广域网协议,远程访问与配置。为帮助读者更好地掌握基础理论知识和应对认证考试,各章均附有小结、练习及小测验,并对典型题型给出解答提示。

本书可作为网络工程师培训和认证考试教材,或作为本科及职业技术教育相关课程的教材或参考书,也可供网络技术人员、管理人员以及有志于自学成为网络工程师的读者阅读。

本书的相关资源可从华信教育资源网(www.hxedu.com.cn)免费下载,或通过与本书责任编辑(zhangls@phei.com.cn)联系获取。

未经许可,不得以任何方式复制或抄袭本书之部分或全部内容。
版权所有,侵权必究。

图书在版编目(CIP)数据

城域网与广域网 / 刘化君等编著. —2 版. —北京:电子工业出版社,2022.3
(网络工程师教育丛书)
ISBN 978-7-121-38851-4

Ⅰ.①城… Ⅱ.①刘… Ⅲ.①城域网-基本知识②广域网-基本知识 Ⅳ.①TP393.1②TP393.2

中国版本图书馆 CIP 数据核字(2020)第 048219 号

责任编辑:张来盛(zhangls@phei.com.cn)
印 刷:三河市华成印务有限公司
装 订:三河市华成印务有限公司
出版发行:电子工业出版社
     北京市海淀区万寿路 173 信箱 邮编:100036
开 本:787×1092 1/16 印张:17.75 字数:465 千字
版 次:2015 年 8 月第 1 版
     2022 年 3 月第 2 版
印 次:2022 年 3 月第 1 次印刷
定 价:78.00 元

凡所购买电子工业出版社图书有缺损问题,请向购买书店调换。若书店售缺,请与本社发行部联系,联系及邮购电话:(010)88254888,88258888。
质量投诉请发邮件至 zlts@phei.com.cn,盗版侵权举报请发邮件至 dbqq@phei.com.cn。
本书咨询联系方式:(010)88254467;zhangls@phei.com.cn。

出 版 说 明

人类已进入互联网时代，以物联网、云计算、移动互联网和大数据为代表的新一轮信息技术革命，正在深刻地影响和改变经济社会各领域。随着信息技术的发展，网络已经融入社会生活的方方面面，与人们的日常生活密不可分。我国已成为网络大国，网民数量位居世界第一；但我国要成为网络强国，推进网络强国建设，迫切需要大量的网络工程师人才。然而据估计，我国每年网络工程师缺口约 20 万人，现有网络人才远远无法满足建设网络强国的需求。

为适应网络工程技术人才教育、培养的需要，电子工业出版社组织本领域专家学者和工作在一线的网络专家、工程师，按照网络工程师所应具备的知识、能力要求，参考新的网络工程师考试大纲（2018 年审定通过），共同修订、编撰了这套《网络工程师教育丛书》。

本丛书全面规划了网络工程师应该掌握的技术，架构了一个比较完整的网络工程技术知识体系。丛书的编写立足于计算机网络技术的最新发展，以先进性、系统性和实用性为目标：

- 先进性——全面地展示近年来计算机网络技术领域的新成果，做到知识内容的先进性。例如，对软件定义网络（SDN）、三网融合、IPv6、多协议标签交换（MPLS）、云计算、云存储、大数据、物联网、移动互联网等进行介绍。
- 系统性——加强学科基础，拓宽知识面，各册内容之间密切联系、有机衔接、合理分配、重点突出，按照"网络基础→局域网→城域网与广域网→TCP/IP 基础→网络互连与互联网→网络安全与管理→大数据技术→网络设计与应用"的进阶式顺序分为 8 册，形成系统的知识结构体系。
- 实用性——注重工程能力的培养和知识的应用。遵循"理论知识够用，为工程技术服务"的原则，突出网络系统分析、设计、实现、管理、运行维护和安全方面的实用技术；书中配有大量网络工程案例、配置实例和实验示例，以提高读者的实践能力；每章还安排有针对性的练习和近年网络工程师考试题，并对典型试题和练习给出解答提示，以帮助读者提高应试能力。

本丛书从一开始就搭建了一个真实的、接近网络工程实际的网络，丛书各册均基于这个实例网络的拓扑和 IP 地址进行介绍，逐步完成对路由器、交换机、客户端和服务器的配置、应用设计等，灵活、生动地展现各种网络技术。

本丛书在编写时力求文字简洁，通俗易懂，图文并茂；在内容编排上既系统全面，又切合实际；在知识设计上层次分明、由浅入深，读者可根据自己的需要选择相应的图书进行学习，然后逐步进阶。

鉴于网络技术仍在不断地飞速发展，本丛书将根据需要和读者要求适时更新、完善。热忱欢迎广大读者多提宝贵意见和建议。联系方式：zhangls@phei.com.cn。

电子工业出版社

第 2 版前言

多年来，许多城域网与广域网技术都已经定义了各自的基本类型，一些曾经占主流的技术现在已成为无人问津的冷门技术，而一些技术却继续占据其合适的地位，许多新的链路技术也在不断推陈出新。本书在第 1 版的基础上进行了较为全面的修订，主要讲述城域网与广域网的基本概念。本书作为《网络工程师教育丛书》的第 3 册，是一本基础知识教程，可为读者掌握城域网与广域网络技术提供宽厚而扎实的技术基础。

城域网与广域网发展很快，不断涌现新技术，如 EPON/GPON、MPLS、4G/5G 等。鉴于目前广域网领域的发展和变化，对相关内容进行了修订和更新，主要包括：

- ▶ 为更好地跟踪新技术发展，突出了光接入网、三网融合（数据网、语音网、视频网）等广域网接入技术，增补了部分典型习题；
- ▶ 更新、完善了无线广域网技术及其最新发展，重点介绍了 IEEE 802.16，并简要阐述 WiMAX 是如何在 3G 和 4G 竞争中被市场淘汰的；
- ▶ 进一步完善了构建广域网的解决方案，包括 ADSL、HFC、EPON/GPON 技术；
- ▶ 删除了部分不再常用的广域网链路技术，新增多协议标签交换（MPLS）、软件定义广域网（SD-WAN）等内容；
- ▶ 基于 Windows Server 2016 重新改写了远程访问与配置技术的内容，增添了远程连接的路由器配置内容。

本书第 2 版保留了初版的基本框架，全书内容分为 9 章，包括：第一章城域网基础；第二章宽带城域网技术；第三章无线城域网；第四章广域网基础；第五章广域网设备与接入；第六章物理层广域网协议；第七章数据链路层广域网协议；第八章高层广域网协议；第九章远程访问与配置。为帮助读者掌握基础理论知识，针对某些典型问题进行了解析，每章还附有小结、练习及小测验。

本书适用范围较广，适用于计算机网络和通信领域的教学、科研和工程设计，既可以作为网络工程师教育培训用书，也可作为计算机、电子信息、通信工程、信息技术、自动化等专业的教材或教学参考书，同时可供网络技术人员、网络管理人员、网络爱好者阅读和参考使用。

本书由刘化君、郭丽红、刘枫、解玉洁编著。在编写过程中得到了众多同行和朋友的支持，参考了许多国内外专著、教材、论文及资料，在此一并表示衷心感谢！

由于城域网、广域网技术发展很快，囿于编著者理论水平和实践经验，书中定有不妥之处，恳请读者不吝赐教、批评斧正。

编著者
2022 年 1 月

第 1 版前言

根据计算机网络延伸的距离以及用于连接结点与网络的设备类型,可以将网络分成局域网(LAN)、城域网(MAN)和广域网(WAN)等类型。城域网是在一个城市范围内所建立的计算机通信网;广域网则将距离很远的独立网络连接起来,它往往通过某些设备将两个或更多的局域网、城域网连接在一起。城域网、广域网在本质上都是由通信公司的通信链路连接起来的一组局域网。在本书中,将讨论多种城域网、广域网服务,集中介绍与城域网、广域网技术相关的内容,尽管其中所涉及的原理也可以应用于其他类型的网络。本书的先修课程是《网络基础》《局域网》。当然,读者若掌握了一些基本的局域联网技术、电信基础知识和 TCP/IP 概念等,则对学习本书会有帮助。另外,计算机使用技巧,如字处理程序、浏览器和 E-mail 软件也有助于加深对本书相关知识的理解。

本书是《网络工程师教育丛书》的第 3 册,将比较系统、全面地介绍城域网与广域网的概念、技术、构件和协议,以及远程访问与配置。全书分为 9 章,内容包括:

第一章城域网基础,主要讨论城域网的分层拓扑结构,以及宽带城域网常用的技术方案。

第二章宽带城域网技术,讨论常用的几种宽带城域网技术,包括 MSTP 城域网、弹性分组环(RPR)、城域以太网和光城域网(WDM)。

第三章无线城域网,主要介绍 IEEE 802.16 标准、WiMAX 网络的体系结构、IEEE 802.16 物理层、IEEE 802.16 MAC 层,以及 WiMAX 的应用场景和网络组建等。

第四章广域网基础,讨论广域网中模拟和数字语音、数据综合的基本原理,重点介绍广域网要用到的一些基本概念以及远程通信网络的基础结构。

第五章广域网设备与接入,主要讨论模拟与数字传输、电路类型以及在广域范围内从信源向信宿传输信息的不同模式和广域网应用。

第六章物理层广域网协议,介绍广域网技术的最低层——物理层,内容包括点到点链路、拨号线路和租用线路、SW56、VSTA、T-Carrier 与 SONET,以及 ADSL 与线缆调制解调器等技术。

第七章数据链路层广域网协议,介绍与数据链路层有关的协议,内容包括高级数据链路滑动窗口控制机制、HDLC 协议、SLIP 和点到点协议(PPP),以及使用移动宽带连接因特网的方法等。

第八章高层广域网协议,讨论通过网络(而不是单一链路)传输信息的高层广域网协议,主要内容有 ISDN、帧中继、X.25、VoIP 等。

第九章远程访问与配置,主要讨论远程访问技术以及拨号网络的配置。

囿于编著者理论水平和实践经验,书中不妥之处恳请读者不吝指正。

编著者
2015 年 3 月 18 日

目 录

第一章 城域网基础 1

第一节 网络分类 1
局域网 1
城域网 2
广域网 2
练习 3

第二节 城域网的组成 3
城域网的概念 3
城域网的分层结构 4
练习 5

第三节 城域网技术方案 6
宽带城域网 6
无线城域网 9
练习 10

本章小结 10

第二章 宽带城域网技术 12

第一节 MSTP 城域网 12
基于 SDH 的多业务传送平台（MSTP） 13
VC 级联和虚级联 14
链路容量调整机制 17
MSTP 小结 20
练习 20

第二节 弹性分组环城域网 20
RPR 简介 21
RPR 工作原理 21
RPR 的关键技术 22
RPR 城域网组网 24
练习 26

第三节 城域以太网 26
城域以太网结构 27
城域以太网业务 28
基于 VPLS 的城域以太网 30
练习 32

第四节　光城域网 ·· 32
　　　　DWDM 与 CWDM ··· 32
　　　　CWDM 在城域网中的组网方案 ··· 34
　　　　ASON 在城域网中的应用 ··· 36
　　　　练习 ·· 37
　本章小结 ·· 37

第三章　无线城域网 ·· **39**
　第一节　IEEE 802.16 标准 ·· 39
　　　　IEEE 802.16 工作组 ·· 39
　　　　IEEE 802.16 系列标准 ··· 40
　　　　WiMAX ·· 42
　　　　练习 ·· 43
　第二节　IEEE 802.16 协议栈 ·· 43
　　　　IEEE 802.16 协议栈参考模型 ·· 43
　　　　两种网络拓扑结构 ··· 45
　　　　练习 ·· 46
　第三节　IEEE 802.16 关键技术 ··· 47
　　　　频段 ·· 47
　　　　双工复用方式 ··· 47
　　　　载波带宽 ··· 48
　　　　OFDM 和 OFDMA ··· 48
　　　　多天线技术 ·· 48
　　　　自适应调制 ·· 49
　　　　练习 ·· 49
　第四节　无线区域网 ··· 49
　　　　IEEE 802.22 概述 ··· 50
　　　　IEEE 802.22 标准系列 ··· 50
　　　　IEEE 802.22 关键技术 ··· 51
　　　　练习 ·· 52
　本章小结 ·· 52

第四章　广域网基础 ·· **54**
　第一节　电信网络 ·· 54
　　　　电信网络的发展 ·· 55
　　　　不只是文字通信 ·· 55
　　　　练习 ·· 55
　第二节　语音网络及技术 ·· 56
　　　　模拟网络的连接 ·· 56
　　　　干线的减少 ·· 57

  模拟技术 57
  频分复用（FDM） 58
  双工通信 59
  练习 59
 第三节 语音网络上的计算机信号 60
  模拟信号和数字信号 60
  调制解调器 61
  典型问题解析 61
  练习 62
 第四节 语音信号的数字化 62
  从模拟到数字 62
  多路复用 63
  练习 64
 第五节 广域网的组成 65
  广域网的数据传输 66
  广域网与接入网 67
  广域网的组成方式 68
  练习 70
 本章小结 71

第五章 广域网设备与接入 72

 第一节 广域网交换技术 73
  电路交换 73
  虚电路交换 74
  分组交换 75
  光交换 76
  练习 76
 第二节 广域网设备 76
  数据通信设备 77
  常用的广域网设备 77
  连接到广域网的电路 78
  练习 79
 第三节 连接到模拟网络 79
  调制解调器 80
  调制与解调 82
  调制解调器的同步 85
  练习 87
 第四节 连接到数字网络 88
  DTE 和信道服务单元接口 88
  数据电话数字服务 89

　　　　练习 ·· 89

　第五节　有线接入技术 ·· 89
　　　　数字用户线技术 ·· 90
　　　　HFC 技术 ··· 92
　　　　光纤接入网 ··· 94
　　　　练习 ·· 98

　第六节　无线接入技术 ·· 100
　　　　蜂窝移动通信系统 ··· 100
　　　　移动 IP ·· 103
　　　　卫星通信系统 ·· 106
　　　　练习 ·· 108

　本章小结 ·· 109

第六章　物理层广域网协议 ·· 112

　第一节　数据速率及相关应用 ··· 112
　　　　点到点链路 ·· 112
　　　　各种数据速率及相关应用 ··· 113
　　　　带宽 ·· 114
　　　　练习 ·· 114

　第二节　拨号连接和租用线路 ··· 114
　　　　拨号连接 ··· 115
　　　　租用线路 ··· 115
　　　　数字数据服务（DDS） ·· 116
　　　　练习 ·· 117

　第三节　T 载波 ·· 117
　　　　T1、FT1 和 T3 ·· 118
　　　　线路成本 ··· 122
　　　　练习 ·· 123

　第四节　ADSL 与 HFC ·· 123
　　　　ADSL ··· 124
　　　　HFC ·· 125
　　　　练习 ·· 127

　第五节　SONET/SDH ·· 128
　　　　SONET/SDH 标准 ·· 128
　　　　SONET/SDH 的层次结构 ··· 129
　　　　SONET/SDH 多路复用 ·· 130
　　　　SONET/SDH 帧格式 ··· 132
　　　　SONET/SDH 网络组件 ·· 133
　　　　练习 ·· 135

　第六节　EPON/GPON ·· 135

　　　　EPON/GPON 标准简介 ·· 136
　　　　EPON/10G EPON 控制协议栈 ·· 138
　　　　GPON ·· 139
　　　　练习 ··· 139
　　第七节　卫星通信 ··· 141
　　　　卫星通信关键技术 ·· 141
　　　　量子通信卫星 ··· 143
　　　　卫星通信的特点 ·· 144
　　　　练习 ··· 144
　　本章小结 ··· 145

第七章　数据链路层广域网协议 ·· **148**
　　第一节　数据链路控制 ·· 148
　　　　数据链路层的功能 ·· 148
　　　　数据链路控制机制 ·· 150
　　　　可靠的广域网络 ·· 154
　　　　练习 ··· 154
　　第二节　HDLC 协议 ··· 155
　　　　HDLC 基本概念 ·· 156
　　　　HDLC 帧格式 ··· 157
　　　　典型问题解析 ··· 159
　　　　练习 ··· 160
　　第三节　SLIP 和 PPP ·· 160
　　　　SLIP ··· 161
　　　　压缩的 SLIP ··· 161
　　　　点到点协议（PPP） ·· 162
　　　　练习 ··· 164
　　第四节　连接到因特网 ·· 165
　　　　连接到因特网可能用到的协议 ·· 166
　　　　DSL 封装 ·· 167
　　　　基于 SONET/SDH 的分组封装 ··· 168
　　　　EPON 的数据链路层 ··· 168
　　　　GPON 的数据链路层 ·· 170
　　　　利用移动宽带连接到因特网的配置操作 ······························· 174
　　　　练习 ··· 175
　　本章小结 ··· 176

第八章　高层广域网协议 ·· **179**
　　第一节　X.25 ·· 179
　　　　X.25 服务 ·· 179

XI

X.25 协议 180
包装拆器（PAD）181
PLP 182
开销和性能的局限性 183
典型问题解析 184
练习 184

第二节 帧中继 184
帧中继的概念 185
帧中继协议 187
帧中继的实现 190
典型问题解析 194
练习 195

第三节 多协议标签交换（MPLS）196
MPLS 基本概念 196
MPLS 的体系结构 200
MPLS 工作原理 202
MPLS 应用 203
MPLS 网络的配置与验证 204
练习 207

第四节 软件定义广域网（SD-WAN）207
SD-WAN 的基本概念 207
SD-WAN 应用场景 209
练习 210

第五节 基于广域网技术的通信融合 210
语音传输技术 210
VoIP 网络构件 212
专用 VPN 216
练习 217

本章小结 218

第九章 远程访问与配置 221

第一节 远程访问技术 221
远程访问概述 221
常用远程访问配置 223
远程访问拨号连接的组件 226
安装、启用"路由和远程访问"服务 227
练习 230

第二节 配置 VPN 远程访问服务 230
配置的准备工作 231
VPN 服务器的配置 231

    为用户账户分配远程访问的权限 ·················· 235
    配置 VPN 客户端 ·················· 236
    练习 ·················· 238
  第三节 配置拨号远程访问服务 ·················· 239
    配置远程访问服务器支持拨号连接 ·················· 239
    为用户账户分配远程访问权限 ·················· 241
    配置用于远程访问的端口 ·················· 241
    创建静态 IP 地址池 ·················· 242
    路由和远程访问服务器与 DHCP 一起使用 ·················· 243
    练习 ·················· 244
  第四节 远程连接的路由器配置 ·················· 244
    通过 ADSL 拨号上网的路由器配置 ·················· 244
    PSTN 连接的远程访问服务器配置 ·················· 246
    光纤连接的默认路由配置 ·················· 248
    练习 ·················· 249
  本章小结 ·················· 250
附录 A 课程测验 ·················· **251**
附录 B 术语表 ·················· **255**
参考文献 ·················· **269**

第一章 城域网基础

最初，城域网（MAN）是作为一种专门的网络技术，即分布式队列双总线（DQDB）技术而出现的。城域网的概念泛指：网络运营商在城市范围内提供各种信息服务的所有通信网络。它是以宽带光传送网为开放平台，以 TCP/IP 为基础，通过各种网络互联设备，实现语音、数据、图像、多媒体视频、IP 电话、IP 接入和各种增值服务与智能服务，并与广域计算机网络、广播电视网、电话交换网互联互通的本地综合业务网络。

随着通信技术的快速进步，局域网（LAN）技术的性能和功能得到大幅度的提高和丰富，因而被广泛应用在城域网和广域网中。与此同时，广域网技术也常常应用于局域网和城域环境。所以目前流行的宽带城域网已经不是一种特定的技术，而是一种概念，或者说是各类网络技术在城域范围内的综合应用。

本章在介绍网络类型的基础上，讨论城域网的分层拓扑结构，简单介绍目前宽带城域网常采用的几种技术方案：

- ▶ 多业务传送平台（MSTP）城域网；
- ▶ 弹性分组环（RPR）城域网；
- ▶ 城域以太网；
- ▶ 光城域网。

第一节 网络分类

依据延伸的距离以及用于连接结点与网络的设备类型，可以将网络分成 3 种不同的类型：局域网（LAN）、城域网（MAN）与广域网（WAN）。本节将介绍这几种主要网络类型。

学习目标

- ▶ 了解对计算机网络进行分类的常用术语；
- ▶ 掌握城域网的基本概念和功能，了解不同网络类型之间的区别。

关键知识点

- ▶ 城域网的基本概念和功能。

局域网

一个局域网（LAN）可以包含几个结点，如图 1.1 所示，也可以包含几百个结点。但是局域网一般是局限在一个建筑物内的。可以将几个网段以特定方式连接起来，组成一个更大的局域网。网段是网络的一部分，其中的所有结点都直接连接在一起。例如，所有的结点可以通过导线连起来，也可以连接到中心集线器或交换机。

不同的局域网，其规模和连接的计算机数量是不同的。但是，它们通常是由一个建筑物内的计算机组成的。当一个单位内的计算机需要跨越多个建筑物进行连接时，整个计算机集合通常被称为园区网（Campus Network）。因此，园区网是由几个局域网以某种方式连接在一起而形成的覆盖整个园区的网络。

在一个单位的网络设施中，将一些局域网连接到另外一些局域网就可以建立园区网。换句话说，将局域网连接到一起以形成园区网的联网设备是属于某个单位的。如果所有的联网设备属于一个单位，就将这些设备称为专用设备。图 1.2 示出了一个典型的园区网。

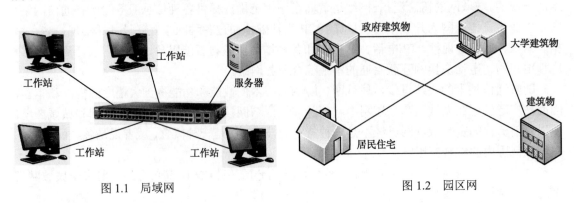

图 1.1　局域网　　　　　　　　　　　　图 1.2　园区网

城域网

城域网（MAN）是在一个城市范围内所建立的计算机通信网，其传输介质主要采用光缆，传输速率在 100 Mb/s 以上。MAN 的一个重要用途是用作骨干网，通过它将位于同一个城市内不同地点的主机、数据库以及 LAN 等互相连接起来，这与广域网（WAN）的作用有相似之处，但两者在实现方法与性能上有很大差别。MAN 不仅用于计算机通信，同时也可用于传输语音、图像等信息，成为一种综合利用的通信网，但属于计算机通信网的范畴。

MAN 主要是数据通信公司（电信公司）为了适应城市范围内局域网互联的需要而开发的。例如，一个公司可能要通过本地电信公司提供的服务，将它在全市范围内的几个办公室连接到一起。城域网和园区网的一个主要区别是园区网采用专用设备为各个局域网提供互联，而城域网采用公用设备为城区内各个局域网提供互联。

广域网

将某个地域内或者全球的局域网连接在一起，可以形成更大的网络，称为广域网（WAN）。为了连接多个城市的局域网，往往既需要使用本地公用通信设备，也需要使用长途公用通信设备。一个典型的跨越多个城市的广域网如图 1.3 所示。在每个城市中，可能有局域网、园区网和城域网连接。网络的广域网部分提供城市间

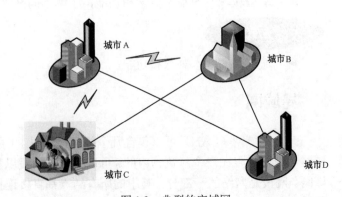

图 1.3　典型的广域网

通信的连接。当有信息发送给另外一个城市的计算机时，信息才通过网络的广域网部分传输。

广域网通常是网络中应该详细研究的部分，因为它的价格最昂贵。从综合联网的许多方面来考虑，设备速度越快，其价格就越高，广域网通常也是这样。随着广域网电路速度的提高，电路的成本也会增加。用各种广域网电路和设备连接局域网，有多种选择方案。

练习

1. 一个城市南部的一组计算机与市中心的另外一组计算机连接在一起。可以将这个网络称为（　　）：
   a．广域网　　　b．城域网　　　c．局域网　　　d．园区网
2. 一个多层建筑中一组计算机连接在一起，可以称之为（　　）：
   a．广域网　　　b．城域网　　　c．局域网　　　d．园区网
3. 描述企业在成长过程中是如何需要本节介绍的几种不同类型的网络的。
4. 讨论本节描述的网络类型之间的主要区别。介绍你单位使用的网络类型。

补充练习

1. 确定你所在的单位目前使用的是哪种类型的局域网。
2. 确定你所在的单位是否有园区网。
3. 描述你所在的单位网络的局域网和园区网特性。
4. 确定你所在的地区可使用的广域网业务，可以通过 Internet（因特网）或者电话号码簿查询。

第二节　城域网的组成

城域网作为一座用于将用户和企业的网络与广域网相连的桥梁，位于骨干网与接入网的交汇处，是通信网中最复杂的应用环境，各种业务和各种协议都在此汇聚、分流和进出骨干网。多种交换技术和业务网络并存是城域网建设所面对的最主要的问题。

学习目标

▶ 掌握城域网的组成结构。

关键知识点

▶ 环形结构是目前城域网采用的主要拓扑结构。

城域网的概念

城域网只是用于将用户和企业的网络与广域网相连的桥梁。采用城域网业务的不同实体包括居民和企业用户，如大型企业（LE）、小型办公室/家庭办公室（SOHO）、中小型企业（SMB）、多租户单元（MTU）和多住户单元（MDU），如图1.4所示。

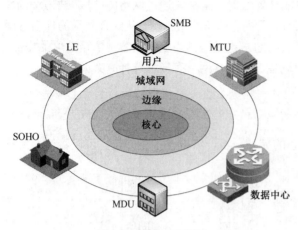

图 1.4 城域网示意图

城域网与用户接触的部分称为"最后一公里",表明这是运营商网络的最后桥梁;在 IT 业界也将这最后的桥梁称为"宽带接入的最后一公里",但"最终前线"的说法也许最为恰当。

初期,典型的城域网采用时分复用(TDM)技术组建,这种技术是提供语音服务的较佳选择。从 TDM 角度来看,城域网的部署方案如图 1.5 所示。这种方案给出了网内和网外的企业/用户的连通性。"网内"连通指光纤已经连接到建筑物内,网络运营商已在建筑物内安装了 SONET/SDH 分插复用器(ADM),而且向建筑物中的不同用户提供 T1 或 DS3/OCn 线路。在这种情况下,M13 之类的数字复用器就可以对多个 T1 进行复用,当作 DS3 来使用;或者对多个 DS3 进行复用,当作 OCn 线路来使用。这些 DS3 和 OCn 是由连接到中心局(CO)的 SONET/SDH 光纤环来承接的。"网外"连通指光纤未连接到建筑物内,而通过在 CO 中将铜线 T1 或 DS3 线路聚合在一起来实现连通性。聚合在一起的线路是在一个与其他 CO 相连的 CO 中交叉连接的。在 CO 中,根据所提供的不同服务来决定线路中的传输将告终止还是继续穿过 WAN。

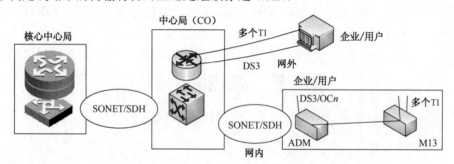

图 1.5 从 TDM 的角度看城域网的部署方案

城域网的分层结构

根据以上讨论,环形结构是目前城域网采用的主要拓扑结构,且可以把城域网的网络结构分为 3 层:

- ▶ 核心层;
- ▶ 汇聚层;
- ▶ 接入层。

城域网的分层结构如图 1.6 所示。

核心层也称为骨干层,主要提供高带宽的业务承载和传输,完成和现有网络(如 SDH、DWDM、FR、DDN、IP 网络)的互联互通,其特征为宽带传输和高速调度。

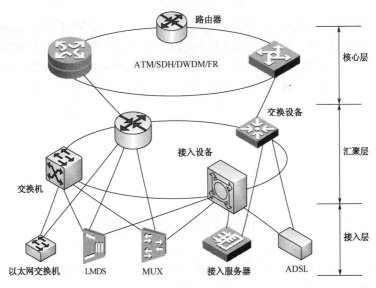

图1.6 城域网的分层结构

汇聚层是核心层与接入层之间的桥梁和中介，是核心层的延伸，其主要功能是给业务接入结点提供用户业务数据的汇聚和分发处理，同时要实现业务的服务等级分类。

接入层的作用是利用多种接入技术将终端用户接入到宽带城域网。目前，常用的宽带接入技术有 xDSL（包括 ADSL、VDSL）、线缆调制解调器（Cable Modem）接入、10/100/1000（Mb/s）以太网接入和无线本地多点分配业务（LMDS）等。这些接入技术有效地解决了"宽带接入的最后一公里"问题。

把城域网分为 3 层并不是固定的，这与城市规模、业务类型等一系列因素都有关系。在中小城市，则可以简化为两层，只有核心层、接入层（汇聚层和接入层综合在一起）；而在另外一些城市，可能汇聚层与核心层集成在一起，只有汇聚层与接入层。运营商可以根据自己的网络规模、业务来分别决定网络的层次。

一般来说，城域网包括城域光传送网、宽带数据骨干网、宽带接入网和宽带城域综合业务网络等几个层面。新一代的宽带城域网以多业务的光传送网为开放的基础平台，在其上通过路由器、交换机等设备构建宽带数据骨干网络，通过各类网关、接入设备来实现语音、数据、图像、多媒体、IP 业务接入和各种增值业务及智能业务，并与各运营商的长途骨干网互通，形成城市综合业务网络，承担城域范围内集团用户、商用大楼、智能小区的业务接入和电路出租业务，具有覆盖面广、投资量大、接入技术多样化、接入方式灵活，以及强调业务功能和服务质量等特点。

练习

1. 描述典型城域网的分层结构，并说明各层的功能。
2. 关于城域网的环形结构说法不正确的是（　　）。
   a. 使用环形结构可以简化光纤的配置　　b. 使用环形结构具有良好的可扩展性
   c. 容易提供多点到点的服务
   d. 使用环形结构可解决网络保护机制与带宽共享等问题

【提示】环形结构是目前城域网采用的主要拓扑结构。在典型的核心交换层有 3～10 个结点的城域网中，使用环形结构可以简化光纤的配置，并解决网络保护机制与带宽共享等问题。与多点到点结构相比，环形结构将使接入点和汇聚点具有更好的可扩展性；与网状结构相比，环形结构更容易提供多点到点的业务。参考答案是选项 c。

补充练习

1. 通过 Web 查找城域网的相关资料，总结城域网的组成。
2. 通过 Internet 或者电话号码簿查询，确定你所在地区可使用的城域网业务。

第三节　城域网技术方案

随着多媒体通信业务的普及应用，宽带城域网的建设已经步入快速发展轨道。目前宽带城域网技术方案主要有以下几种：

- ▶ 新一代多业务传输平台（MSTP）城域网；
- ▶ 弹性分组环（RPR）城域网；
- ▶ 城域以太网；
- ▶ 光城域网；
- ▶ 宽带无线城域网。

学习目标

- ▶ 掌握组建宽带城域网的常用技术方案。

关键知识点

- ▶ 城域网不仅是连接传统电信网与接入网的桥梁，更是传统电信网络与宽带数据网络的汇接点，以及电信网、广播电视网、互联网三网融合的基础。

宽带城域网

随着技术的发展和应用需求的不断增加，网络业务的种类也不断发展和变化着，从传统的语音业务到图像和视频业务，从基础的视听服务到各种各样的增值业务，从 64 kb/s 的基础服务到 2.5(Gb/s)/10(Gb/s) 的租线业务，各种业务层出不穷。不同的业务有不同的带宽需求和服务需求。从服务质量（QoS）的角度来看，业务大致可以分为以下几种类型：

- ▶ 高 QoS 的语音业务和视频业务；
- ▶ 大客户专线；
- ▶ 数据通信网（DCN）的数据业务；
- ▶ 各种数据增值业务；
- ▶ 互联网业务。

每种类型的业务所要求的服务等级是不同的，安全保护级别也不同。随着互联网业务以及各种增值业务的不断发展，城域网要求的带宽也越来越宽，基于 SDH（同步数字系列）的传统城域网成为宽带业务发展的瓶颈。此外，多种类型的业务对城域网的综合接入和处理也提出了较高的要求。总的来说，分组化和宽带化是业务的发展趋势。针对不同的城域网业务需求，目前主要的宽带城域网技术方案主要有：

- ▶ MSTP 城域网；
- ▶ 弹性分组环城域网；
- ▶ 城域以太网；
- ▶ 光城域网。

MSTP 城域网

多业务传送平台（MSTP）是基于 SDH 平台技术开发的具备二层透明传输功能的传送平台。MSTP 实现了虚级联（VC）、链路容量调整机制（LCACS）等技术，同时可以内嵌弹性分组环（RPR）等二层处理技术，在集成了 IP 路由、以太网、帧中继（FR）或 ATM 后，可以通过统计复用来提高时分复用（TDM）通路的带宽利用率，减少局端设备的端口数。MSTP 很好地继承了 SDH 的高可靠性、高 QoS 的特点，同时能够直接支持 IP 业务，提供快速以太网（FE）、千兆以太网（GE）接口。此外，MSTP 还可以通过内嵌 RPR 或者多协议标签交换（MPLS）等处理技术，实现 IP 的增强功能，并提供端到端的差异化服务。最后，MSTP 还可以方便地完成协议终结和转换功能，使运营商可以在网络边缘提供多种不同业务，而且可以同时将这些业务的协议转换成其特有的骨干网协议。

MSTP 解决方案由于涉及多层帧的映射，导致带宽效率较低，开销处理复杂。这种方案基于同步工作，抖动要求严，设备成本较高。此外，这种结构的带宽配置时间仍较长。MSTP 毕竟是基于 SDH 的平台，其 TDM 的交叉矩阵必然会限制 IP 化业务的使用效率。随着 TDM 业务的逐步消退和 IP 业务的快速增长，基于 SDH 的 MSTP 的作用将会弱化。

弹性分组环（RPR）城域网

随着用户需求的不断增长，传统的基于 TDM 的 SDH城域网已经不能满足多种新业务（尤其是数据业务）的接入需求。同时，第三代移动通信（3G）网络也对城域网的发展提出了挑战，3G 网络能够根据用户的不同需求提供不同 QoS 保证的业务。显然，传统的 SDH 和以太网技术不能满足这些需求。

为提高城域网的传输性能，IEEE 802.17 工作组基于如何合理地配置城域网的拓扑结构，提出了弹性分组环（RPR）。RPR 是一种新兴的网络结构和技术，是为了满足基于分组（又称包或数据包）的城域网的要求而设计的。它采用一种由分组交换结点组成的环形结构，相邻结点通过一对光纤连接。其网络拓扑基于两个反向传输的环。外环（又称 0 环）顺时针、内环（又称 1 环）逆时针同时双向传输数据，各环传输另外一个反向环的控制信息。结点间的链路是基于光纤的，而且可以采用 WDM 来扩容。

RPR 借鉴了 SONET/SDH 环网的概念，是一种环网技术，只能工作在环形拓扑中。在 RPR 中，终端用户被连接到类似于上下路复用器的 RPR 设备上。在每个结点处，业务可以直通（直接被传送到下一个结点而不发生任何改变）、下路（从环网传送到终端用户处）或者上路（从终端用户处传送到环网）。

RPR 是一种二层技术，它可以使用以太网或者 SONET/SDH 作为传输介质，但实际应用中 RPR 大都采用 SONET/SDH 作为其传送平台。

RPR 比 SONET/SDH 和企业级以太网有了进一步的改善。与 SONET/SDH 相比，RPR 更好地解决了数据业务的突发问题，同时避免了 TDM 技术中的业务粒度问题。由于 RPR 只是一种接入技术，因此端到端的性能将取决于网络边缘和核心设备的性能。

与企业级以太网相比，RPR 可以满足电信级要求。例如，为了支持业务等级协议（SLA），RPR 采用了确定的共享介质。在这种情况下，接入环网中每个结点的可用带宽都是可知的，因此可以使用协议带宽提供各种业务。而在网络的其他部分（如果需要），可以使用其他机制。

当接入环网中发生光纤断裂或设备故障时，RPR 可以采用"环回"和"源路由"机制实现 50 ms 的保护。在正常工作时，预留的保护带宽可以用于传送尽力而为型业务。如果网络其他部分需要故障保护，则必须使用边缘和核心保护机制。

RPR 可以采用 SONET/SDH 作为传送平台，所以它能够很自然地在接入环网中集成原有的 TDM 业务，如 E1/T1 和 DS-3，同时具有业务提供和监控等基本功能。每个结点都知道环网中的可用带宽，因此在业务的起始结点和终端结点处就可以提供业务接入。同样，在业务端点也可以实现 SLA 监控。然而在网络的其他部分，必须采用各种现有机制来实现业务提供。

目前，作为一种针对业务优化的技术，RPR 主要用于升级接入环网，以延长现有 SONET/SDH 网络的生命周期。在大多数实际应用中，RPR 主要用于 SONET/SDH 传送平台之上，与 SONET/SDH 边缘和核心设备集成在一起，在接入环网中同时传送 TDM 和分组数据业务。

除了只能用于环形拓扑之外，RPR 还有其他限制。很多城域网需要结合使用环形、网状和树状拓扑，以满足实际应用的需要，而 RPR 很难满足这种要求。而且，由于 RPR 使用环形拓扑，当环中两个结点之间的带宽需求增加时，整个环网的带宽都需要进行升级。RPR 的保护机制位于网络层。它缺少对于单个业务和单个用户的保护粒度，因此造成了不必要的网络资源浪费，同时也减少了所能提供的业务类型。

城域以太网

城域以太网也称为增强型以太网，它是将局域以太网应用到电信网的技术。

1. 城域以太网论坛

城域以太网论坛（MEF）是由网络设备制造商和网络运营商组成的非营利性组织，专注于解决城域以太网技术问题。MEF 的目标是将以太网技术作为交换技术和传输技术，广泛应用于城域网建设。MEF 主要从四个方面开展技术工作：

- ▶ 城域以太网的架构——提出独立于各种技术的城域以太网的体系结构和 UNI 参考点；
- ▶ 城域以太网提供的业务——主要从用户的角度定义城域以太网的业务框架；
- ▶ 城域以太网的保护和 QoS——针对城域以太网提出保护模式、机制和 QoS 功能框架，即定义执行和维护 SLA 所需的 QoS 功能和特性；
- ▶ 城域以太网的管理——提出城域以太网的网络管理接口（EMS-NMS），并从网络分层、子网划分、子网拓扑、网络连接四个方面对 EMS-NMS 接口进行规范。

而 MEF 的承载以太网技术规范提出了以下几种业务：

- ▶ 以太网专线（EPL）；
- ▶ 以太网虚拟专线（EVPL），在一对用户以太网之间通过第三层技术提供点到点的虚拟以太网连接；

▶ 以太局域网业务（E-LAN Service，E-LAN 业务）。

2. E-LAN 业务

提供 E-LAN 业务的基本技术是 IEEE 802.1q 的 VLAN 帧标记。这种技术定义在 IEEE 802.1ad 的运营商网桥协议中，称为 Q-in-Q 技术。

3. IEEE 802.1ah 标准

Q-in-Q 实际上是把用户 VLAN（虚拟局域网）嵌套在城域以太网的 VLAN 中传送，所有用户的 MAC 地址在城域以太网中都是可见的，这使得网络安全受到威胁。因此，IEEE 802.1ah 标准提出了运营商主干网桥（PBB）协议。

光城域网

光城域网是一种基于波分复用（WDM）技术的多业务平台方案。密集波分复用（DWDM）技术在广域网的应用中获得巨大成功，已成为主流，但是不能简单地将广域网 DWDM 方案用于城域网。WDM 城域网与长途 WDM 有着不同的发展动因和特点。WDM 应用于长途传输的最大价值就是节省昂贵的长途光纤资源。在城域网中，由于传输距离短，敷设光纤的造价比长途干线要低廉得多，这样节点设备就成为城域网成本中占主导地位的因素；虽然节省光纤对于某些城域网或某些区段来说也很有意义，但业务的灵活性、可管理性和降低设备成本对于城域应用来说更为重要。

光城域网的特点是能在同一平台上支持多业务，对速率与协议要透明，设备价格要低廉，有良好的扩展性以适应城域业务需求的多变性。在城域网中，由于传输距离短，所要求的容量不很大，因此可以使用较为低廉的稀疏波分复用（CWDM）技术来实现。发展 WDM 城域网不但能为城域 IP 网/以太网的发展提供强大的带宽支撑，而且在灵活性、安全性和提高资源利用率等方面，与单纯的光纤直连方式相比都有很大的优势。此外，利用 WDM 还可以开展按需带宽（BoD）、波长批发、波长出租、光虚拟专用网（OVPN）、光组播等新业务。

虽然 WDM 技术有很多优点，但其保护技术不如 SDH 灵活。此外，其波长管理能力及分等级服务能力也有待提高。所以，目前 WDM 在城域网中的应用还有不足之处，不过随着业务需求的增长及光交叉连接器（OXC）、可重构光分插复用器（OADM）的逐步成熟，WDM 在城域网中将会发挥越来越重要的作用。

无线城域网

宽带无线接入（BWA）技术早在 20 世纪 90 年代就已经开始发展和应用。多年来，IEEE 802.11x 技术一直与许多其他专有技术一起用于 BWA，并获得了很大成功，但无线局域网（WLAN）的总体设计和特性并不能很好地适用于室外的 BWA。当 BWA 用于室外时，在带宽和用户数方面受到了限制，同时还存在着通信距离等问题。为了满足日益增长的 BWA 需求，IEEE 决定制定一种新的、更复杂的全球标准，这个标准应能同时解决物理层环境（室外射频传输）和 QoS 等问题，以满足 BWA 的需要。

1999 年，IEEE 设立了 IEEE 802.16 工作组，其主要工作是建立和推进全球统一的无线城域网（WMAN）技术标准。在 IEEE 802.16 工作组的努力下，相继推出了 IEEE 802.16、IEEE 802.16a、IEEE 802.16b、IEEE 802.16d 等一系列标准。为了使 IEEE 802.16 系列技术得到推广应用，IEEE 于 2001 年成立了 WiMAX 论坛组织，因而相关无线城域网技术又被称为"WiMAX 技术"。

IEEE 802.16 标准定义了无线城域网（WMAN）空中接口规范。这一无线宽带接入标准为无线城域网的"最后一公里"连接提供了不可缺少的一环。WiMAX 技术的物理层和介质访问控制层（MAC 层）技术基于 IEEE 802.16 标准，可以在 5.8 GHz、3.5 GHz 和 2.5 GHz 这三个频段上运行。WiMAX 利用无线发射塔或天线，能提供面向互联网的高速连接。其接入速率最高可达 75 Mb/s，超过有线 xDSL 技术，最大距离可达 50 km，覆盖半径达 1.6 km，它可以替代现有的有线和 DSL 连接方式，提供最后一公里的无线宽带接入。因而，WiMAX 可应用于固定、简单移动、便携、游牧和自由移动等应用场景。

练习

1. 常用的宽带城域网组网技术有哪些？
2. MSTP 采用了哪种类型的 VC 级联方式？请说明原因。
3. 城域以太网有哪些特点？
4. RPR 支持的业务类型各有哪些特点？
5. 下列关于 RPR 技术的描述中，错误的是（　　　）。
    a. 可以对不同的业务数据分配不同的优先级
    b. 能够在 100 ms 内隔离出现故障的结点和光纤段
    c. 内环和外环都可以用来传输数据分组和控制分组
    d. 是一种用于直接在光纤上高效传输 IP 分组的传输技术

【提示】RPR 采用自愈环的设计思想，能够在 50 ms 的时间内，隔离出故障的结点和光纤段。参考答案是选项 b。

补充练习

通过 Web 查找资料，比较 DWDM 和 CWDM 的技术特点，并说明后者更适于 MAN 的理由。

本 章 小 结

城域网中数据业务的迅猛增长，暴露了原有 SONET/SDH 传输系统效率低下的缺点。因此，迫切需要一种新的传输技术来满足终端用户巨大的数据业务需求。解决这一问题最直接的技术是以太网。作为全世界应用最广泛的通信技术，以太网是针对数据业务的传输进行设计和优化的。目前，以太网端口数已经达到数亿个（甚至十多亿个），它具有使用广泛、标准化程度高、互操作性强等优点，最重要的是它的价格非常低廉。

由于众多商业和技术原因，许多业务都融合到以太网中，将以太网作为其传输介质。然而，为了保证业务的成功汇聚，以太网技术必须实现从企业级向电信级的升级。然而，最初设计的以太网并不适于电信网。为了满足电信级的基本要求，企业级以太网面临众多挑战。例如，运营商需要提供支持业务等级协议（SLA）的业务，其中包含很多参数，如协议带宽、最大突发带宽、时延、抖动限制等。而企业级以太网仅能使用端口速率来限制带宽（10 Mb/s、100 Mb/s、

1 Gb/s 或 10 Gb/s）。目前有两种方案可以实现上述要求，一种是弹性分组环（RPR），另一种是光以太网（OpE）。这两种方案都致力于解决上述问题，而且都可以提供效益明显的城域网业务。然而，两者之间也存在显著差别。

无线城域网是一种新兴的无线通信系统，能够提供面向因特网的高速连接，其目标是在城域网环境下提供有效互操作的一种宽带接入手段，为整个城市提供无线宽带接入，承载各种应用业务。

小测验

1. 南京的一组计算机与北京的另外一组计算机连接在一起。可以称其为一个（　　）。
   a. 广域网　　　　b. 城域网　　　　c. 局域网　　　　d. 以上都不对
2. 局域网和广域网之间最主要的区别是（　　）。
   a. 配置网络所用的线缆类型　　　b. 网络中结点之间的距离
   c. 所用的 NIC 类型　　　　　　　d. 将工作站连接到网络所用的设备类型
3. 局域网、城域网和广域网之间最主要的区别在于（　　）。
   a. 网络中结点的数量　　　　　　b. 网络中结点的类型
   c. 结点所在机构的大小　　　　　d. 网络中不同结点组之间的距离
4. 下列哪个描述了一个简单的点到点网络？（　　）
   a. 包含单一线缆类型的网络
   b. 包含一种计算机（如 PC 或 Macintosh）的网络
   c. 只有两台计算机在某个时间点传输的网络
   d. 使用一根线缆将许多计算机连接在一起的网络
5. 网络（如局域网和广域网）的分类方法是（　　）。
   a. PC 技术的类型　　　　　　　b. 主机连接的类型
   c. 覆盖的地理区域　　　　　　　d. 连接网络的链路类型
6. 最初设计的电信网络是用来传输（　　）的。
   a. 窄带语音信号　　　　　　　　b. 宽带语音信号
   c. 窄带数据信号　　　　　　　　d. 宽带数据信号
7. 下列哪种信息通常需要最大的带宽？（　　）
   a. 数字语音通信　　　　　　　　b. 文档镜像
   c. 压缩视频　　　　　　　　　　d. 活动视频
8. 当联网设备由电信公司提供时，则可认为这个网络是（　　）。
   a. 公用网络　　　　　　　　　　b. 专用网络
   c. 混合网络　　　　　　　　　　d. 内部网络

第二章 宽带城域网技术

宽带城域网是为满足网络接入层带宽的大幅度增长而建立的,主要针对数据及多媒体业务。在地理范围上,宽带城域网局限于城市内部(类似于电话交换网的各本地网)。在技术上,宽带城域网综合采用了各种广域网技术(IP over SDH、IP/MPLS 等)、局域网技术(10 Mb/s、100 Mb/s、1000 Mb/s 以太网技术,VPN 等)、本地多点分配业务(LMDS)等。在工作层面上,宽带城域网既不是局域网在地理范围上的简单扩大,也不是广域网在规模、地理范围上的缩小,而是两者巧妙、科学、合理的综合应用(取长补短地融合以及交互使用)。在传输介质上,宽带城域网主要采用光纤、铜缆、微波以及它们的综合等。在接入方式上,宽带城域网主要采用以太网、xDSL、DDN、FR、LMDS、ATM、扩频微波等。

目前,城域网组网技术方案较多,大致包括基于 SDH 结构的城域网、基于 RPR 技术的城域网、基于以太网(Ethernet)结构的城域网和基于 WDM 结构的城域网。其实,SDH、RPR、以太网、WDM 等技术也都在不断吸取其他技术的优点,互相取长补短,既要实现快速传输,又要满足多业务承载,还要提供电信级的服务质量(QoS):各种城域网技术之间表现出一种融合的趋势。

在电信网中,传送网有两个用途:一是作为业务承载网的结点设备提供连接专线。从本质上讲传送网无须建全程网,为了能有效地提供长途专线(国际、国内和本地),可以构建若干个网,在管理系统的支持下,用配置的方式向业务承载层提供可靠的连接专线。二是传送网负责对汇聚的业务信息(元)群路进行交换或路由。在这种场合下,传送网是需要成网的(但仍然不需要有全程网),它可以对主干业务信息(元)群路进行交换或路由,或对本地(城域)业务信息(元)群路进行交换或路由。就城域传送网而言,其主要作用是为承载网提供可靠的数据专线。

目前,城域传送网常用的技术主要有:光纤、WDM(包括 CWDM,DWDM)、SDH、RPR。显然,这些技术主要是用于提供粒度大小不同的数据专线,属于典型的城域传送网。MSTP、通用帧传送(GFT)则是另外两种技术。MSTP 最初是传送网,它在 SDH 技术的基础上增加了一些技术措施,可以同时提供 TDM 专线和分组专线。目前 MSTP 在向承载网发展,将越来越多的承载网内容加在 MSTP 的结点设备中。从逻辑层面来看,SDH 与 GFT 属于传送层,以太网交换属于业务承载层;而目前逻辑上独立的两层设备,物理上 MSTP 将其放在一个结点设备中。GFT 是新近提出的一种通用帧传送技术。

第一节 MSTP 城域网

基于 SDH 的多业务传送平台(MSTP)可以将传统的 SDH 复用器、数字交叉连接器(DXC)、WDM 终端、第 2 层网络交换机和 IP 边缘路由器等多个独立的设备集成为一种网络设备,以进行统一控制和管理。基于 SDH 的 MSTP 适合作为网络边缘的融合结点,支持混合型业务,特别是以 TDM 业务为主的混合业务。它不仅适合缺乏网络基础设施的新运营商,应用于局间或 POP 间，还适合大型企事业用户驻地。即便对于已敷设了大量 SDH 网的运营公司，以 SDH 为基础的 MSTP 也可以更有效地支持分组数据业务，实现从电路交换网向分组交换网的过渡。

在城域网中 MSTP 技术备受关注，得到了规模应用，并作为一项行业标准而发布。与其他技术相比，MSTP 的技术优势在于：解决了 SDH 技术对于数据业务承载效率不高的问题；解决了 ATM/IP 对于 TDM 业务承载效率低、成本高的问题；解决了 IP QoS 不高的问题；解决了 RPR 技术组网限制问题，实现了双重保护，提高了业务安全系数。MSTP 技术能够增强数据业务的网络概念，提高网络监测、维护能力，降低业务选型风险，实现降低投资、统一建网、按需建设的组网优势。

学习目标

- 了解基于 SDH 的 MSTP 城域网的功能结构；
- 掌握虚容器（VC）级联和虚级联的概念；
- 了解链路容量调整机制（LCAS）。

关键知识点

- MSTP 的组网和业务接入。

基于 SDH 的多业务传送平台（MSTP）

基于 SDH 的多业务传送平台（MSTP）能够提供不同粒度的多种业务、多种协议的接入、汇聚和传输能力，是目前城域网的主要实现方式之一。

MSTP 技术的发展演变

到目前为止，MSTP 技术经历了如下演变过程。

第一代 MSTP 技术是将以太网信号直接映射到 SDH 的虚容器（VC）中，进行点到点传送；提供以太网租线业务，业务粒度受限于 VC，一般最小为 2 Mb/s；不能提供不同以太网业务之间的 QoS 区分；不提供流量控制；不提供多个以太网业务流的统计复用和带宽共享；保护完全基于 SDH，不提供以太网业务层的保护。

第二代 MSTP 技术是在一个或多个用户以太网接口与一个或多个独立的基于 SDH 虚容器的点到点链路之间，实现基于以太网链路层的数据帧交换。第二代 MSTP 可提供基于 IEEE 802.3x 的流量控制、多用户隔离和 VLAN 划分，基于 STP（生成树协议）的以太网业务层保护，基于 IEEE 802.1p 的优先级转发。但第二代 MSTP 也有一些缺点：不能提供良好的 QoS 支持；无法很好地取代利润丰厚的租线业务；基于 MSTP 的业务层保护太慢；业务带宽粒度也受限于 VC，一般最小为 2 Mb/s；VLAN 的地址空间（只有 4 096 个地址）使其在主干结点的扩展能力受到限制，不适合大型城域公网应用；当结点处于环上不同位置时，其业务的接入是不公平的；MAC 地址学习/维护以及 MAC 地址表影响系统性能；基于 IEEE 802.3x 的流量控制只是针对点到点链路；多用户/业务的带宽共享是对本地接口而言的，还不能对整个环业务进行共享。

第三代 MSTP 技术的主要特征是引入了中间的智能适配层（1.5 层），采用通用成帧规程（GFP）高速封装协议，支持 VC 级联和链路容量调整机制（LCAS），因此可支持多点到多点的连接，具有可扩展性；支持用户隔离和带宽共享；支持 QoS、SLA 增强、阻塞控制以及公平接入。

基于 SDH 的 MSTP 系统结构

基于 SDH 的 MSTP 能同时实现 TDM、以太网等业务的接入、处理和传送功能，并能提供统一网管的、基于 SDH 的平台。

以太网新业务 QoS 要求的不断提升，推动 MSTP 发展到了第三代。从第一代和第二代 MSTP 对以太网业务的支持上看，不能很好地支持 QoS 的一个主要原因是现有以太网技术是无连接的，尚没有足够的 QoS 处理能力。为了能将真正的 QoS 引入以太网业务，需要在以太网和 SDH 间引入一个中间的智能适配层来处理以太网业务的 QoS 要求。从技术发展来看，该中间层主要有两种，分别是 MSTP（第三代）和弹性分组环（RPR）。

第三代 MSTP 技术以支持通用成帧规程（GFP）高速封装协议为主要技术特征。GFP 是一种先进的数据信号适配、映射技术，可以透明地将上层的各种数据信号封装为可以在 SDH/OTN（同步数字系列/光传送网）中有效传输的信号。GFP 有帧映射（GFP-F）和透明映射（GFP-T）两种类型的映射方式。GFP 吸纳了 ATM 信元定界技术，其数据承载效率不受流量模式的影响，同时具有更高的数据封装效率，并能支持灵活的头信息扩展以适配各种传输。MSTP 的系统功能框图如图 2.1 所示。

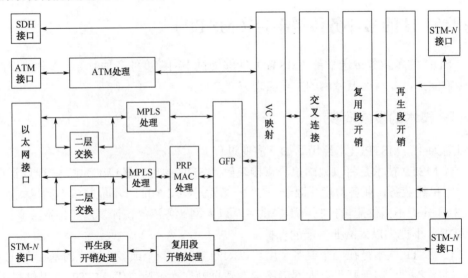

图 2.1　MSTP 系统功能框图

MSTP 的实现基础，是充分利用 SDH 技术对传输业务数据流提供保护恢复能力和较小的时延，并对网络业务支撑层加以改造，以适应多业务应用，实现对二层、三层的数据智能支持，即：将传送结点与各种业务结点融合在一起，构成业务层和传送层一体化的 SDH 业务结点。

VC 级联和虚级联

随着通信技术的不断发展，越来越多不同类型的应用需要通过 SDH 传送网络承载。由于 SDH 自身能够对外提供的标准接口种类有限，为了更高效地承载某些速率类型的业务，需要采用虚容器（VC）级联的办法。

级联的定义

级联是将多个 SDH 中的虚容器（VC）组合起来，形成一个组合容量更大容器的过程，该容器可以当作仍然保持比特序列完整性的单个容器使用。当需要承载的业务带宽不能和 SDH 定义的一套标准 VC 有效匹配时，可以使用 VC 级联。ITU-T G.707 标准对 VC 级联进行了规定。根据 VC 级联的种类，可以分为：

- ▶ VC-3/4 的级联——提供容量大于一个 C-3/4 容器的净荷的传送；
- ▶ VC-2 的级联——实现容量大于一个 C-2 容器，但低于一个 C-3/4 容器的净荷的传送；
- ▶ VC-1n 的级联——实现容量大于一个 C-1 容器，但低于一个 C-2/3/4 容器的净荷的传送。

从级联的方法上，级联可以分为相邻级联和虚级联两种类型。相邻级联是将同一 STM-N 数据帧中相邻的 VC 级联，作为一个整体结构进行传输。虚级联则是将分布于不同 STM-N 数据帧中的 VC（可以同一路由或不同路由），按照级联的方法形成一个整体的结构进行传输。这两种方法都能够使传输带宽扩大到单个 VC 的 X 倍，它们的主要区别在于构成级联的 VC 的传输方式。相邻级联需要在整个传输过程中保持占用一个连续的带宽；而虚级联先将连续的带宽拆分为多个独立的 VC，各独立的 VC 分别传送，在接收端重新组合为连续带宽。

传输系统带宽利用率的改善

随着网络上层业务和应用类型的增加，SDH 网需要承载的业务种类越来越多，很多新类型的业务（尤其是大量新的数据业务）所需的传送带宽不能与 SDH 的标准容器有效匹配。SDH 标准容器速率和部分常见数据业务的实际速率对比如表 2.1 所示。

表 2.1　SDH 标准容器速率与数据业务速率对比

SDH 标准容器	速率/（Mb/s）	数据业务实际容量需求
C-11	1.600	10 Mb/s 以太网
C-12	2.176	25 Mb/s ATM
C-2	6.784	100 Mb/s 以太网（快速以太网）
C-3	49.536	200 Mb/s ESCON
C-4	149.760	400 Mb/s、800 Mb/s 光纤通道
C-4-4c	599.040	
C-4-16c	2 396.160	1 Gb/s 以太网（千兆以太网）
C-4-64c	9 584.640	10 Gb/s 以太网（万兆以太网）
C-4-256c	38 338.560	

级联的最大优点是承载多业务（主要是数据业务）时提高了传输系统的带宽利用率。可以将采用标准 VC 映射的数据业务和采用 VC 级联方法承载相应业务时的带宽利用率做一个比较，级联对带宽利用率的改善很明显。不同映射方式的带宽利用率如表 2.2 所示。

表 2.2　不同映射方式的带宽利用率

数据业务实际容量需求	SDH 标准容器类型	带宽利用率/%	VC 级联	带宽利用率/%
10 Mb/s 以太网	C-3	20	C-12-5c	92
ATM 25 Mb/s	C-3	50	C-12-12c	96

续表

数据业务实际容量需求	SDH 标准容器类型	带宽利用率/%	VC 级联	带宽利用率/%
100 Mb/s 以太网	C-4	67	C-12-48c	100
200 Mb/s ESCON	C-4-4c	33	C-3-4c	100
400 Mb/s 光纤通道	C-4-4c	67	C-3-8c	100
800 Mb/s 光纤通道	C-4-16c	33	C-4-6c	89
1 Gb/s 以太网	C-4-16c	42	C-4-7c	95
10 Gb/s 以太网	C-4-64c	100	C-4-64c	100

VC-4 相邻级联和虚级联的实现

级联是一种结合过程，它把多个虚容器（VC）组合起来。级联分为相邻级联和虚级联。VC-4 相邻级联就是将相邻的 X 个 VC-4 的容量拼在一起，相当于形成一个大容器，以满足大于 VC-4 的大容量客户信号传输的要求。VC-4 级的虚级联就是把 X 个不同 STM-N 中的 VC-4 拼在一起形成一个大的 VC 作为一个整体使用。

级联业务传输的主要根据是新版 ITU G.707 协议。ITU G.707 协议关于级联业务的映射过程分为以下两种方式：相邻 VC-4 的级联和 VC-4 的虚级联。

1. 相邻 VC-4 的级联

图 2.2 所示是一个 VC-4-Xc 的相邻级联结构。位于 AU-4 指针内的级联指示用于指明在单个 VC-4-Xc 中携带的多个 C-4 净荷应保持在一起，映射可用容量即多个 C-4 的 C-4 容量的 X 倍（C-4 容量为 149 760 kb/s，当 X=4 时映射可用容量为 599 040 kb/s，当 X=16 时为 2 396 160 kb/s）。VC-4-Xc 的第 2 列至第 X 列的规定为固定填充比特，VC-4-Xc 的第 1 列用于路径开销（POH），该 POH 分配给该 VC-4-Xc 使用。例如，BIP-8 将覆盖 VC-4-Vc 的所有列。

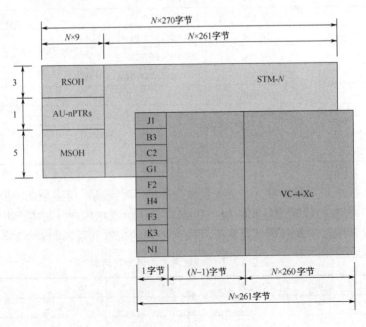

图 2.2　VC-4-Xc 的相邻级联结构

AU-4-Xc 中的第一个 AU-4 应具有正常范围的指针值,而 AU-4-Xc 内所有后续的 AU-4 应将其指针置为级联指示,即 1~4 比特设置为 "1001",5~6 比特未做规定,7~16 比特设置为 10 个 "1"。级联指示指定了指针处理器应执行与 AU-4-Xc 中的第一个 AU-4 相同的操作。

2. VC-4 的虚级联

VC-4 虚级联结构如图 2.3 所示。一个 VC-4-Xv 提供具有净荷容量为 X 倍(149 760 kb/s 的 X 倍),即一个 X 倍 C-4 的相邻净荷区域(C-4-Xc)。

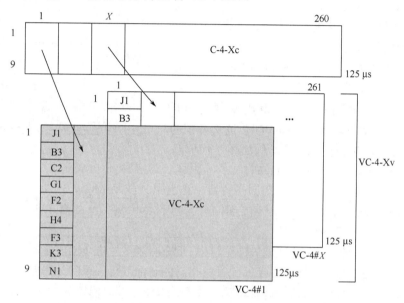

图 2.3 VC-4 的虚级联结构

该容器被映射到构成 VC-4-Xv 的 X 个独立的 VC-4 中,每个 VC-4 具有自己的 POH。其 POH 的规范与一般 VC-4 的 POH 规范相同,只是 POH 中的 H4 字节用作虚级联的规定序列号和复帧指示。

由图 2.3 可以看出,VC-4-Xv 分别通过网络传输,由于每个 VC-4 的传输延迟不同,在各 VC-4 之间必然会产生时延差,这种时延差必须采取补偿措施,各 VC-4 必须重新排列以接入到相邻的净荷区。重新排列的处理包括必须至少容许 125 μs 的时延差,为了使 VC-4-Xv 中的各 VC-4 间的时延差最小,各 VC-4 在网络中应通过相同的网络路由传输。当然,如果时延差能够得到保证,也允许各 VC-4 在网络中通过不同的路由进行传输。

相邻级联和虚级联是 MSTP 的重要特征,在传输网络向更丰富的业务网络发展的过程中起着重要的作用。

链路容量调整机制

ITU-T G.7042/Y.1305 标准定义了链路容量调整机制(LCAS)。LCAS 提供了一种虚级联链路首端和末端的适配功能,可用来增加或减小 SDH/OTN 中采用虚级联构成的容器的容量。LCAS 利用 SDH 预留的开销字节来传递控制信息,控制信息包括固定、增加、正常、VC 结束、空闲和不使用 6 种;通过控制信息的传送来动态地调整 VC 的个数,以适应以太网业务带宽的需求。LCAS 可以将净荷自动映射到可用的 VC 上,避免了复杂的人工电路交叉连接配置,提高了带宽指配速度，对业务无损伤，而且在系统出现故障时，可以自动、动态地调整系统带宽，无须人工介入。在一个或几个 VC 通路出现故障时，数据也能够保持正常传输。因此，LCAS 为 MSTP 提供了端到端的动态带宽调整机制，可以在保证 QoS 的前提下显著提高网络利用率。

LCAS 的帧结构

为了保证容量调整时虚级联链路首端和末端的同步，LCAS 定义了一套控制分组。控制分组描述了虚级联的链路状态，保证当网络发生变化时，链路首端和末端能够及时动作并保持同步。

作为基于 SDH 的协议，VC 和 LCAS 都是通过定义 SDH 帧结构中的空闲开销字节来实现的。对于高阶虚级联和低阶虚级联，LCAS 分别利用 VC4 通道开销的 H4 字节（如图 2.4 所示）和 VC12 通道开销的 K4 字节。高阶虚级联的 LCAS 帧结构如图 2.5 所示，低阶虚级联的 LCAS 帧结构如图 2.6 所示。

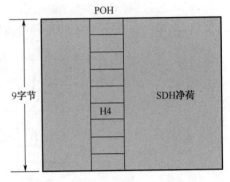

图 2.4 VC4 通道开销的 H4 字节

Bit1	Bit2	Bit3	Bit4	Bit5	Bit6	Bit7	Bit8
复帧指示器（1～4 bit）				0	0	0	0
复帧指示器（5～8 bit）				0	0	0	1
CTRL（控制字段）				0	0	1	0
GID（组识别符）				0	0	1	1
保留（0000）				0	1	0	0
保留（0000）				0	1	0	1
循环冗余校验（CRC）-8				0	1	1	0
循环冗余校验（CRC）-8				0	1	1	1
Member Status（MST）成员状态				1	0	0	0
Member Status（MST）成员状态				1	0	0	1
保留（0000）				1	0	1	0
保留（0000）				1	0	1	1
保留（0000）				1	1	0	0
保留（0000）				1	1	0	1
序列指示器（1～4 bit）				1	1	1	0
序列指示器（5～8 bit）				1	1	1	1

图 2.5 高阶虚级联的 LCAS 帧结构

1 2 3 4 5	6 7 8 9 10 11	12 13 14 15 16 17	18 19 20 21 22 23 24 25 26 27 28 29 30 31 32
帧计数	序列指示器	CTR 控制字 GID R	R R R R ACK　　MST 成员状态　　CRC-3

图 2.6 低阶虚级联的 LCAS 帧结构

LCAS 技术是建立在 VC 虚级联基础上的，与 VC 相同的是它们的信息都定义在同样的开销字节中；与 VC 不同的是，LCAS 是一个双向握手协议。在传输净荷前，发送端和接收端通过交换控制信息，保持双方动作一致。显然，LCAS 需要定义更多开销来完成其较复杂的控制。LCAS 除了定义 MFI 和 SQ 字段之外，还定义了 CTRL、GID、CRC、MST 和 RS-Ack 等 5 个字段。

- MFI——一个帧计数器。某一帧的 MFI 值总是上一帧的值加 1。对于像 SDH 这样的同步系统，每帧所占的时隙都相同。MFI 标识了帧序列的先后顺序，即标识了时间的先后顺序。接收端通过 MFI 之间值的差别，判断从不同路径传来的帧之间的时延差是多少，在计算出时延后，就可把不同时延的帧再次同步。高阶 VC 和低阶 VC 可容忍的最大时延差均为 ±256 ms。
- SQ——序列指示器。SQ 用于指示成员在虚级联组（VCG）中的位置，如图 2.5 所示，一个成员就是一个基本的记录单位，一个 VCG 就是若干个成员组成的一个整体。
- CTRL——控制字段。它有两个作用：一是表示当前成员的状态，例如最后一个成员的控制字段为 EOS（0011），空闲的成员控制字段为 IDLE（0101）；二是用 ADD（0001）和 DNU（1111）分别表示当前成员需加入和移出 VCG，用 FIXED（0000）和 NORM（0010）表示不支持 LCAS 和正常传送状态。
- GID——组识别符。GID 是一个伪随机数，同一组中的所有成员都拥有相同的 GID，这样就可标识来自同一发送端的成员。
- CRC——循环冗余检验，对整个控制帧进行校验。
- MST——成员状态字，用于标识组中每个成员的状态。OK=O，FAIL=1。
- RS-Ack——重排序确认位。容量调整后，接收端通过把 RS-Ack 取反来表示调整过程结束。

链路容量调整过程

LCAS 的最大优点是具有动态调整链路容量的功能。作为一个双向握手协议，当某一端向对端传输数据时若增加或删除 VC 成员，对端也要在反方向重复这些动作，发给源端，其中对端的相应动作不必与源端同步。调整分为增加或减少成员，需要调整 VCG 中 VC 成员的序列号，其中控制域 EOS 是指 VCG 序列号的最后一个。不同情况下的调整方法如下：

- 带宽减小，暂时删除 VC 成员：当 VC 成员失效时，VCG 链路的末端结点首先检测出故障，并向首端结点发送该 VC 成员失效的消息；首端结点把该 VC 成员的控制字段设置为"不可用（DNU）"，并发往末端结点。末端结点把仍能正常传送的 VC 重组 VCG（即把失效的 VC 从 VCG 中暂时删除），此时首端结点也把失效的 VC 从 VCG 中暂时删除，仅采用正常的 VC 发送数据。然后，首端结点把动作信息上报给网管系统。
- 业务量增大，新加入 VC 成员：当失效的 VC 成员恢复时，VCG 链路的末端结点首先检测出该 VC 已恢复，向首端结点发送 VC 成员恢复消息；首端结点把该 VC 成员的控制字段设置为"正常（NORM）"，并发往末端结点。首端结点把恢复正常的 VC 重新纳入 VCG，末端结点也把恢复正常的 VC 纳入 VCG。最后，首端结点把动作信息上报给网管系统。

如前所述，LCAS 是对 VC 技术的有效补充，可根据业务流量模式提供动态、灵活的带宽分配和保护机制。按需带宽分配（BOD）业务是未来智能光网络的杀手级应用，LCAS 实现 VC 带宽动态调整，为实现端到端的带宽智能化分配提供了有效的手段。在突发性数据业务增多的应用环境下，VC 和 LCAS 是衡量带宽是否得到有效利用的重要指标。

LCAS 技术的实现

LCAS 是对 SDH 能力的一项重要改进，它能让 SDH 网络更加稳健、灵活。LCAS 是建立在 VC 基础上、连续运行在两端结点之间的信令协议，运营商利用它可动态调整通道容量：当 VCG 中部分成员失效时，它剔除这些成员，保证正常成员继续顺利传输；当失效的成员被修复时，它能自动恢复 VCG 的带宽，这一过程远快于手动配置，从而加强对业务的保护能力。另外，在实际使用中，某些企业对网络带宽的需求因时段不同而有差异。例如，上班时仅需 10 Mb/s 带宽就足以完成日常工作；但在下班之前半小时，则需 100 Mb/s 带宽才能完成当天数据的备份。以往，这些企业为了保证数据备份顺利进行，不得不租用 100 Mb/s 带宽，造成巨大浪费。这一普遍现象使光网络智能化和自动化的需求日趋紧迫，但是以自动交换光网络（ASON）技术为核心的下一代智能光网络技术尚需一段时间才能成熟，作为 ASON 自动调整带宽的基础协议之一，LCAS 技术能在一定程度上满足这些需求。

LCAS 技术的实现一般分两步走：在核心网没有实现控制平面时，可由网管手工解决动态调整通道容量的问题；随着用户与网络接口（UNI）标准的不断完善，在不中断业务的前提下动态调整带宽，以满足用户需求。当带宽需求增加时，保证链路的容量；当带宽需求减少时，多余的带宽可挪作他用。这样，既可节省企业开支，又可提高运营商的服务质量。

MSTP 小结

MSTP 是完善的统一传送平台，它有效地将多种网络进行融合，简化重叠的网络结构，使得网络管理更加明晰、简便，同时使得网络综合投资成本降低。目前，MSTP 已成为各大运营商城域网建设的首选方案。

MSTP 技术还在不断发展之中，今后的发展将进入智能化服务发展阶段，引入自动交换光网络（ASON）功能，利用独立的 ASON 控制平面来实施自动连接管理，快速响应业务的需求，提供业务的自动配置、网络拓扑的自动发现、带宽的动态分配等更为智能化的策略，从而大大增强 MSTP 灵活、有效地支持数据业务的能力。

练习

1. MSTP 采用了哪种类型的 VC 级联方式？请说明原因。
2. 简述级联的最大优点。
3. 在低阶级联的 LCAS 帧中，简述其 CTRL 字段的作用。

第二节 弹性分组环城域网

弹性分组环（RPR）是一种全新、高效的城域网（MAN）和城域接入网解决方案。RPR 打破了局域网与广域网的接入瓶颈，被认为是重建城域网以满足新业务需求的一种替代方式。

学习目标

▶ 了解弹性分组环（RPR）的关键技术；
▶ 了解 RPR 技术的 MAC 协议。

关键知识点

▶ RPR 城域网组网。

RPR 简介

目前，随着城域网中数据流量的增加，传统的传输方式（如 SONET/ATM）已经在新业务面前力不从心。于是，IEEE 从 2000 年初开始了关于 RPR 的论证工作，在汇集众多设备厂商和电信运营商意见和建议的基础上，于 2001 年 11 月正式成立了 IEEE 802.17 RPR 工作组，开始进行标准化工作，具体规范了 RPR 接入协议在局域网、城域网和广域网中的使用。2002 年 1 月底 IEEE 802.17 推出了 RPR 的 1.0 版本，IEEE 802.17 RPR 标准也于 2004 年 3 月颁布。

RPR 可以兼容多种数据速率。它可以在一系列的物理层上工作，如 SONET/SDH、千兆以太网（IEEE 802.3ab）、10 Gb/s 以太网（IEEE 802.3ae）以及密集波分复用（DWDM）等。当出现速率越来越高的物理层时，RPR 同样予以支持。

在 IEEE 802.17 工作组对 RPR 进行标准化的同时，IETF 于 2000 年 12 月成立了 IPoRPR WG（IP over RPR 工作组），研究 RPR 如何将动态路由与 MPLS 相结合，并制定了多厂家互通标准。

RPR 优化了在城域网拓扑环上数据包（分组）的传输。该技术结合了 IP 的智能化、以太网的经济性以及光纤环网的高带宽效率和高可靠性。它利用空间复用技术、统计复用和保护环，提高了带宽利用率；简化了网络层次，消除了网络功能上的重复性，使得协议开销最小。同时，还支持业务等级协议（SLA）以及即插即用等特性，实现了结点对网络资源的公平利用。

RPR 工作原理

RPR 是一种数据优化网络，至少有两个相互反方向传输的共享子环——环 1 和环 2，如图 2.7 所示。环网上的结点共享带宽，不需要进行电路指配。利用路由公平控制算法，环网上的各个结点能够自动完成带宽协调。每个结点都有一个环形拓扑结构，都能将数据发送到光纤子环上，送往目的结点。两个子环都可以作为工作通道。为了防止光纤或结点发生故障时导致链路中断，由路由保护算法来消除相应的故障段。

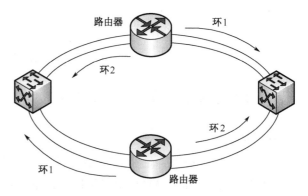

图 2.7 RPR 示意图

拓扑和双环

RPR 网络是一个双向旋转的光纤环，由外层的环 1 和内层的环 2 组成，可以看作两个对称的反向环路。每一个环都单方向传送。相邻结点之间的跨距包含传送方向相反的两条链路。几乎所有的协议有限状态机在这两个环路上都是一样的。环网上可以有多个结点，RPR 支持多达 255 个工作站，最大环周长为 2 000 km。双向环结构使得 RPR 可以采取两种保护机制：

- 环回（Ring Wrap）——就像在光纤分布式数据接口（FDDI）或者 SONET/SDH 双向线路保护倒换（BLSR）中的保护机制一样，在传输介质或者结点失效时，使数据从邻近失效链路的结点处经另一端环回。
- 源端定向（Source Steering）——同在 SONET 单向通道保护倒换（UPSR）中的保护机制一样，源端结点选择向其中的一个环发送数据，以避开失效的链路。

结点可以在两个方向上发送数据，也就是说既可以顺时针也可以逆时针在环上传输数据。一般来说，根据拓扑发现机制，结点选择一条离目的结点最近的路径发送数据；但并非必须如此，比如在发生阻塞或者链路上出现错误时，可能会选择另外一条路径。这种选路机制和空间复用机制的结合大大提高了双环的传输容量。

共享介质

由于 RPR 可共享传输介质，因此能支持广播业务，这就意味着大量应用于广播的机制可以同样应用在 RPR 上，比如以太网的地址解析协议（ARP）和生成树协议（STP）等。

弹性

一个分组可以通过两条不同的路径到达目的结点，当其中一条路径失效时，该分组可以选择另外一条传送，并且切换时间小于 50 ms，因此 RPR 是具有弹性的。在 RPR 中，正常情况下两条路径都可以承载业务，而不需要把一条路径专门用作备份路径，从而高效地利用了光纤资源。

空间复用技术与目的地剥离

通过 RPR 在目的结点处把分组从环上剥离开来的机制，可以获得更高的链路利用率，这种技术也称为空间复用技术。它为当前结点和下面的结点节省了更多的带宽，这些带宽可以用来传输更多的数据。目的地剥离也有例外，即多播和广播中分组是在源端被剥离的。

RPR 的关键技术

RPR 的关键技术涉及网络结构与协议分层、基本 MAC 协议、流量控制、业务支持与带宽管理、拓扑发现、智能保护切换以及空间复用等多个方面，在此仅讨论如下几项技术。

带宽分配和公平算法（RPR-fa）

1. MAC 层的服务

RPR 定义了介质访问控制层（MAC 层）的协议，环网上的所有发送结点都可以使用环网上的可用带宽。RPR 的 MAC 层可提供四种服务访问点，以满足 MAC 客户实体之间交换协议数据单元（PDU）。这四种服务访问点可以提供高优先级、中优先级、低优先级和控制等四个逻辑通道的访问。MAC 层提供的四种服务是：

- 预留带宽服务——RPR 的 MAC 层提供一种预留环上带宽的机制。这些带宽对 RPR 的公平算法是不可见的，必须由 RPR 的 MAC 客户实体完全控制。其他三个等级的业务不能使用这些预留的带宽，即使在这些带宽空闲时。RPR 的 MAC 层会通过某种规则，把预留带宽服务的数据传送要求映射到已经静态预留的带宽上去。服务访问点也会为 MAC 客户提供底层通道的状态信息，如当前服务是否可用等。
- 高优先级服务——RPR 的 MAC 层提供一种高优先级的服务，这种服务可以支持对端到端时延和抖动要求比较高的业务。MAC 层认为 MAC 客户已经在入口处对高优先级的服务整形，从而可满足承诺信息速率（Committed Information Rate，CIR）、突发信息速率（Burst Information Rate，BIR）和超额信息速率（Excess Information Rate，EIR）的要求。服务访问点会为 MAC 客户提供一些底层通道的状态信息，如当前服务是否可用、当前业务是否可以被接受等。
- 中优先级服务——中优先级服务支持对时延不敏感但要求带宽保证的业务，同高优先级服务一样，MAC 层期望 MAC 客户已经对业务流进行整形，以满足 CIR 和 EIR 的限制。RPR-fa 根据业务流是否遵循 CIR/EIR 的限制，对业务流进行不同的处理。如果业务流遵循 CIR/EIR 的限制，那么这些数据帧就像高优先级业务一样，对 RPR-fa 不可见；反之，数据帧将在环的入口处被标识，这些不遵循 CIR/EIR 限制的数据帧无论是在环的入口处还是在环上的传输站点上，都会被计算在公平算法的处理之内。这些数据帧的级别等同于低优先级。服务访问点会为 MAC 客户提供一些底层通道的状态信息，如当前服务是否可用、当前业务是否可以被接受等。
- 低优先级服务——这种服务支持那些对端到端的时延和抖动都不敏感的业务。同样，服务访问点会为 MAC 客户提供一些底层通道的状态信息，如当前服务是否可用、当前业务是否可以被接受等。

2. MAC 公平算法

RPR-fa 是局部的公平算法，它是一种保证环上所有站点之间公平性的机制，只应用于从 MAC 客户来的低优先级服务和超额中优先级服务（即中优先级服务中不遵循 CIR/EIR 限制的数据帧）的业务。

在 RPR-fa 中，如果一个结点发生阻塞，它就会在相反的环上向上行结点公布一个公平速率（Fare Rate）。当上行结点收到这个公平速率时，它们就调整自己的发送速率，以不超过公平速率。接收到这个公平速率的结点会根据不同情况做出两种反应：若当前结点阻塞，它就在自己的公平速率和所收到的公平速率之间选择最小值公布给上行结点；若当前结点不阻塞，它就可能不采取任何行动。

在 RPR-fa 中有一个多阻塞（Multi-choke）的概念，多阻塞机制应用于一个结点业务流的目的结点与阻塞链路相邻的情况下。进一步说，只要某个发送速率满足（不大于）源结点和目的结点之间所有阻塞结点的公平速率，RPR-fa 就允许源结点以此速率给目的结点发送数据，这就是多阻塞机制的原理。

拓扑发现协议

RPR 拓扑发现的实现是一种周期性的活动，但是也可以由某一个需要知道拓扑结构的结点来发起。也就是说，某个结点可以在必要时（例如，此结点刚刚进入 RPR 环中，接收到一个保护切换需求信息或者监测到光纤链路差错)产生一个拓扑发现分组。

在拓扑发现的过程中,每个结点都要把它的标识符传送给相邻结点,这样就产生了拓扑识别的累积效应。拓扑发现分组的头部有相应的信息表明这个分组是个拓扑发现分组,所经过的结点应该把此分组取下并且重新产生一个。重新产生分组时,结点需要把自己的标识符加到分组中标识符队列的开始处,并且去掉标识符队列末尾的冗余条目。

需要注意,拓扑图只包含可以到达的结点,并且在有环回时,一些结点会被记录两次。当需要定向(Steering)时,将利用所得到的拓扑信息来支持保护切换。

1. 拓扑发现消息

发现消息是周期性发送的,这样做有以下几个目的:
- 确定结点的活动——结点活动性的检测就是依靠像拓扑发现分组这样的"心跳"来完成的。
- 拥塞控制——流量控制的协议将拥塞信息通知上行结点。
- 发现插入点——拓扑发现消息使得结点可以选择最佳的插入点:在正常的操作中,选择最佳插入点使得源结点到目的结点的跳数最少;在非正常的操作中,选择最佳插入点可以避免不需要的保护环加入。

2. 处理拓扑发现消息

拓扑发现消息用来累积拓扑信息,每个结点都把自己的标识符附加到所经过的发现消息中。

3. 修剪拓扑发现消息

每个结点都要负责把标识符队列底部的冗余信息去掉。

智能保护切换

链路的失效会影响到那些要通过该链路的分组。RPR 支持智能保护切换,即环自愈保护。邻近失效链路的结点能够很快产生环回,即把分组传送到另一个环上,而不是丢掉分组。

在保护机制中,环回可以使分组的丢失最少;但在应用定向机制以前消耗了大量的带宽,并且环回导致的环回数据流所产生的延迟会影响高优先级的分组业务。因此环回是一种过渡的策略,而定向才是更有效的,同时也是链路失效恢复协议的一部分。当环回链路上所有的分组都被传输以后,环回机制和定向机制的切换才是安全的。

如果一个链路被恢复了,也就是两个环都可以正常工作了,那么可以根据新的拓扑信息把业务发送到最优的方向。

空间复用机制

RPR 采用空间复用技术,在一根光纤上可以分段传输。空间复用技术有两个概念:
- 在同一个环上,不重叠的部分可以并行传输数据;
- 在不同环上,重叠部分的两段线路可以并行传输数据。

RPR 城域网组网

RPR 技术使得运营商在城域网内以低成本提供电信级的服务成为可能,在提供 SONET/

SDH 级网络生存性的同时降低了传输费用。RPR 最引人注目的特点就是支持电路仿真，以承载城域语音业务。目前，RPR 技术在城域传输网络中有以下两种应用方式：

- ▶ 内嵌 RPR 的基于 SDH 的 MSTP，也称为嵌入式 RPR 设备；
- ▶ 基于以太网（Ethernet）物理层（PHY）的 RPR，也称为纯 RPR 设备。

基于 SDH/SONET 的 RPR

内嵌 RPR 的基于 SDH 的 MSTP，是从传统的 SDH/SONET 平台向承载数据和语音的多业务综合传输平台发展的产物，并且是基于 SDH 的 MSTP 的主要技术特征之一：它在 SDH 的传输通道上根据实际应用需要设定传输 TDM 语音业务的 VC 通道和传输 IP 等数据业务的 RPR 通道（$n \times$ VC-X）的带宽，其协议结构如图 2.8 所示。

嵌入式 RPR 设备一方面可通过 SDH 来高效、优质地传输 TDM 业务，另一方面可通过 RPR 技术来提供对数据业务的动态、公平、高效的带宽共享利用，并提供业务的 CoS（服务类别）和 QoS。该应用方案适用于大量采用 SDH 设备的电信运营商，它既保证了用户的前期投资，又适应业务模式的变化，对现有的城域网不会带来太大的冲击。

基于 WAN/LAN PHY 的 RPR

基于以太网 WAN/LAN PHY 的 RPR 则是以太网数据平台向传输网络融合分组的产物。纯 RPR 设备在环路上均采用 MAC 帧的分组方式来承载所有业务，不存在承载 TDM 语音业务的 SDH VC 通道。基于 WAN/LAN PHY 的 RPR 协议结构如图 2.9 所示。

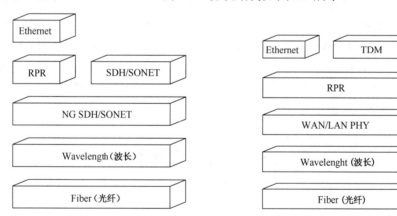

图 2.8 基于 SDH/SONET 的 RPR 协议结构　　图 2.9 基于 WAN/LAN PHY 的 RPR 协议结构

RPR 环路将 TDM 业务设置为最高优先级并绝对保证其所需的带宽，以此来保证其电信级的时延和抖动性能。同时还要提供相应的时钟同步、性能检测和故障诊断等机制。RPR 一般采用电路仿真（CES）来实现 TDM 业务在分组网上的传输。例如，采用 IETF PWB3 工作组所规范的方式来对 STM-1 进行封装。

总之，从网络应用范围来看，嵌入式 RPR 技术适用于以 TDM 为主要业务的网络，以及在与现有 SDH 网络兼容的前提下提供分组传输功能的网络。而纯 RPR 技术适用于以数据分组业务为主的网络，特别是新建的一开始就以新兴业务为主体的网络。RPR 技术使得运营商在城域网内以低成本提供电信级的服务成为可能，其特点就是利用以太网的低成本、SDH 的可靠性、ATM 的多业务化与服务质量（QoS）以及 RPR 的弹性机制来构建城域网。

由 IEEE 802.17 工作组提出的 RPR 协议是一种 MAC 层协议，是为优化数据分组的传输而提出的，它吸收了千兆以太网的经济性、SDH 对时延和抖动的严格保障、可靠的时钟以及 50 ms 环保护和恢复等特性，并具有空间复用、带宽动态分配、支持业务级别等特点，使其成为当前光网络上传输数据分组的一种优化技术，正得到业界的广泛关注和重视。RPR 可以满足城域网越来越高的数据传输要求，已成为城域网组网的优选方案。

练习

1. 下列关于 RPR 技术的描述中，错误的是（　　）。
   a. RPR 的内环用于传输数据分组，外环用于传输控制分组
   b. RPR 是一种用于直接在光纤上高效传输 IP 分组的传输技术
   c. RPR 环可以对不同的业务数据分配不同的优先级
   d. RPR 能够在 50 ms 内隔离出现故障的结点和光纤段

【提示】弹性分组环（RPR）是用于直接在光纤上高效传输 IP 分组的传输技术。RPR 采用双环结构，将沿顺时针传输的光纤环叫作外环，将沿逆时针传输的光纤环叫作内环，内环和外环都可以传输数据和控制分组。参考答案是选项 a。

2. 下面关于 RPR 的说法中，不正确的是（　　）。
   a. RPR 是一种在光纤上高效传输 IP 分组的传输技术
   b. RPR 采用双环结构，可以实现"自愈环"的功能
   c. 采用 RPR 技术可使带宽的利用率提高　　d. RPR 采用的结构与 FDDI 结构不同

【提示】RPR 是一种在光纤上高效传输 IP 分组的传输技术。RPR 采用双环结构，这一点与 FDDI 结构相同。RPR 的内环和外环都可以用统计复用的方法传输 IP 分组，同时实现"自愈环"的功能。RPR 技术的主要特点有：带宽利用率高，公平性好，快速保护和恢复能力强，保证服务质量。参考答案是选项 d。

第三节　城域以太网

目前，以太网已经得到广泛应用，95%以上的用户都使用以太网作为其内部网络。以太网之所以得到了广泛应用，是因为其主要优势在于价格低，用户接入方便。光纤以太网技术的出现，10 Gb/s 以太网标准以及 RPR 技术的逐步成熟，推动了以太网技术进入城域网领域。尽管以太网得到大规模应用，但其固有的特性使其在某些方面还存在较大的局限性。例如，缺少端到端的 QoS 保障机制，保护机制不够完善，缺少性能监测能力，扩展性和资源的利用受到影响等。因此，以太网在城域网中的应用，对业界和设备提出了新的挑战。目前，在多业务城域以太网的具体实施上，有两种发展趋势：

▶ 以太网技术与 SDH 结合，利用 SDH 的管理能力和故障保护能力等提升以太网的组网能力和性能，其典型代表是 MSTP 技术；

▶ 保持以太网的底层特征，利用上层的智能（如 MPLS 技术）提升以太网的相关能力。

于 2001 年 6 月成立的城域以太网论坛（MEF）是由网络设备制造商和网络设备运营商组

成的非营利性组织。该论坛下设技术委员会和市场委员会,分别负责城域以太网标准的制定和相关业务应用的推广。

学习目标

- ▶ 了解城域以太网的结构和业务;
- ▶ 掌握城域以太网的业务类型。

关键知识点

- ▶ 组建基于 VPLS(虚拟专用局域网业务)的城域以太网。

城域以太网结构

由于以太网技术配置简单、组网灵活、价格低廉,而且该技术本身已经被大多数人所熟悉和接受,因此以太网组网技术得到很大发展。事实表明,以太网在局域网(LAN)中表现出的种种优势,正逐渐使其成为城域网甚至广域网中的承载网络。城域以太网可用来提供各种城域业务,包括透明 LAN 业务(TLS)和虚拟共置。

城域以太网的功能性结构

城域以太网定义了独立于技术的功能性结构,如图 2.10 所示。该结构各层的功能如下:

- ▶ 传输层——使用以太网、SDH 等技术实现数据传输。例如,符合 IEEE 802.3ae 标准的 10 Gb/s 接口有两种方式,分别称为 WAN PHY 和 LAN PHY。WAN PHY 接口通过将 10 Gb/s 以太网帧封装在 10 Gb/s SDH 中传输,数据链路层之下还有 SDH 帧,物理层是透明比特流;10 Gb/s LAN PHY 接口则是将 10 Gb/s 以太网帧直接通过裸光纤或在波长中传输,数据链

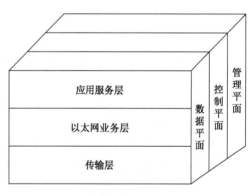

图 2.10 城域以太网的功能性结构

路层之下就是由透明比特流构成的物理层,传输介质可以是光纤、铜缆等。

- ▶ 以太网业务层——实现以太网 MAC 功能,其基本工作原理仍然遵循以太网网桥特性。以太网交换机通过对进入端口的以太网广播帧的源 MAC 地址的自动学习,获得 MAC 地址与交换机端口的对应关系,从而在下次进入交换机的以太网帧中读取目的 MAC 地址,查找对应的端口进行交换,并可以实现初级 L2 流控。地址解析协议(ARP)和逆地址解析协议(RARP)用于实现网络层地址和数据链路层地址的相互映射和解析。

- ▶ 应用服务层——提供各种业务,如语音、视频、数据业务等。但是,各种业务和应用是直接基于以太网协议还是基于某种网络层协议(如 IP),在城域以太网论坛(MEF)的文件中还没有明确规定。此外,MEF 在业务的定义上还不十分明确,目前更多的是将业务定位在以太网专线承载方面,而不是指各种高层应用。从这个角度看,

MEF 定义的城域以太网是一个承载网，而不是业务网。

可以将城域以太网结构中的每层看成是由适配、连接和终端 3 个功能实体组成的。

城域以太网的 UNI

用户网络接口（UNI）是用户和运营商的分界点，包含两个子集 UNI-C 和 UNI-N，分别描述用户端和服务提供商。UNI 从功能上分为用户 DTE（数据终端设备）和城域以太网（MEN）DCE（数据通信设备），对用户 DTE 和 MEN DCE 的维护属于不同的自治域。此外，还定义了 UNI 的服务模式和功能参考模式。在用户 DTE 和 MEN DCE 之间利用服务信令建立 UNI VC（虚连接），利用 MEN DCE 中的交叉连接功能，将 UNI VC 同 MEN 中的一段 EVC（以太网虚连接）绑定，从而提供各种服务，如因特网、语音、视频等。城域以太网的 UNI 如图 2.11 所示。

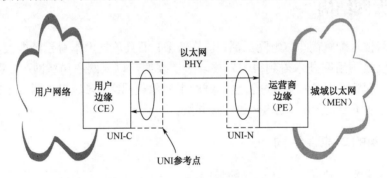

图 2.11 城域以太网 UNI

从功能上讲，城域以太网 UNI 由以下 3 个平面组成：

▶ 数据平面——用来定义跨过 UNI 参考点传送信息的方法，包括传输各种用户流的机制，对于以太网 UNI，数据流基本上是 IEEE 802.3 帧。数据平面主要完成以太网帧的传输、标记、流量管理等。

▶ 控制平面——用来为用户和 MEN 服务提供商提供控制 UNI 数据平面的方法。为了使用户能使用一个或多个以太网业务，用户同 MEN 服务提供商之间需要有一种通信机制，使它们对服务的特性达成一致。控制平面主要包括两个功能：静态发现和动态连接建立。

▶ 管理平面——用来管理 UNI 数据和控制平面的运行，其主要功能有：配置和 QoS 管理，保护和恢复，OAM（操作、管理和维护）。

城域以太网业务

城域以太网业务的基本模型如图 2.12 所示。终端设备（CE）通过标准的 10 Mb/s、100 Mb/s、1 Gb/s 或者 10 Gb/s 以太网接口（UNI）连接到网络上。城域以太网业务是从用户的角度来定义的，城域以太网中的多种传输技术和协议（如 SONET、DWDM、MPLS、GFP 等）都可以支持这种业务。但

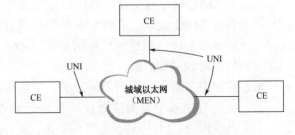

图 2.12 城域以太网业务的基本模型

是，从用户的角度来看，UNI 用户侧的网络连接是以太网。

城域以太网业务的一个关键属性是以太网虚连接（EVC）。城域以太网论坛（MEF）对 EVC 的定义是"两个或者多个 UNI 的一个结合"，此处 UNI 是标准的以太网接口，它是用户设备与服务提供商的城域以太网之间的分界点。MEF 定义了点到点和多点到多点两种类型的 EVC。EVC 应具备以下两项功能：

- 连接两个或者多个用户站点（或 UNI），并在它们之间传递以太网业务帧。
- 防止不属于同一个 EVC 的用户站点之间交换数据。这个能力使得 EVC 可以提供类似于帧中继（FR）或者 ATM 永久虚电路（PVC）的私密性和安全性。

在 EVC 上传递以太网帧有两个基本原则：

- 业务帧一定不能再传回它的发起用户 UNI。
- 传送的业务帧必须携带 MAC 地址，而且业务帧的内容不能改变。也就是说，从源结点到目的结点，以太网帧不能改变；而在典型的 IP 路由网络中，会去掉并且丢弃以太网帧头。

为了支持众多的应用并且支持用户的需要，以太网业务具有不同的类型，不同的类型又具有不同的业务属性。随着时间的推移，以太网业务无疑将利用以太网技术的优势来提供创新的业务类型。MEF 根据城域网中因特网应用连接的类型、特性，定义了 3 种以太网业务：

- 以太网虚拟专线（EVPL）业务；
- 以太网专用 LAN（EPLn）业务；
- 以太网电路仿真（CES）业务。

以太网虚拟专线（EVPL）业务

EVPL 业务是指在两个用户 UNI 之间提供点到点的以太网虚连接（EVC）。一个 UNI 的物理端口上可以提供 1 条以上的点到点 EVC，如图 2.13 所示。该业务最简单的形式是为在两个方向传递的数据提供对称带宽，但是没有质量保证。例如，在两个 10 Mb/s 的 UNI 之间提供尽力而为业务。这类业务与帧中继业务类似，可以向用户提供承诺信息速率（CIR）、峰值信息速率（PIR）和允许突发值。

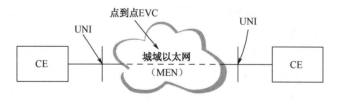

图 2.13　点到点 EVC 构成的 EVPL 业务

以太网专用 LAN（EPLn）业务

EPLn 业务提供多点连接，即在两个以上用户间提供多点以太网连接。城域网对于用户是一个仿真的 LAN，可提供单点、多点和广播 PDU 发送。也就是说，它可以连接 2 个或者多个 UNI，如图 2.14 所示。每个 UNI 和一个多点的 EVC 相连。当增加一个新的 UNI 时，它也连接到这个多点 EVC 上，这样就简化了配置以及业务激活的过程。从用户的角度看，EPLn 业务使得城域以太网就像一个局域网。

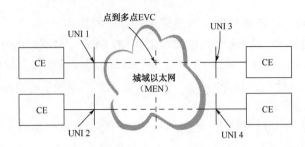

图 2.14 多点 EVC 构成的 EPLn 业务

一个 EPLn 业务可以生成众多的业务。最简单的形式是，EPLn 业务可以提供没有性能保证的尽力而为业务；比较复杂的形式是，EPLn 业务可以在两个不同速率的 UNI 之间提供承诺信息速率（CIR）、峰值信息速率（PIR）、允许突发值、帧时延、帧抖动以及帧丢失等性能保证。

EPLn 业务在 UNI 处支持 EVC 的业务复用。例如，在一个 UNI 处可以支持一个 EPLn 业务（多点到多点 EVC）以及一个 EPLn（点到点 EVC）业务。EVPL 可以用来连接因特网，而 EPLn 可以用来连接其他的用户，这两种业务都是通过 UNI 处的 EVC 业务复用来提供的。

例如，如果用户希望拥有高速的因特网连接，一个最常见的业务就是点到点 EVC 构成的 EVPL 业务，如图 2.15 所示。

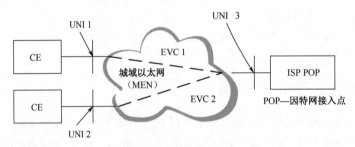

图 2.15 专用因特网接入

若一个用户希望通过边界网关协议（BGP）来提供不同的链路（多宿主）连接到两个或者多个 ISP，则在这种情况下，用户可采用独立的 EVPL 业务来连接到不同的 ISP。如果希望利用同一个 UNI 来支持两个因特网接入以及城域以太网中的一个内联网（Intranet）或者外联网（Extranet）连接，那么也应该采用单独的 EVC。

典型的 ISP 业务是在一个高速以太网 UNI 上复用用户，参见图 2.15，ISP 可能具有一个 1 Gb/s 的 UNI（UNI 3），用户的 UNI 1 和 UNI 2 可以是 100 Mb/s。其中，在用户的 UNI 1 和 UNI 2 处没有业务复用，只在 ISP 的 UNI（UNI 3）处执行业务复用。因此，用户的 UNI 1 和 UNI 2 具有到 ISP POP 之间的专用以太网连接。

以太网电路仿真（CES）业务

CES 业务即向用户提供的 TDM 电路仿真业务，如 T1/E1、T3/E3 和 OC-3/12。城域网提供具有互通功能（IWF）的设备或接口，向用户在 PBX 间提供仿真 TDM 电路。

基于 VPLS 的城域以太网

VPLS 是一种用于企业机构局域网（LAN）互联的解决方案。它能够有效地结合多协议标签交换（MPLS）、VPN、以太网交换等多种技术的特点，为广域范围内的多点到多点 LAN 互联提供实现基础。从连接方式上看，VPLS 利用 MPLS 的城域骨干网络为企业用户提供一种仿真的 LAN 连接，因此也称为透明的 LAN 范围（TLS）。这里的"透明"是指对于用户而言，骨干网的结构是不可见的，用户的分支局域网好像都连接在一个单一的桥接网络上。从网络拓扑结构与运营维护来看，VPLS 则提供了与 VPN 类似的服务，唯一的区别在于 VPLS 的网络边缘结点采用了数据链路层（即第 2 层）桥接技术，而 VPN 则采用了第 3 层路由技术。VPLS 网络结构如图 2.16 所示。

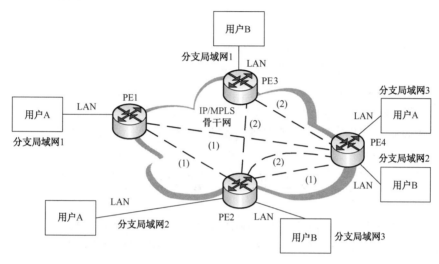

图 2.16　VPLS 网络结构

在图 2.16 中，显示了企业用户 A 与 B 分别通过 VPLS 服务连接各自的 3 个分支局域网，虚线（1）表示用户 A 的数据流，虚线（2）表示用户 B 的数据流。其关键在于网络运营商的边缘路由器（PE），在 PE 上运行了支持 VPLS 相关特性的协议。用户的各个分支局域网通过 PE 接入网络运营商的 IP/MPLS 骨干网，并形成一个得力的 VPLS 域，属于同一个 VPLS 域的各个分支局域网相互之间可以 LAN 方式传递数据流。一个 PE 上的不同接口可以分别用于不同 VPLS 用户的接入。这时，PE 上为每一个 VPLS 用户创建一个分离的 VPLS 进程，用于该 VPLS 域的通信管理。这样就保证了即使多个企业用户通过同一个骨干网络，它们的数据流也是逻辑上相互独立的，互不影响，也充分保证了用户数据的保密性。

为了完成不同分支站点的连接，在服务于同一 VPLS 域的 PE 之间需要建立全网状的连接，这是通过 MPLS 的标签交换路径（LSP）建立的数据隧道。PE 向用户提供基于以太网的桥接接入方式，也就是说，PE 可以直接接收来自用户分支局域网的以太网封装格式的数据帧，并根据数据帧携带的 MAC 地址信息来决定将数据转发到合适的 LSP 上，以送达另一端的分支局域网。

PE 上运行的 VPLS 协议支持特性，使得 PE 上用于连接用户网络的接口可以像一个桥接设备一样提供第 2 层交换和 MAC 地址学习的能力。通过 MAC 地址的学习，PE 上的每一个 VPLS 进程都为自己的 VPLS 域创建并维护一个 MAC 地址表。当接收到数据帧时，VPLS 进程首先检查帧头中的目的 MAC 地址与 MAC 地址表中的表项是否匹配。如果匹配，则将数据帧直接转发到对应的 LSP 上进行传输；如果不匹配，则同一数据帧被广播到服务于同一 VPLS 域的其他逻辑端口上。当 PE 设备从拥有这一 MAC 地址的主机上收到数据而学习到这个地址时，MAC 地址表就被更新，而接下来的数据帧则可以被正常转发，这与以太网交换机的工作原理基本相同。与以太网交换机不同的是，PE 上的 VPLS 支持还包含 VPLS 域的 PE 之间的信令机制、BGP 协议。

注意：利用以太网技术，运行通用成帧规程（GFP）的下一代 SONET/SDH，或用于桥接式以太网流量的逻辑链路（如 PVC、T1/E1 TDM、任何虚连接或物理连接）都可以建立入口网络，用于连接 CE 与 PE。

练习

1. 简述城域以太网的基本功能结构。
2. 城域以太网论坛（MEF）定义了哪几种城域以太网业务？
3. VPLS 与 VPN 的主要区别是什么？
4. 基于 VPLS 的城域以太网是如何实现不同分支结点的连接的？
5. 利用 Web，研究以太网业务是如何进入城域网的。

第四节 光 城 域 网

目前，在城域网中应用的波分复用（WDM）技术主要有两种：密集波分复用（DWDM）和稀疏波分复用（CWDM）。DWDM 系统的工作波长是依据国际电信联盟（ITU）的标准定义的，其波长间隔一般为 1.6 nm（200 GHz）、0.8 nm（100 GHz）或 0.4 nm（50 GHz）。CWDM 波长信道间隔一般为 20 nm。由于城域网传输距离短（一般为 100 km 以内），不需要使用放大器，增加一根光纤成本也不高，如果简单采用和广域网一样的 DWDM 设备，无疑将得不偿失。解决的方法是采用 CWDM（Coarse WDM，稀疏波分复用）技术。

学习目标

▶ 了解 DWDM、CWDM 的技术特点；
▶ 掌握 CWDM 在城域网中的组网方案。

关键知识点

▶ CWDM 设备应用于环网核心网。

DWDM 与 CWDM

密集波分复用（Dense Wavelength Division Multiplexing，DWDM）是一项用来在现有的光纤骨干网上提高带宽的激光技术。更确切地说，该技术是在一根指定的光纤中，多路复用单个光纤载波的紧密光谱间距，以便利用可以达到的传输性能（例如，达到最低程度的色散或者衰减），在给定的信息传输容量下，减少所需光纤的总数量。例如，若计划复用 8 个光纤载波（OC），即一根光纤中传输 8 路信号，传输容量将从 2.5 Gb/s 提高到 20 Gb/s。目前，由于采用了 DWDM 技术，单根光纤可以传输的数据流量最大可以达到 400 Gb/s。

DWDM 的一个重要特性是协议与传输速率不相关。基于 DWDM 的网络可以采用 IP、SDH/

SONET、以太网协议来传输数据，处理的数据流量在 100 Mb/s～2.5 Gb/s 之间。这样，基于 DWDM 的网络可以在一个激光信道上以不同的速度传输不同类型的数据流量。从 QoS（服务质量）的观点来看，基于 DWDM 的网络以低成本方式快速响应了客户的带宽需求。

目前，DWDM 系统可提供 16/20 波或 32/40 波的单纤传输容量，最大可到 160 波，具有灵活的扩展能力。用户初期可建 16/20 波的系统，之后根据需要再升级到 32/40 波，这样可以节省初期投资。有两种升级方案可供选择：一种是在 C 波段红带 16 波加蓝带 16 波升级为 32 波；另一种是采用光交叉复用器，在 C 波段由 200 GHz 间隔 16/32 波升级为 100 GHz 间隔 20/40 波。若要进一步扩容，可采用 C+L 波段的扩容方式，使系统传输容量扩充为 160 波。

城域 DWDM 在系统结构上部分继承了长途骨干网 DWDM 的技术特点，同时在业务的接入种类和组网的灵活性上做了大量改进，使之适合城域网的环网应用。目前，城域网 DWDM 技术已经非常成熟。

城域网的特点是距离短，业务接口复杂，如果继续采用 DWDM 技术，成本就会太高。于是，稀疏波分复用（Coarse Wavelength Division Multiplexing，CWDM）应运而生，并迅速得到广泛应用。

稀疏波分复用（CWDM）也称粗波分复用，是一种面向城域网接入层的低成本 WDM 传输技术。从原理上讲，CWDM 就是利用光复用器将不同波长的光信号复用至单根光纤进行传输；在链路的接收端，借助光解复用器将光纤中的混合信号分解为不同波长的信号，连接到相应的接收设备。

CWDM 技术与 DWDM 的主要区别在于：相对于 DWDM 系统中 0.2～1.2 nm 的波长间隔，CWDM 具有更宽的波长间隔，业界通行的标准波长间隔为 20 nm。由于 CWDM 系统的波长间隔宽，所以对激光器的技术指标要求较低。因波长间隔达到 20 nm，所以系统的最大波长偏移可达-6.5～+6.5 nm，激光器的发射波长精度可放宽到±3 nm，而且在工作温度范围（-5℃～70℃）内，温度变化导致的波长漂移仍然在容许范围内，激光器无须采用温度控制机制，所以激光器的结构大大简化，成品率提高。

另外，较大的波长间隔意味着可简化光复用器/解复用器的结构。例如，CWDM 系统的滤波器镀膜层数可降为 50 层左右，而 DWDM 系统中的 100 GHz 滤波器镀膜层数约为 150 层。CWDM 滤波器的成本比 DWDM 滤波器的成本要少 50%以上，而且随着自动化生产技术和批量的增大会进一步降低。

CWDM 技术一般应用于中小型城域网或大型城域网的汇聚层、接入层，其波长数目一般为 4 波或 8 波，最多 16 波，波长范围为 1 290～1 610 nm（16 波系统）。美国的 1 400 nm 商业利益组织正在致力于为 CWDM 系统制定标准。目前建议草案考虑的 CWDM 系统波长栅格分为 3 个波段：O 波段包括 4 个波长，即 1 290 nm、1 310 nm、1 330 nm 和 1 350 nm；E 波段包括 4 个波长，即 1 380 nm、1 400 nm、1 420 nm 和 1 440 nm；S+C+L 波段包括从 1470 nm 到 1610 nm、间隔为 20 nm 的 8 个波长。这些波长利用了光纤的全部光谱，包括在 1310 nm、1510 nm 和 1550 nm 处的传统光源，从而增加了复用的信道数。20 nm 的信道间隔允许利用廉价的不带冷却器的激光发射机和宽带光滤波器，同时也躲开了 1270 nm 高损耗波长，并且使相邻波段之间保持了 30 nm 的间隙。

CWDM 技术由于具有价格低廉、结构简单、灵活多样等特点，特别适合我国绝大部分地区的城域网建设需要。而 DWDM 技术作为一种有效的线路带宽扩容方法，在长途骨干网上得到了广泛应用，正在成为日益增长的城域网主流技术。

CWDM 在城域网中的组网方案

CWDM 技术是为适应宽带 IP 城域网的需求而发展起来的。将 CWDM 传输系统和高性能路由器、交换机连接起来，就构成了宽带 IP 城域网。另外，将 CWDM 光传输设备和路由器、交换机结合在一起，可以由路由器、交换机端口直接驱动光传输设备。最简单情况是当一根光纤只传输一路数据时，在裸光纤上直接运行千兆以太网（GE）；如果需要传输多路数据，可采用 CWDM 系统，根据需要逐步增加波长通道。

CWDM 以其明显的成本优势而成为城域网核心层和汇聚层的理想选择，它能够凭借其灵活多样的组网方式构成不同的解决方案。也就是说，CWDM 系统组网方式灵活多样，可以组成点到点、点到多点、环形、星形、链状等各种拓扑结构。一般在核心骨干层采用背靠背的方式实现多个环网或通道的叠加，在汇聚层采用环网的逻辑星形或双星形网络，在接入层采用链状或点到点的组网方式。当然，实际的网络需求相当复杂，要针对不同的用户环境选用最恰当的网络结构。较常用的组网方案有以下几种。

城域网环形拓扑组网方案

城域网将信息从高速骨干网传送到最终用户。宽带城域网从层次上可划分为城域核心网（Metro Core）、城域汇聚网（Metro Convergence）、城域接入网（Metro Access）和用户驻地网络（CPN）。

CWDM 技术可以适应多种网络复杂的环境。从城域核心局到多个分支局间的不同业务传送，到汇聚局与客户端之间的接入网络建设，都可以采用 CWDM 技术。采用 CWDM 接入网传输多种数据业务，能够实现互不干扰，且各客户的业务传送能够得到可靠、安全的保证。CWDM 还可与 EPON 或 APON 组成无源光网络，与 DSLAM（数字用户线接入复用器）进行互连，为实现光纤到户（FTTH）提供很好的解决方案，实现多种业务的融合。

宽带城域核心网将高速骨干网的信号传送到较低层次的光纤通道（又称光纤信道）上，其容量比较高；城域接入网将城域核心网的高速信息传送到用户驻地网，其信息容量较城域核心网小；用户驻地网将城域接入网的信号进一步传送到用户。为了节省大量的光纤资源，同时实现多种业务的融合，在城域核心网或接入网中宜采用 CWDM 组网。CWDM 设备应用于环形核心网示例如图 2.17 所示。

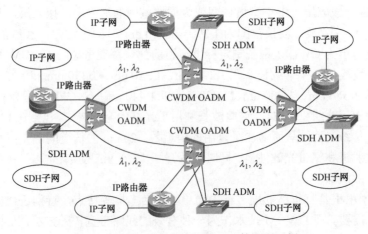

图 2.17　CWDM 设备应用于环形核心网示例

CWDM 分插复用设备可以将 SDH 业务、IP 业务、视频图像业务通过一条物理光纤环实现多个逻辑环的叠加。每个环上承载一个独立的业务，互不干扰。

对于具体的网络构建，以两波为例，如图 2.17 所示，环形线表示一对物理光纤环的环形逻辑，每段光纤上复用两波，在各个 CWDM 结点放置 1 台 CWDM 光分插复用器（OADM）设备（两波上下），对于具体的业务接入设备，如 IP 路由器和 SDH 分插复用器（ADM）设备，分两路分别接入 CWDM OADM 设备。

在这种"物理环网+逻辑环网"的组网方式中，整个逻辑环实质上是采用一段一段的"点到点"波分复用传输组成的。所以整个环的长度没有限制，点数越多，距离越长，但两点之间的距离不允许超过 80 km。

CWDM 设备用于核心网的主要优点如下：

- ▶ 8 路业务可以复用到一对光纤上；
- ▶ 支持多种业务传送，包括 IP、SDH、ATM、图像、光纤通道等业务；
- ▶ 目前可以在一根光纤上提供高达 20 Gb/s 的业务带宽；
- ▶ 提供物理层的通道和复用段保护能力，增强了数据网络的可靠性，可以使倒换时间低于 50 ns，比通过三层的冗余路由保护效率高。

CWDM 分插复用设备可以与终端复用设备结合使用，通过一条物理光纤环实现一个具有保护功能的逻辑上的双星形结构。具体连接如图 2.18 所示，图中采用一对光纤组成网络上的环形结构，虚线表示连接环上的双星形结构。这种逻辑双星形结构，每个汇聚层路由器（或者第 3 层交换机）到核心路由器（交换机）之间都有一条冗余路径，从而提高了网络的可靠性。这种 CWDM 设备的物理环形连接，与以往的网络双星形连接相比要节省光纤资源。

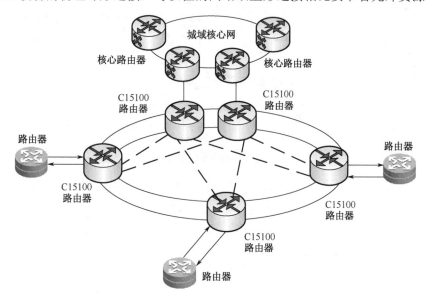

图 2.18　CWDM 设备用于逻辑双星形汇聚层网络

城域点到点拓扑组网方案

点到点的拓扑组网方案可以利用现有的有限光纤资源,以数倍于现有传输容量的带宽实现两点之间多业务的双向汇聚，比传统的 DWDM 具有更高的性价比。CWDM 应用于城域点到点拓扑组网方案示意图如图 2.19 所示。

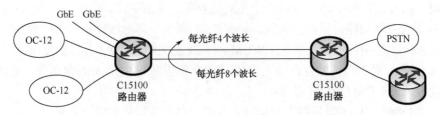

图 2.19 CWDM 应用于城域点到点拓扑组网方案示意图

城域点到多点拓扑组网方案

通常，为实现在光网络中点到多点的应用，需要较多数量的光纤组成星形拓扑。在光纤资源不足的情况下，利用一条光路串接需要传输数据的各个分局，通过事先定义波长来区分用户和业务，在各个业务结点利用 CWDM 的终端复用设备和分插复用设备，实现地区业务的复用传输和业务的上下传输。通过这种方式可解决中心结点到多个分支结点间的不同业务传送，从而用一条简单的物理光路实现逻辑上的星形拓扑结构，其示意图如图 2.20 所示。

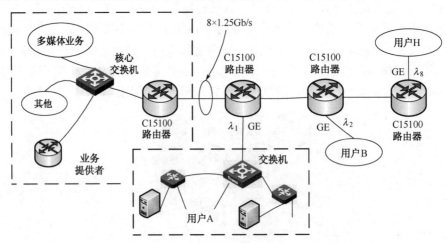

图 2.20 CWDM 应用于城域点到多点拓扑组网方案示意图

通过以上几种组网方案可知，CWDM 系统是一种适合宽带城域网使用的波分复用系统。它的出现解决了长期困扰城域网建设的性价比问题，而且最大限度地利用了现有城域光纤基础设施，满足了未来小型城域网和大型城域网汇接、接入层业务所需的带宽。当然，CWDM 技术也有其不足之处，比如要建设一个 16 波的 CWDM 系统，其带宽范围覆盖了近 400 nm 的光纤工作窗口，其中包括 1 380 nm 的高衰减区，普通的光纤介质根本无法适应，必须敷设全波光纤才能满足要求。

ASON 在城域网中的应用

自动交换光网络（ASON）是目前能够实现的智能传输网络协议，其实质就是在传输网络中引入动态交换。ASON 允许将网络资源动态分配给路由，具有恢复能力，使网络在出现问题时仍能维持一定水准的业务，特别是它具备分布式恢复能力，可以实现快速业务恢复。ASON

还可以将光网络资源与数据业务分布自动联系在一起，形成一个响应快和成本低的光传送网。同时，ASON 还可以提供大量新的业务类型，如按需带宽业务、波长批发、波长出租、带宽交易、按使用流量付费、光拨号业务、动态路由分配、光虚拟专用网等。

在城域网中，要实现网络的可管理、可运营，以及城域网的恢复机制，需要引入 ASON。传统意义上的光交叉连接器（OXC）仅仅具有静态网络配置能力，主要靠网管系统进行调配，无法适应日益动态的网络和业务环境，特别是随着 IP 业务成为网络的主要业务后，由于 IP 业务量本身的不确定性和不可预见性，对网络带宽的动态分配要求将越来越迫切，网络急需实时动态配置能力，即智能光交换能力。通过引入 ASON，可提高对城域网动态网络配置能力，形成一个智能化的城域网。

练习

1. 试比较 DWDM 与 CWDM 的技术特点，并说明后者更适用于城域网的原因。
2. CWDM 设备用于城域核心网有哪些优点？
3. 在城域点到多点拓扑组网方案中，是如何实现逻辑上的星形拓扑结构的？

补充练习

1. 利用 Web，研究 WDM 城域网的最新发展。
2. 研究你所在地区已用的 CWDM 城域网解决方案，并画出其拓扑结构。

本 章 小 结

城域网原是与广域网相对应的概念，数据通信和电信技术的发展赋予城域网以新的内涵，将城域网的概念延伸到了整个通信网络。城域网泛指在城市及其郊区范围内提供多种业务的所有网络。它是以宽带光传输为开放平台，通过各类网关实现语音、数据、图像、IP 接入和各种增值业务以及智能业务，并与各运营商的长途网和公用电话交换网（PSTN）互通的本地宽带综合业务网。城域网与广域网的主要区别在于城域网的业务范围不仅有语音，还有数据和图像，是全业务网络。城域网需要支持各种用户层信号，而且要能很快地提供用户层信号所需的带宽。局域网的地域限制使各行各业形成了一个个"孤岛"，广域网的带宽限制又使高速公路上的宽带应用大打折扣，其核心问题可归结为带宽与距离的矛盾。而城域网则是解决带宽和增加网络覆盖范围的很好的方法，这使得城域网成为最具发展潜力的一种网络技术。目前，主要的宽带城域网技术方案有 MSTP 城域网、RPR 城域网、城域以太网、光城域网等。

MSTP 城域网的最大优点是可以路由传统网络体系支持的多种业务（网络接口和协议），同时简化网络结构。MSTP 将多种业务通过 VC 或 VC 级联方式映射到 SDH 容器进行处理，可以向自动交换光网络/智能光网络（ASON/ION）演进。

弹性分组环（RPR）是由 IEEE 802.17 工作组开发的一个标准。RPR 技术是一种新兴的城域网技术，它集以太网的经济性、IP 的智能化、光纤环网的丰富带宽和可靠性于一体。RPR 是目前宽带 IP 城域网运营商的最佳组网方案。

以太网在城域网中的应用，进一步促进了以太网技术的发展。城域以太网继续保持了以太网价格便宜、简单灵活、容易互联的三大优势。目前，以太网不仅在企业网领域一统天下，而且正向城域网和广域网进军。MEF 已宣布了基于以太网技术统一城域网的工业标准，目标是使之成为可运营的电信级网络。

CWDM 能有效节省光纤资源和组网成本，它解决了光纤短缺和多业务透明传输两个问题，主要应用在城域网汇聚层和接入层，且可在短时间内建设网络和开展业务。CWDM 具有成本低、功耗低、体积小等诸多优点，目前在城域网传输中已大量应用。

小测验

1. 简述典型城域网的分层组织结构，并说明各分层的功能。
2. 常用的宽带城域网的组网技术有哪些？
3. 举例说明 RPR 的保护方式。
4. RPR 支持的 3 种业务类型各有什么特点？
5. 城域以太网论坛（MEF）定义了哪几种类型的以太网业务？
6. 下列关于 RPR 技术的描述中，错误的是（   ）。
    a. RPR 能够在 30 ms 内隔离出现故障的结点和光纤段
    b. RPR 中每个结点都执行 SRP 公平算法
    c. 两个 RPR 结点之间的裸光纤最大长度为 100 km
    d. RPR 的内环和外环都可以传输数据分组和控制分组

【提示】RPR 采用自愈环的设计思想，能够在 50 ms 内隔离出现故障的结点和光纤段。所以选项 a 是错误的。RPR 中每个结点都执行 SRP 公平算法，使得结点之间能够获得平等带宽，防止个别结点因流量大而造成环拥塞。RPR 中每个结点都可以使用两个方向的光纤与相邻结点通信，内环和外环都可以传输数据和控制分组。

第三章　无线城域网

无线城域网（Wireless MAN，WMAN）又称为无线本地回路。它的正式称呼是固定宽带无线接入接口，是为了解决"最后一公里"问题并制定统一的技术标准而提出的。1999年，IEEE 成立的 802.16 工作组专门研究制定宽带固定无线接入技术标准。自工作组成立以来，陆续产生了一系列标准，也废止、撤回、合并了一些标准。到目前为止，IEEE 802.16 标准（系列）的有效标准有 8 个，分别是 802.16-2004、802.16-2007、802.16-2012、802.16.1-2012、802.16.1b-2012、802.16p-2012、802.16.1a-2013 和 802.16n-2013。从是否支持移动性的角度考虑，这些标准可分为固定宽带无线接入空中接口标准和移动宽带无线接入空中接口标准。IEEE 802.16 标准也被称为全球微波接入互操作性（WiMAX）。

本章主要介绍 IEEE 802.16 无线城域网——WiMAX 和 IEEE 802.22 无线区域网，内容包括无线城域网、无线区域网的基本概念、技术和标准化等。

第一节　IEEE 802.16 标准

在无线局域网（WLAN）势头正劲之际，提出了无线城域网（WMAN）技术。如同为无线局域网制定了 IEEE 802.11 标准一样，IEEE 为无线城域网推出了 IEEE 802.16 系列标准。无线城域网技术为何会紧跟 WLAN 之后出现？IEEE 802.16 是一个什么样的标准？这是本节所要讨论的基本内容。

学习目标

- ▶ 了解无线城域网的概念和 IEEE 802.16 标准（系列）；
- ▶ 了解 WiMAX。

关键知识点

- ▶ IEEE 802.16 的有效标准是目前实现无线城域网数据传输的关键。

IEEE 802.16 工作组

解决"最后一公里"网络接入问题的关键，在于如何将光纤或者同轴电缆敷设到成千上万的家庭、公共服务场所。显然，其代价是非常昂贵的，最好的解决办法是采用宽带无线网络。1999 年 IEEE 设立的 IEEE 802.16 工作组，就是专门研究和推进全球统一的无线城域网技术的。IEEE 802.16 工作组主要负责开发工作在 2～66 GHz 频带的无线接入系统空中接口物理层和介质访问控制（MAC）层规范，与空中接口协议相关的一致性测试，以及不同无线接入系统之间共存的规范等，涉及 MMDS（多路多点分配业务）、LMDS 等技术。它由 3 个工作小组组成，每个工作小组分别负责不同的方向：

- ▶ IEEE 802.16.1 负责制定频率为 10～66 GHz 的无线接口标准；

- IEEE 802.16.2 负责制定宽带无线接入系统共存方面的标准；
- IEEE 802.16.3 负责制定频率在 2～10 GHz 之间获得频率使用许可权的应用的无线接口标准。

IEEE 802.16 工作组制定的用户收发信机与基站收发信机之间的无线接口和协议标准按照以下三层体系结构组织：

- 物理层——三层结构中的最低层，该层协议主要涉及频率带宽、调制方式、纠错技术以及发射机同接收机的同步、数据传输速率和时分复用等。
- 数据链路层——在物理层之上，该层主要规定了为用户通过服务所需的各种功能；由于这些功能都在介质访问控制（MAC）层，因此数据链路层也称为 MAC 层。MAC 层主要负责将数据组成帧进行传输，以及如何将用户接入共享的无线介质。
- 汇聚层——在 MAC 层之上，该层能够根据所提供的不同服务，实现不同的功能。该层也可归属于数据链路层。

IEEE 802.16 工作组每隔两个月召开一次会议，每次会议为期一周。目前有来自 12 个国家、144 个公司的 200 名成员和官方观察员。IEEE 802.16 的会员资格可以通过亲身参会取得，会员属于个人，会员具有选举权。

IEEE 802.16 系列标准

在 IEEE 802.16 工作组的努力下，先后推出了 IEEE 802.16、IEEE 802.16a、IEEE 802.16d、IEEE 802.16e 等一系列标准。最早的 IEEE 802.16 标准于 2001 年 12 月获得批准，是针对 10～66 GHz 高频段视距（LOS）环境而制定的无线城域网标准。但目前所说的 IEEE 802.16 标准主要是 802.16a、802.16RevD 和 802.16e 三个标准。其中 802.16a 是为工作在 2～11 GHz 频段的非视距（NLOS）宽带固定接入系统设计的，于 2003 年 1 月获得 IEEE 批准；802.16RevD 是802.16a 的增强型，主要目的是支持室内用户驻地设备（CPE）；IEEE 802.16e 是 IEEE 802.16a/d 的进一步延伸，目的是在现有标准中增加移动性。IEEE 802.16 标准的研究情况如表 3.1 所示。

表 3.1 IEEE 802.16 系列标准研究情况

类别	标准序号	标准名称	技术说明	发布时间
空中接口标准	IEEE 802.16-2001	IEEE 局域网和城域网标准第 16 部分：固定宽带无线接入系统的空中接口	规定了多业务点到多点宽带无线接入系统的空中接口，包括 MAC 层和物理层，点到多点拓扑结构，还包括一个特殊的物理层实现方案	2002.4
	IEEE 802.16a	IEEE 局域网和城域网标准第 16 部分：固定宽带无线接入系统的空中接口：MAC 修改和 2～11 GHz 附加物理层规范	在 2～11 GHz（包括许可带宽和免许可带宽）的频段上，对 MAC 层进行修改扩展和对物理层基础补充规范，并给出了 ARQ 等增强性能的技术	2003.1
	IEEE 802.16c	IEEE 局域网和城域网标准第 16 部分：固定宽带无线接入系统的空中接口：MAC 修改和 10～66 GHz 详细系统介绍	对 802.16c 和 802.16.2-2001 中的错误和矛盾进行了修改，更新扩展了 802.16 的部分内容，列出了用于典型情况下的特征功能集合。其频率适用范围为 10～66 GHz	

续表

类别	标准序号	标准名称	技术说明	发布时间
空中接口标准	IEEE 802.16d (IEEE 802.16-2004)	IEEE 局域网和城域网标准第 16 部分：固定宽带无线接入系统的空中接口：MAC 修改和 2～11 GHz 详细系统介绍	WiMAX 的基础，802.16a 的替代版本，支持高级天线系统（MIMO），其目的与 802.16c 一样，只不过频率适用范围为 2～11 GHz	2002.12 / 2004.6
	IEEE 802.16e-2005	IEEE 局域网和城域网标准第 16 部分：移动宽带无线接入系统的空中接口的修正：低于 6 GHz 许可带宽的移动业务的物理层和 MAC 层修改	这是对 802.16 与 802.16a 的增强，支持用户站以车载速度移动。规定了一个系统如何结合固定和移动宽带无线接入，规定了在基站或扇区之间支持高速切换功能，适用于 2～66 GHz 之间的许可宽带的移动业务	2005.12
	IEEE 802.16f-2005	IEEE 局域网和城域网标准第 16 部分：固定宽带无线接入系统的空中接口	固定和移动宽带无线接入系统空中接口 MIB 要求，扩展后能够提供网状网要求的多跳能力	2005.9
	IEEE 802.16k-2007	IEEE 局域网和城域网 MAC 桥：补篇	局域网和城域网的 MAC 桥接的相关标准	2007.8
	IEEE 802.16g-2007	IEEE 局域网和城域网标准第 16 部分：固定或移动宽带无线接入系统的空中接口修改 3：管理平面流程与服务	固定和移动宽带无线接入系统空中接口管理平面流程和服务要求，对移动网络提供高效转发和 QoS 保障，已合并到 802.16-2009	2008.3
	IEEE 802.16h-2010	IEEE 局域网和城域网标准第 16 部分：宽带无线接入系统的空中接口修改 2：改进的免授权系统的共存装置，已合并到 802.16-2012	在 IEEE 802.16 制定的 QoS 要求下，利用感知无线电技术让多个系统共用资源，以确保基于 IEEE 802.16 的免授权系统之间的共存以及与授权系统之间的共存，即将感知无线电技术用于空中接口，使其更适合非许可频段	2010.6
	IEEE 802.16m-2011	该标准又称为 WiMAX 第 2 版或无线城域网升级版，合并到 IEEE 802.16-2012	定义了 100 Mb/s 的移动无线网和 1 Gb/s 的固定无线网规范	2011
	IEEE 802.16-2012	第二代 WiMAX 和 4G 技术，目前生效的标准	由先前的 802.16-2009、802.16h、802.16j 和 802.16m 升级整合而成，但将无线城域网射频接口移出另行发布为 IEEE 802.1-2012 标准	2012
共存问题标准	IEEE 802.16.1a-2013	IEEE 宽带无线接入系统空中接口标准：补篇 2	改进了无线城域网空中接口的高可靠性方面的内容	2013.3
	IEEE 802.16.2-2001	IEEE 局域网和城域网操作规程建议：固定宽带无线接入系统的共存	10～66 GHz 固定宽带无线接入系统的共存	2001.9
	IEEE 802.16.2a	对 IEEE 802.16.2 的修改	2～11 GHz 之间许可带宽的系统共存	2003.4
一致性标准	IEEE 802.16.1-2012	IEEE 802.16 一致性标准第 1 部分：10～66 GHz 无线 MAN2SC 空中接口协议实现的一致性说明（PICS）	10～66 GHz 无线 MAN2SC 空中接口的协议实现一致性说明（PICS），是目前生效的标准	2012
	IEEE 802.16.2	IEEE 802.16 一致性标准第 2 部分：10～66GHz 无线 MAN2SC 空中接口的测试集结构和测试目的（TSS&TP）	10～66 GHz 无线 MAN2SC 空中接口的测试集结构和测试目的（TSS&TP）	2004
	IEEE 802.16q-2015	IEEE 宽带无线接入系统空中接口标准：补篇 3	定义了在多层网络环境中基站与移动站的冲突缓解、移动管理和能耗管理的物理层与 MAC 层的改善规范	2015

　　IEEE 802.16 规定的无线通信系统主要应用于城域网。根据是否支持移动特性，IEEE 802.16 标准可以分为固定宽带无线接入空中接口标准和移动宽带无线接入空中接口标准。其中 802.16、802.16a、802.16d 属于固定无线接入空中接口标准，802.16e 属于移动宽带无线接入空中标准。802.16d 基本上是对 802.16、802.16a 和 802.16c 的修订，因此通常认为，802.16d 和

802.16e 是目前 802.16 中的两个主要空中接口标准，分别应用于固定和移动通信系统设计。

制定 IEEE 802.16 标准的主要目的，是使通信公司和服务提供商通过建设新的无线城域网，为目前仍然缺少宽带服务的企业与住宅区提供服务。换言之，符合 IEEE 802.16 标准的设备可以在"最后一公里"宽带接入领域替代 Cable Modem、xDSL 和 T1/E1，也可以为 IEEE 802.11 热点提供回传。IEEE 802.16 提供了一个支持语音、视频、图像等的低时延应用协议，在用户终端和基站（BS）之间允许非视距宽带连接，其一个基站可支持成百上千个用户，在可靠性和 QoS 方面可提供电信级的性能。

WiMAX

WiMAX 是一种宽带无线接入（BWA）技术，可以为家庭和企业提供传输速度快、频谱效率高、信道容量大的无线多媒体应用。

IEEE 802.16 工作组主要负责对无线城域网的物理层和 MAC 层制定规范和标准。虽然标准的制定是某项技术被广泛接纳的关键，但事实表明，一个标准的颁布并不意味着这项技术就一定会被市场所接纳。要被市场广泛认可，必须克服互操作性和部署成本等障碍，其中互操作性更为重要。互操作性意味着最终用户可以购买自己喜爱的品牌，拥有他们想要的特点，并知道它怎么与其他认证过的类似产品一起工作。要真正获得市场，一个产品必须首先被认证是符合标准的，然后还必须证明它与其他产品是可以互操作的。但克服上述障碍并不是 IEEE 的职能，需要业界来做。例如，IEEE 802.11b 标准是在 1999 年得到批准的，但在 WiFi 联盟引入互操作性认证之前，并没有被广泛接纳，可互操作的 IEEE 802.11b 设备直到 2001 年才得以面世。出于同样的原因，为了形成一个可运营的网络，IEEE 802.16 技术必然得到业界的支持，于是在 2001 年 4 月成立了全球微波接入互操作性（WiMAX）论坛，该论坛就是为了 10～66 GHz 频段的 IEEE 802.16 原始规范而成立的。从此，WiMAX 成为 IEEE 802.16 的代名词，与之相关的无线城域网技术也被称为"WiMAX 技术"。

WiMAX 提供了点到多点和 Mesh（网格）网络两种工作模式。这两种工作模式在设计中需要具有灵活的可集成性、可迅速开发性、易维护性、可测试性和弹性服务。为了达到这些目的，许多研究机构和组织做出了许多努力，将协议栈分成物理（PHY）层、介质访问控制（MAC）层、网络层和应用层，分别解决其中的技术问题。为了保证系统能够满足全部需求，需要在高效信号处理、网络结构、安全协议、软件架构和灵活的系统设计等方面开展深入的研究。

WiMAX 是第四个被批准的全球 3G 标准。前三个分别是 WCDMA、cdma2000 和 TD-SCDMA。与前三个相比，WiMAX 具有一定的技术优势，但却没有时间优势，因为 WiMAX 是 2007 年才获得批准的。由于世界各国的 3G 建设已经开展多年，WiMAX 要争取市场并不容易。虽然 IEEE 802.16e-2005 也被称为 3.5G 技术，但 4G 技术的研究早已经全面开展，仅凭 IEEE 802.16 是不够的。

IEEE 802.16m 被称为 4G 技术，的确在市场上也获得一定份额。除了中国以外，加拿大北电、日本、韩国等国家相继建设了 WiMAX 实验网。美国第三大电信 Sprint 公司于 2008 年进行了首个 WiMAX 试点。澳大利亚也有电信公司开展了商业运营。在一定范围内，WiMAX 取得了一定成功。但好景不长，早期 WiMAX 的一些不足使得电信公司对它的批评越来越多。更何况 WiMAX 是一个源于计算机业而不是电信业的技术，电信业对它没有太高的积极性。WiMAX 的市场发展受到了阻碍：2010 年，Intel 公司解散了它的 WiMAX 部门；将赌注压在

WiMAX 上的加拿大北电倒闭；全球最大的 WiMAX 服务提供商美国 Clearwire 公司的业务重心由 WiMAX 转到了 TD-LTE；韩国于 2011 年将 WiMAX 转向 LTE；2012 年，美国 Sprint 公司也宣布放弃 WiMAX 而加入 LTE 阵营。

IEEE 802.16m-2011 以及后来的 IEEE 802.16-2012，被称为第二代 WiMAX 和真正的 4G 技术；但大势已去，现在的世界市场大都采用 LTE 技术，LTE 已经基本上等于 4G 了。由于建设 4G 网络需要投入很多经费，电信公司已经不可能再用 WiMAX 去替代 LTE。由于 WiMAX 并不比 LTE 具有代际差异优势，且小规模使用的投资成本难以摊薄，致使 WiMAX 退出了主流市场。当然，IEEE 目前尚没有放弃 IEEE 802.16 标准，IEEE 802.16 工作组依然在开展相关的研究工作。

练习

1. IEEE 802.16 工作组制定了哪些标准？各标准具有哪些主要特点？
2. 成立 WiMAX 论坛的目的是什么？该论坛有哪几个工作组？
3. 研究分析 IEEE 802.16 系列标准的哪些标准支持 4G 技术？

补充练习

利用 Web 查阅 WiMAX 技术的发展过程，研究为什么它逐渐退出了主流市场。

第二节　IEEE 802.16 协议栈

在 IEEE 802.16 工作组制定的三层体系结构中，物理层是最低层，该层协议主要包括频率带宽、调制方式、纠错技术以及发射机同步、数据传输速率和时分多址接入等方面的内容。本节主要简单介绍 IEEE 802.16 协议栈参考模型。

学习目标

- ▶ 了解 IEEE 802.16 协议栈参考模型；
- ▶ 掌握 IEEE 802.16a 下行、上行链路帧结构。

关键知识点

- ▶ IEEE 802.16 协议栈的层次结构。

IEEE 802.16 协议栈参考模型

IEEE 802.16 协议栈参考模型如图 3.1 所示。由图 3.1 可知，IEEE 802.16 系统包括数据/控制和管理两个平面。系统在数据/控制平面实现的功能主要是保证数据的正确传输。因此，数据/控制平面除了定义必要的传输功能之外，还需要定义一些控制机制来保障传输的顺利进行。而管理平面中定义的管理实体，分别与数据/控制平面的功能实体相对应。通过与数据/控制平面中实体的交互，管理实体可以协助外部的网络管理系统完成有关的管理功能。在此，主要介绍 IEEE 802.16 系统的数据/控制平面。

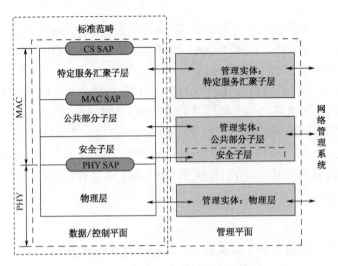

图 3.1　IEEE 802.16 协议栈参考模型

IEEE 802.16 标准为无线空中接口分别定义了物理（PHY）层和介质访问控制（MAC）层。

物理层由传输汇聚子层（TCL）和物理介质依赖子层（PMD）组成，通常说的物理层主要是指 PMD。物理层定义了两种双工方式：TDD 和 FDD。这两种方式都使用突发数据传输格式，这种传输机制支持自适应的突发业务数据，传输参数（调制方式、编码方式、发射功率等）可以动态调整，但是需要由 MAC 层协助完成。

MAC 层能够支持多种物理层规范，以适合各种应用环境。MAC 层由特定服务汇聚子层（CS）、MAC 公共部分子层（CPS）和安全子层（可选）3 部分组成。

特定服务汇聚子层

特定服务汇聚子层（CS）的功能是为物理层提供接口。IEEE 802.16 协议定义了不同的汇聚子层，以便与不同的上层进行无缝连接。尽管 IEEE 802.16 标准还定义了与以太网和 ATM 协议之间的映射，但最重要的选择还是 IP。由于 IP 是无连接的，而 IEEE 802.16 MAC 子层是面向连接的，因此两层之间必须在地址和连接之间进行映射。

因此，CS 的主要功能是负责将其业务接入点（SAP）收到的外部网络数据转换和映射到 MAC 业务数据单元（SDU），并传递到 MAC 层业务接入点。具体包括：对外部网络数据 SDU 执行分类，并映射到适当的 MAC 业务流和连接标识符（CID）上，甚至可能包括净荷头抑制（PHS）等。IEEE 802.16 协议提供了多个 CS 规范作为与外部各种协议的接口。

公共部分子层

公共部分子层（CPS）是 MAC 层的主体。在 CPS 中实现了 IEEE 802.16 与组网相关的绝大部分功能，包括：寻址与连接、帧格式定义、PDU 的构造与发送、自动重发请求（ARQ）机制、调度服务、带宽分配与请求机制、物理层支持、竞争解决方案、入网与初始化、校准（测距）、信道描述符的更新、多播连接的建立、QoS 等。IEEE 802.16 中与组网相关的核心概念和操作都在此层定义。

IEEE 802.16 定义的 MAC 层是面向连接的，然而在基于 IP 的网络中要提供面向连接的服务，就必须通过一系列的 QoS 机制来保证基本的性能要求。因此，QoS 保证机制成为 IEEE

802.16 标准的核心机制，用于满足多媒体通信服务要求。WiMAX 系统的 QoS 机制包含两部分内容：一是关于业务流的管理，它提供了一种实现上行、下行 QoS 管理的机制，这也是 MAC 层的核心功能，包括 QoS 参数集、业务流定义、分类符和动态业务管理等，在 IEEE 802.16 中都进行了详细规定；二是相应的 QoS 保证机制，包括调度算法、缓冲池管理和流量控制等，在协议中对这些算法并没有进行定义和阐述。根据不同的 QoS 要求，为了更好地控制上行数据的带宽分配，IEEE 802.16 定义了以下几种不同类型的上行带宽调度服务模式：

- 主动授权业务（UGS）——用于支持固定速率的实时业务连接，不使用任何类型的竞争请求机会，并禁止捎带请求。其应用方式有 T1/E1 和没有进行压缩的 IP 语音业务。
- 实时轮询业务（rtPS）——周期性地为终端分配可变长度的上行带宽，用于支持可变速率实时业务，基站（BS）为其提供周期性的单播轮询机会，并禁止使用其他竞争请求机会，但是可以捎带请求。其应用方式有 MPEG 视频业务。
- 非实时轮询业务（nrtPS）——不定期地为终端分配可变长度的上行带宽。BS 为其提供经常性的单播轮询机会（可以是周期性或非周期性的），并允许使用竞争和捎带请求。其应用方式有保证最小速率要求的因特网接入。
- 尽力而为业务（BE）——尽可能地利用空中资源传送数据，但是不会对高优先级的连接造成影响。BE 允许使用任何类型的请求机会和捎带请求，其应用方式有 E-mail 和短信等。

安全子层

IEEE 802.16 的 MAC 层还包含了一个独立的安全子层，提供认证、密钥交换、加解密处理等服务。安全子层主要由数据分组加密打包协议和密钥管理协议两部分组成。其中，数据分组加密打包协议定义了一系列的认证和加密算法，并将这些算法运用到协议数据单元（PDU）净荷部分的规则；密钥管理协议主要用来提供基站（BS）与用户站（SS）之间的安全密钥分配机制。

两种网络拓扑结构

IEEE 802.16 支持双向点到多点（Two Way PMP）网络和网格（Mesh）网络两种类型的拓扑结构，如图 3.2 所示。点到多点（PMP）和 Mesh 结构都是共享无线信道的网络，需要有效的介质访问控制机制，尤其是 IEEE 802.16 系统承诺了对 QoS 的支持。

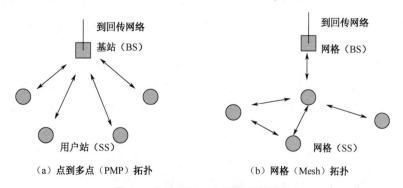

图 3.2　PMP 和 Mesh 网络拓扑结构

PMP 网络拓扑

对于 PMP 方式，IEEE 802.16 系统中指的是一个基站（BS）同时服务于多个用户站（SS）。BS 协调、中继所有的通信，SS 由 BS 控制。在 SS 向其他 SS 传输数据前，SS 首先要与 BS 进行通信。这种拓扑结构类似于蜂窝网络。

在通常情况下，BS 使用划分扇区的天线，同时服务于多个独立的扇区，扩大系统容量。位于同一个频率扇区的所有 SS 接收相同的信息。如果系统工作于 TDD 模式，有专门的 MAC 层管理消息——下行链路映射（Downlink Map）指明下行链路子帧中每一部分数据所属的 CID。每个 SS 在接收数据时，首先检查协议数据单元（PDU）的 CID。这样，SS 只接收来自 BS 所有数据中发往自己的那一部分。另一方面，在上行方向，所有的 SS 以按需的方式共享无线链路。如果 SS 有数据要发送，则首先发送带宽请求消息。根据 SS 提供的 QoS 参数，BS 在可用带宽允许的情况下，将根据所使用的服务类型，为 SS 分配一定的带宽。例如，某 SS 的一个连接对应的是 UGS 服务，BS 将会为该 SS 分配一个固定带宽。SS 可能被 BS 授权持续进行发送，或者在 BS 收到其带宽请求并允许后才能发送，然后通过上行链路映射（Uplink Map）通知 SS 已授权的可用带宽。消息发送机制可以是单播、多播或者广播。

Mesh 网络拓扑

在 Mesh 网络拓扑中，也存在 BS 和 SS，但 BS 和 SS 是相对而言的，因为 Mesh 网络的最大特点是数据的传输可以发生在任意两个结点之间。一般，定义提供骨干接入服务的结点为 Mesh BS，其他结点则都是 Mesh 网络中的 SS。Mesh 网络中可以有若干个 BS，但没有单独的上行和下行链路。也就是说，Mesh 网络中的上行和下行链路是相对于 Mesh BS 定义的。例如，若把从 Mesh BS 发往 SS 的数据看作在下行链路上进行传输，那么反方向的链路就是 Mesh 网络中的上行链路。

对于 IEEE 802.16 Mesh 模式的调度方式，可以分为集中式调度与分布式调度。集中式调度模式类似于 PMP，该模式中的 Mesh BS 系统是 Mesh 网络内与网络外面的回程服务有直接连接的系统。Mesh 的集中式调度通过 Mesh BS 来协调各 Mesh SS 的传输，Mesh SS 想要发送数据必须等待 Mesh BS 的许可。在 Mesh 模式的分布式调度中，没有充当 BS 的结点，各个结点是对等的。SS 之间可构成小规模的 1 至 2 跳的多点到多点的无线连接，没有明确、独立的上下行链路子帧，每个站都能够与网络中的其他站建立直接的通信链路。

在 Mesh 网络中还定义了邻居结点、邻域和扩展邻域。与某一结点能够直接通信的所有结点均称为该结点的邻居结点，邻居结点到该结点的距离仅有 1 跳。所有邻居结点的集合则称为该结点的邻域。扩展邻域则在邻域的概念上再进行一次扩展，覆盖所有邻居结点的邻域。以上这 3 个定义对于 Mesh 网络中的 BS 和 SS 来说是相同的。

PMP 网络与 Mesh 网络的最大区别是：在 PMP 网络中，数据交换只发生在 BS 和 SS 之间；而在 Mesh 网络中，数据的传输可能会经过其他的 SS，并且数据交换可以直接在两个 SS 之间进行。

练习

1. 简述 IEEE 802.16 协议栈层次结构及各部分的功能。
2. IEEE 802.16 网络的参考模型有哪几种模式？

补充练习

1. 利用 Web，研究 IEEE 802.16 协议栈支持的网络拓扑结构。
2. 研究你所在地区有关 WiMAX 网络的现状。

第三节　IEEE 802.16 关键技术

IEEE 802.16 技术主要包括频率带宽、调制方式、纠错技术以及发射机同步、数据传输速率和时分多址接入等方面的内容。本节简要介绍其物理层关键技术，主要涉及所用频段、双工复用方式、载波带宽、OFDM、OFDMA、多天线技术及自适应调制等。

学习目标

▶ 了解 IEEE 802.16 物理层的关键技术；
▶ 了解传输复用技术所采用的时分双工（TDD）和频分双工（FDD）模式。

关键知识点

▶ IEEE 802.16 的关键技术。

频段

最初，IEEE 工作组关注的频率范围为 10～66 GHz，这主要是由全球可用的频谱资源所决定的。根据该频段的信号特性，只能采用视距（LOS）传输技术。由于这个原因，IEEE 选择了采用单载波调制解调方式（Wireless MAN SC）。视距传输协议需要在房屋或办公室的屋顶上架设固定天线，才可以进行大容量的数据传输，显然基础设施建设费用较高。为了满足小容量家用业务的需求，IEEE 工作组将注意力转移到 2～11 GHz 频段，制定了 11 GHz 以下频段的 IEEE 802.16a 物理层标准，在该频段的无线电波可以绕射过房屋和树木等障碍，实现了低成本和非视距（NLOS）传输。

在 IEEE 802.16 系统中，物理层规范以帧结构方式工作，每种帧都包含上行链路子帧和下行链路子帧两部分。其中，下行链路子帧的开始部分所包含的信息主要用于帧的同步和控制。在 TDD 模式下，下行链路子帧在上行链路子帧的前面；在 FDD 模式下，上行链路子帧的传输和下行链路子帧的发送是同时进行的。每个 SS 都会尝试接收完整的下行链路子帧，除非它不支持下行链路子帧中的突发描述，或者该突发描述的稳健性低于 SS 当前所使用的下行突发描述。如果 SS 工作于半双工方式，则不能在接收下行数据的同时发送上行数据。

双工复用方式

无线城域网的用途是进行互联网访问，通常情况下，下行流量（从互联网到无线城域网的通信流量）比上行流量（从无线城域网到互联网的通信流量）大得多，如果采用同 GSM 和 DAMPS 一样的工作方式，必然导致带宽分配不合理。为了解决这个问题，IEEE 802.16 采用时分双工（TDD）和频分双工（FDD）两种无线双工复用技术，以达到带宽合理分配的目的。同时，还规定用户站（SS）可以采用半双工 FDD（H-FDD）方式，以便降低对终端收发信机的要求，进而降低终端成本。

- ▶ TDD 的发射和接收信号是在同一频率信道的不同时隙中进行的，彼此之间采用一定的保证时间予以分离。它不需要分配对称频段的频率，并可在每个信道内灵活控制、改变发送和接收时段的长短比例，在进行不对称的数据传输时，可充分利用有限的无线电频谱资源。
- ▶ FDD 采用两个对称的频率信道来分别发射和接收信号，发射和接收信道之间存在一定的频段保护间隔。

在 TDD 模式下，上行链路和下行链路共用一个频率，利用不同的时刻分别进行上行和下行信号传输。在 FDD 模式下，上行链路和下行链路在不同的频率上传输信号，因而可以同时进行双向传输。这两种方式都使用突发（Burst）数据传输机制，这种传输机制支持自适应的突发业务数据，在每一帧中，基站（BS）和各个 SS 可以根据需要灵活改变突发的类型，从而选取适当的发射参数，如调制方式、编码类型、发射功率等，但需要 MAC 层协助完成。

根据 FDD、TDD 两种工作模式的特点，在移动通信网络中，它们各自有着不同的适用范围：采用 FDD 模式工作的系统是连续控制的系统，适用于大区制的国家范围和国际间覆盖漫游，适合对称业务，如语音、交互式适时数据传输等。采用 TDD 模式工作的系统是时间分隔控制的系统，适用于城市及近郊等高密度地区的局部覆盖和对称及不对称数据业务，它的不对称传输数据的功能，尤其适合接入因特网；因为，在因特网的数据传输过程中，往往要求下行速率远远大于上行速率。

载波带宽

IEEE 802.16 并未规定具体的载波带宽，其系统可以采用 1.25～20 GHz 之间的带宽，考虑各个国家已有固定无线接入的载波带宽划分，IEEE 802.16 规定了几个系列：1.25 MHz 的倍数、1.75 MHz 的倍数。1.25 MHz 系列包括：1.25 MHz，2.5 MHz，10 MHz，20 MHz 等。1.75 MHz 系列包括：1.75 MHz，3.5 MHz，7 MHz，14 MHz 等。对于 10～66 GHz 的固定无线接入系统，还可以采用 28 MHz 载波带宽，提供更高的接入速率。

OFDM 和 OFDMA

IEEE 802.16 系统根据频段的不同分别有不同的物理层支持技术：单载波（SC）、OFDM（256 点）、OFDMA（2 048 点）。其中，10～66 GHz 固定无线接入系统主要采用单载波调制技术，而 2～11 GHz 频段的系统主要采用 OFDM 和 OFDMA 技术。由于 OFDM、OFDMA 具有较高的频谱利用率，且在抵抗多径效应、频率选择性衰落或窄带干扰上具有明显的优势，因此 OFDM 和 OFDMA 是 IEEE 802.16 物理层的核心技术。

多天线技术

为了增加基站的覆盖范围，提高系统的可靠性，IEEE 802.16d 支持多天线技术，比如 Alamouti STC、自适应天线系统（AAS）和多输入多输出（MIMO）系统。Alamouti STC 和

MIMO 属于同一类技术。MIMO 在发送端不需要掌握信道信息,而 AAS 在发送端需要掌握信道信息。Alamouti STC 使用多副天线发送、单副天线接收(MISO),应该也属于 MIMO 技术。MIMO 技术就是在 BS 和 SS 端使用多副天线进行发送和接收,能够大幅增加信道的容量和覆盖范围,提高频谱的利用率。

自适应调制

IEEE 802.16 支持 BPSK、QPSK、16-QAM 和 64-QAM 多种调制方式。在信道纠错编码方面,IEEE 802.16 采用截短的 RS 编码和卷积码级联的纠错码,并且还支持分组 Turbo 码、卷积 Turbo 码。IEEE 802.16 可以根据不同的调制方式和纠错分组合成多种发送方案,系统可以根据信道状况的好坏及传输需求,选择一个合适的传输方案。例如,当信道状态差时,可以选择 QPSK 低阶的调制方式;当信道状况好时,可以选择 64-QAM 高阶调制方式。自适应调制给无线传输系统带来了很好的抗衰落性能。

练习

1. 列举 IEEE 802.16 物理层的关键技术。
2. 简要分析时分双工(TDD)和频分双工(FDD)模式的异同。
3. 简述 OFDM 技术的优缺点。
4. 简述移动 WiMAX 采用的 IEEE 标准。

补充练习

1. 利用 Web,研究 IEEE 802.16 的比特速率与信道带宽,了解不同调制方式可达到的数据速率。
2. 利用 Web,研究 IEEE 802.16a 的关键参数与频率之间的关系。

第四节 无线区域网

由于城域网对数据传输速率的需求越来越大,更高的数据传输速率,除了需要更先进的调制编码方式等的支持之外,还需要更大的物理带宽(频谱),而当前用于移动无线通信的带宽日益紧张。然而,有很多已分配的频段并未充分利用,于是,迫切地需要有一种能够利用这一空闲资源的方法。IEEE 802.22 就是在不影响频段原有授权使用者的情况下,尽可能利用空闲时的频谱进行通信的一种技术。使用 IEEE 802.22 技术的无线区域网络(Wireless Regional Area Network,WRAN)是一个覆盖范围可以达到 100 km 的超级 Wi-Fi 网络。该技术对服务于低人口稠密地区很有用,如乡村地区和发展中国家中电视频道未被占用的地区。

学习目标

▶ 了解无线区域网络;
▶ 了解 IEEE 802.22 技术。

> **关键知识点**
> ▶ IEEE 802.22 是一种利用空闲频段（如 TV 频段等）进行无线通信的标准。

IEEE 802.22 概述

2003 年 12 月，美国联邦通信委员会（FCC）在其规则第 15 章中公布：只要具备认知无线电（Cognitive Radio, CR）功能，即使其用途未获许可的无线终端，也能使用需要无线许可的现有无线频带。2004 年 11 月第一个基于认知无线电的 IEEE 802.22 工作组成立，目的在于研究解决运行于广播电视频段的无线区域网（WRAN）技术。该技术使用未使用的电视频段，向那些难以到达的人口密度低的地区（如山区或农村）提供无线网络接入服务。这是第一个通过电视频段使用认知无线电技术无干扰通信的国际标准。

IEEE 802.22 使用 54～862 MHz 之间甚高频（VHF）/特高频（UHF）电视广播频段进行通信，信道带宽为 6～8 MHz，可实现 4.54～22.69 Mb/s 的传输速率。它可自动检测空闲的频段资源并加以使用，因此可与电视、无线麦克风（传声器）等已有设备共存。

授权用户

在 IEEE 802.22 工作频段内，有两类授权用户：一类是电视服务，另一类是无线麦克风。与感知电视信号传输相比，感知无线麦克风要困难许多。通常无线麦克风传输功率在 50 mW 左右，覆盖区域在 100 m 左右，占用带宽小于 200 kHz。由于无线麦克风可能会突然地出现和消失，给感知技术带来了巨大的挑战。

拓扑

IEEE 802.22 系统采用一点到多点（PMP）的通信方式，该系统由基站（BS）和用户驻地设备（CPE）组成。CPE 以无线方式连接到 BS 并接受 BS 的通信控制。BS 控制小区内媒体接入并通过下行链路传输给相应的 CPE。而 CPE 通过接入请求后，在 BS 允许的上行链路上传输，即任何 CPE 必须在收到 BS 的授权后才能传输。由于 BS 必须兼顾对授权用户的保护，合理地分配感知任务和合理地实现动态频率选择是 IEEE 802.22 系统的关键。

覆盖区域

和其他 IEEE 802 的标准相比，IEEE 802.22 标准是针对无线区域网的。BS 的覆盖范围半径最大可达 100 km，在目前 4 W 的有效全向辐射功率（EIRP）条件下，覆盖的半径可达到 33 km。这样，IEEE 802.22 系统就是当今覆盖面积最大的一个区域系统。虽然得益于 800 MHz 以下电视频带的良好传播特性，但增加的覆盖范围也给技术带来了机遇和挑战。

IEEE 802.22 标准系列

目前，IEEE 802.22 已经发布的标准有：
▶ IEEE 802.22-2011：定义了使用 CR 技术的 WRAN 物理层和 MAC 层的策略和程序操作规范。

- IEEE 802.22a-2014：定义了在电视频段的管理和控制平面的接口和程序，以及增强的管理信息库（MIB）的规范。
- IEEE 802.22b-2014：定义了增强的宽带服务和监控应用的规范。
- IEEE 802.22.1-2010：定义了用以提高对工作在电视广播频段的低功耗免执照设备（如无绳电话）的干扰保护的规范。
- IEEE 802.22.2-2012：定义了安装和部署 IEEE 802.2 设备的规范。

IEEE 802.22 关键技术

IEEE 802.22 是首个在设计初期便将干扰（无线系统的共存性）作为系统设计考虑的重要因素的标准。IEEE 802.22 技术是认知无线电技术在无线区域网的具体应用。它的特点是在 VHF/UHF 频段内，在不干扰授权用户的情况下，灵活、自适应地对频谱进行合理配置，主要通过以下关键技术实现。

谱感知技术

在 IEEE 802.22 系统中，为了实现对授权用户的保护，提出了工作信道内和工作信道外感知机制。对于工作信道内感知，BS 分配静默期。在静默期内，BS 和 CPE 都不发送数据，以便感知小区内授权用户信号。工作信道内采用两段式感知（TSS）机制：在快速（粗略）感知阶段，通常采用单一的感知方法（如能量检测、导频信号能量检测），迅速感知是否存在授权用户。这个过程通常为微秒级，参考 IEEE 802.11b 中 20 μs、IEEE 802.11a 中 9 μs。在精细感知阶段，获知已捕获的授权用户的详细信息。这个过程通常为毫秒级，如检测 ATSC 信号的同步字段需要 24 ms。对于工作信道外感知，CPE 利用独立的感知天线，可以同时感知工作信道外多个用户。

常用的信号检测方法有能量检测法、相关检测法、周期图法、特征值分解检测法、循环平稳检测法等。能量检测法由于受到检测门限的限制，感知精度不高，通常用于粗略感知阶段。相关检测法是利用事先插入的导频或同步序列，与已知的本地序列进行相关运算，这个方法本质上还是能量检测。周期图法、特征值分解检测法、循环平稳检测法属于特征检测。周期图法利用傅里叶变换来获得信号的功率谱密度，可以利用快速傅里叶变换，因而便于实现。特征值分解检测法利用信号和噪声的不相关，把接收信号分解为信号和噪声的估计量。循环平稳检测法则利用调制信号的相关函数的周期性来进行感知。特征值分解检测法、循环平稳检测法两种算法的计算较复杂。

对应 IEEE 802.22 系统的具体应用环境，其系统提出了两个关键参数，对感知技术进行规范。IEEE 802.22 系统中规定信道检测时间（CDT）和授权用户感知门限（IDT）。对于 VHF/UHF 频段内的两类授权用户，信道检测时间定义为 2 s 以下。对于 200 kHz 无线麦克风，授权用户感知门限为-107 dBm；而对于 6 MHz 的电视服务，授权用户感知门限为-116 dBm。信道检测时间是指在 WRAN 系统正常工作时，用来检测在当前 TV 信道内是否有在感知门限之上的用户所花费的最大时间，在检测概率大于 90%的情况下，这个时间为 500 ms～2 s。当联合多个 CPE 共同感知时，可以缩短感知时间，也可以保证较高的感知正确率。联合感知技术是工程上实现感知技术参数的配置算法，用来合理地配置小区内的 CPE 资源。

共存

在 IEEE 802.22 标准中包括与授权用户共存和其他 802.22 系统的共存两种情况。由于目前的 IEEE 802.22 标准中并没有涉及与其他的认知系统如何共存的解决方案,只预留了 system type 参数为 IEEE 802.16 和 IEEE 802.11 等认知系统共存。在此只讨论与授权用户和与其他 802.22 系统的共存。

与授权用户的共存包括授权用户感知、授权用户通告、授权检测恢复等一系列机制。授权用户感知的最大时间由 CDT 给出,而最大通告时间和恢复时间分别由 CCTT 和 CMT 限定。

对于与其他 IEEE 802.22 系统共存,IEEE 802.22 标准支持两种 WRAN 系统间通信方式,一种是 CBP(Coexistence Beacon Protocol,共存信标协议),另一种是 inter-BS 通信。前者支持主动式和被动式,而后者只是被动地监听邻居小区基站发送的超帧控制头(SCH)或 CBP 包。

正交频分多址(OFDMA)

IEEE 802.22 不是第一个采用 OFDMA 技术的标准,但由于 OFDMA 技术可以方便地实现子载波分配,将物理上不连续的频率资源整合,为认知无线电高效利用频谱空洞提供了可能。IEEE 802.22 标准上行和下行均采用 OFDMA 调制。考虑到传输延迟在 25～50 μs 以内,循环前缀大概需要 40 μs 才能满足 OFDMA 的同步要求。为减小循环前缀对系统的负担,系统采用每个 TV 信道内 2K FFT 的 OFDMA。

练习

1. 简要描述无线区域网的概念。
2. IEEE 802.22 的关键技术有哪些?
3. 简述 IEEE 802.22 城域网的基本组成。

补充练习

利用 Web,研究 IEEE 802.22 城域网的应用前景。

本 章 小 结

随着数据业务需求的不断提高,越来越多的用户希望通过无线接入系统实现高速数据业务,这一需求推动了宽带无线接入技术的发展。随着 IEEE 802.16 标准化工作的进展,WiMAX 论坛正在加速推进相关应用工作。

IEEE 802.16 标准是一种无线城域网技术,它能向固定、便携、移动设备提供宽带无线连接,可用来连接 IEEE 802.11 热点与因特网。它的服务范围可达 50 km,用户与基站之间不要求视距传输,每基站提供的总数据速率高达 280 Mb/s,这一带宽足以支持数百个采用 T1/E1 型连接的企业和数千个采用 xDSL 型连接的家庭。IEEE 802.16 标准可以根据业务需要提供实时、非实时的不同速率要求的数据传输服务,目前主要提供宽带数据业务,也可以提供 VoIP

业务。IEEE 802.16 系统的 QoS 机制可以根据业务的实际需要动态地分配带宽，具有较大的灵活性。

按照 IEEE 的说法，IEEE 802.22 标准包括先进的感知无线电功能，如动态频谱接取、现有资料库接取、精准地理定位技术、频谱感测、管理域依赖原则、频谱分配，以及可用频谱最佳化运用的共存技术，可服务于低人口稠密地区的宽频无线接入，而且不会受到地面电视广播信号的干扰。

小测验

1．支撑 IEEE 802.16 系统的关键技术有哪些？
2．什么是 OFDM 技术？
3．什么是多输入多输出（MIMO）技术？
4．什么是智能天线技术？

第四章 广域网基础

局域网主要用来连接机构内部的网络，当机构的地理位置超出一定的范围时，就需要使用广域网（或城域网）进行互联。广域网（WAN）也称远程网，是一种运行地域超过局域网（LAN）和城域网（MAN）的通信网络。

广域网的通信子网主要使用分组交换技术。广域网的通信子网可以利用公用分组交换网、卫星通信网和无线分组交换网，将分布在不同地区的局域网或计算机系统互联起来，达到资源共享的目的。根据网络使用类型的不同可以将广域网分为以下三种：

- ▶ 公共传输网络：一般由政府电信部门组建、管理和控制，网络内的传输和交换装置可以提供（或租用）给任何部门和单位使用。公共传输网络大体可以分为两种：一种是电路交换网络，包括公共交换电话网（PSTN）和综合业务数字网（ISDN）；另一种是分组交换网络，包括 X.25 分组交换网、帧中继和交换式多兆位数据服务（SMDS）。
- ▶ 专用传输网络：一般指由一个组织或团体自己建立、使用、控制和维护的私有通信网络。一个专用网络起码要拥有自己的通信和交换设备，它可以建立自己的线路服务，也可以向公用网络或其他专用网络进行租用。专用传输网络主要是数字数据网（DDN）。DDN 可以在两个端点之间建立一条永久的、专用的数字通道。它的特点是在租用该专用线路期间，用户独占该线路的带宽。
- ▶ 无线传输网络：主要是移动无线网，典型的有 GSM 和 GPRS 技术等。

广域网服务提供商可以提供各种速率的广域网链路，其速率的单位可以是 b/s（比特每秒）、kb/s（千比特每秒）、Mb/s（兆比特每秒）或 Gb/s（吉比特每秒）。通常广域网的数据传输速率比局域网高，而信号的传输延迟却比局域网要大得多。广域网的典型速率是 56 kb/s～155 Mb/s，已有 622 Mb/s、2.4 Gb/s 甚至更高速率的广域网；传输延迟可从几毫秒到几百毫秒（使用卫星信道时）。

本章将集中讨论广域网用到的一些基本概念和远程通信网络的基础结构，重点是讨论为什么多路复用器在广域范围内既能传输语音信号，又能传输数据信号。远程通信基础结构已有多年的发展，最初设计它的目的是用于语音通信；但随着数据通信的发展，有了传输多种类型数据的需要，于是人们就引入了不同类型的技术和服务，以供在语音网络上传输语音、数据、视频等多种类型的数据。

第一节 电信网络

"电信"（Telecommunication）的含义是指"长距离通信"。这个术语最初表示在铜线上传输语音信号（会话）。网络本来是为在两部电话之间传递语音信号而设计的，现在可以有多种用途。本节主要介绍电信网络的发展和一些应用。

学习目标

- ▶ 了解电信网络的发展和基本应用。

关键知识点

▶ 电信网络传输的不仅仅是语音。

电信网络的发展

电信网络是电信系统的公共设施,是指在两个和多个规定的点之间提供连接,以便在这些点之间建立电信业务和信息的结点与链路的集合。从最广的角度来看,今天的电信网络已经经历了 4 个发展阶段:

▶ 19 世纪末期开始的、历时 75 年的模拟语音网络;
▶ 模拟语音网络向在计算机之间传输数字数据转变;
▶ 20 世纪 60 年代开始的模拟语音网络向数字语音传输技术转变;
▶ 数字语音网络向数据通信转变,开始于 20 世纪 80 年代早期,用 T1 传输数据并沿用至今,开始有了 ISDN 等技术的应用。

1874 年,Alexander Graham Bell 发现:通过电流强度变化,可以在导线中用电流传送声音。此电流对应于人类发出的声音造成的空气密度的变化。1876 年 2 月,Bell 先生申请了电话发明专利。同年 3 月,他在导线上发出了电流传送的第一句话。

如果不是因为客观需要而产生一些连接方式的变化,电话就没有多大的用处。1878 年,在美国康涅狄格州的 New Haven 建立了第一个交换局。这就是后来称为中心局(CO)的所有交换局的前身。CO 交换机提供了电话服务用户之间的任意连接,如图 4.1 所示。

直到 20 世纪后半叶,电信网络仍然专门用于传输模拟语音信号。随着计算机和语音数字化的出现,电信网络开始从严格的模拟网络向数字网络转移。不论信息是语音信号的数字化表示,还是计算机数据等其他类型的信息,今天的电信基础设施都是基于数字信息传输的。

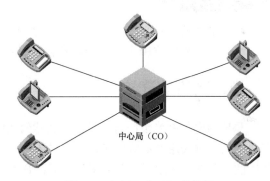

图 4.1 中心局(CO)交换机

不只是文字通信

今天,传送语音、数据和视频信号的通信系统遍布全球。信息可以通过卫星反射回来,也可以直接通过横穿海洋的海底光缆进行传输。现在,曾经只用于传输语音会话的网络已经成为可以进行多种形式通信的基础设施。网络的使用不断发展应用,通过网络提供的服务也越来越多。

练习

1. 电信网络能传输什么类型的信息?
2. 在过去的几年中,通过电信网络传输的信息内容是如何变化的?
3. 如果语音通信(电话技术)不存在,将对生活产生什么样的影响?
4. 描述电信网络的发展过程。

补充练习

1. 利用 Web，研究电话的发明和电话业的早期发展。
2. 研究你所在地区利用铜缆进行的通信服务。

第二节 语音网络及技术

早期的电信网络只能用于传输语音，而且完全是模拟的。今天的网络主要是数字的，可传输所有类型的家用信息和商用信息。随着电信网络的发展，通信方式也在发展，物理电路的效率不断提高而成本不断降低。对于模拟语音网络来说，有两种重要的技术：双工和频分多路复用（FDM）。本节主要介绍模拟语音网络和相关的技术。

学习目标

- 了解电信网络的基本应用；
- 掌握模拟多路复用器的基本操作；
- 掌握干线的功能，理解单工、半双工和全双工的概念。

关键知识点

- 早期的语音网络是基于模拟信号的；
- 多路复用器用于将多个语音会话组合在一起传输。

模拟网络的连接

早期的电信网络中，语音是作为连续变化的电信号通过用户（电话使用者）的听筒和中心局之间的一对线路（本地环路或用户线环路）传输的。图 4.2 示出了一个典型的模拟语音电路。在使用数字拨号以前，CO 都是有名字的，如"Prospect"或者"Elgin"；因此电话号码以中心局名的缩写开头，如 PR6-6178 或者 EL3-1978。其中电信号的频率范围是 300～3400Hz。尽管人类可以听到 20～20 000 Hz 频率的声音，但是大部分的语音能量集中在 300～3400 Hz 的范围内。

早期的电话系统将每个用户连接到中心（交换）局，接线员在中心局（CO）提供用户之间的手动切换。直到 20 世纪 30 年代才实现了自动交换。在数字拨号以前，使用机电式交换机和纵横制交换机连接用户线。电话带有旋转拨号盘，可以为每个拨号数字产生一个电脉

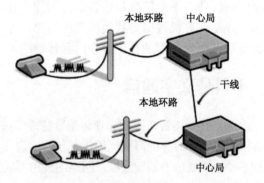

图 4.2 模拟语音电路

冲("1"产生1个脉冲,"2"产生2个脉冲,以此类推;而"0"产生10个脉冲)。脉冲"推动"交换机建立连接。

将用户连接到CO的线路叫作本地环路。由于电话系统的主要成本是将用户连接到CO的线路,因此CO所覆盖的地理区域相对较小,不同CO之间通过所有用户可以分享的"干线"连接到一起。然而,随着CO数量的增加,需要将电话系统组织成层次结构。即使在一个大城区,要想连接所有的CO,需要的干线也会非常多,更不要说连接全国的CO了。将每一个CO连接到一个收费中心,再用干线将收费中心连接起来,这样所需的干线就少得多了,而区域内的任何用户仍可以到达区域内的其他任意用户。随着时间的推移,就建立了一个连接全国所有CO的分层结构。

干线的减少

在一个全"网状"网络中,连接一个区域内的所有CO的干线的数量从地理上来讲增加了,因此即使只是很少数量的CO也需要很多的线路。因为彼此相距遥远的CO之间干线的使用率本来就相当低,所以这些CO也通过连接到收费站的星形网络互连。这种分层结构扩展到了4个更高的层,如图4.3所示。图4.3中示出了AT&T(美国)标准和国际电信联盟电信标准部(ITU-T)(国际)标准的符号和命名方法。

虽然每个中心都连接到了下一个最高中心,但是通常在两个中心之间会有很大的数据流量,例如地理位置比邻的两个CO之间。可以安装利用率高的干线来处理这种流量,而不是通过分层进行路由,这在图4.3中用虚线表示。

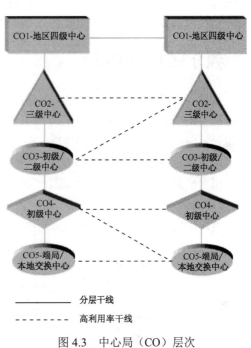

图4.3 中心局(CO)层次

模拟技术

由于数据通信主要是通过公用电信网络进行的,因此理解这些网络的运行方式不仅对于数据通信非常重要,而且对于语音通信也非常重要。网络是为语音通信而不是为数据通信设计的,因此影响了它们的数据应用。在任何情况下,语音、数据和其他信息资源都将越来越多地通过IP网络来传输。

首先来看一下模拟技术。虽然目前在语音传输中已经不再经常使用模拟技术了,但是仍然有必要将理解这种技术作为背景知识。另外,在某些地方仍然在使用一些模拟技术(比如FDM,即频分复用),在调制解调器中使用的就是一种FDM技术。

在模拟网络中,最基本的电话电路是由两根导线构成的,如图4.4所示。

通过在电路中设置-48V的电压,并利用说话者的声音施加在麦克风(传声器,又称话筒)上的声能来改变电流,可以双向传输语言信号(如果双方同时说话,就同时传输)。其结果是在还原人的声音所需的频率范围内,产生了经调制的脉动电流。

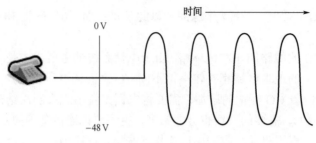

图 4.4　模拟电话电路

如前所述,最终标准规定的频率范围是 300～3 400 Hz。根据声音大小的不同,脉动电流的振幅不同。例如,如果要用一种乐器向麦克风发出 500 Hz 的连续音符,就会有一个 500 Hz 的信号在电话线中传输,其振幅在 0～-48 V 之间波动,平均幅度是由音调的响度决定的。

频分复用(FDM)

长途干线的建设是很昂贵的,但是即使是第一条长途电话线所用的简单铜线,它所能传输的电信号的带宽也比传输语音信号所需的带宽要宽得多。开发频分复用(FDM)技术就是为了让只有两对线路的干线同时传输多路语音会话。由于最初开发的 FDM 技术有很多局限性,一个语音信道的标准带宽是 4 000 Hz。其中,3 400～4 000 Hz 之间的 600 Hz(也可称之为保护带)用来隔离 FDM 线路上的信道,以避免信道之间的干扰。

FDM 允许多路语音信号同时在一条干线上传输(多路复用),如图 4.5 所示。由于 FDM 的细节过于技术化,在此无法全面解释,只介绍其基本原理。

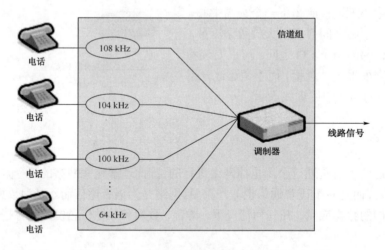

图 4.5　多路复用

假设希望复用 12 路语音,则用以复用的干线可以传输的信号的频率为 60～108 kHz。

进行 FDM 传输复用的设备称为信道组。多路复用数字化语音信号的类似设备也称为信道组。下面简要说明了模拟信道组是如何用 FDM 来复用语音信号的。

信道组产生 12 路载波信号。每路载波是一个特定频率的稳定的信号。按照惯例,信道 1 代表最高频率(108 kHz),信道 2 代表 104 kHz,以此类推,直到 64 kHz 的信道 12。

信道组将每个信道的语音信号与该信道的载波信号混合在一起,这个过程如图 4.5 所示。

它将 0～4 kHz 的信号转换为其频率介于载波频率与该载波频率减去 4 kHz 后的频率之间的信号。例如，信道 12 的信号频率介于 64 kHz（分配频率）和 60 kHz（64 kHz 减去 4 kHz）之间。

最后在传输之前，信道组将来自混合器的 12 路输出信号同时调制到输出线路上。由于每个信号都限制在自己的频带中，所以这种调制是可以做到的。干线上的信号频率介于 60 kHz（信道 12 的最低频率）和 108 kHz（信道 1 的最高频率）之间。

在接收端，设备用 12 个滤波器将信号进行分路。滤波器是一种电子设备，只允许特定频率范围的信号通过。在本例中，每个滤波器只允许其信道带宽内的信号通过。例如，信道 12 的滤波器只允许 60～64 kHz 范围内的信号通过。因此，滤波器的输出是只在其频率范围内的信号。然后将信号进行解调，恢复原来的语音信号。这是混合过程的逆过程。例如，对于信道 12 来说，介于 60 kHz 和 64 kHz 之间的信号要减去 60 kHz，以便产生原来的语音信号 0～4 kHz。

双工通信

尽管对于距离相对较短的典型本地环路来说，双线传输可以满足要求；但当距离较长时，由于需要双向传送信号，双线传输就会出现问题。此时信号必须经过放大，当信号仅在一个方向上传输时，进行放大要容易得多。因为这个原因（当然还有其他一些原因），干线采用双工传输，也就是说使用两对线（四线）。每对电话线只在一个方向上传输，但两对电话线可以同时在两个方向上传输。这种通信方式称为全双工通信，如图 4.6 所示。

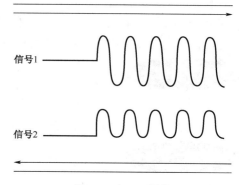

图 4.6　全双工通信

数据通信术语"半双工"和"全双工"与电话术语"二线"和"四线"密切相关，但其含义不完全等同。半双工电路是指提供双向传输，但是同一时间只提供单向传输的电路。全双工电路是指同时提供双向传输的电路。一个端到端、四线的电路提供全双工的能力。但是，只要将可用带宽分解成每个传输方向所需的独立频带（派生四线），二线电路也可以用于全双工通信。在使用拨号（双线）设备进行全双工数据传输时，通常使用这种技术。另外，四线电路的存在并不一定表示通过同时使用两对电话线就可以实现全双工传输。

练习

1. 本地环路又可称作什么？它能提供哪些业务？
2. 为什么必须建立 CO 层次结构？
3. 为什么通过电话很难听到高保真音乐？
4. 描述干线的功能及其在 CO 层次结构中的作用。
5. 全双工方式总是需要使用"四线"传输，对吗？
6. 多路复用是如何减少网络中物理电路的数量和降低电信网络的构建成本的？
7. 保护带的作用是什么？
8. 简要描述信道组的功能。

补充练习

1. 研究并描述在我国有多少种电话局，地区中心局（CO）在哪里？
2. 利用 Web，确定下面每个频段的频率范围：
   - a. 极低频（ELF）
   - b. 亚低频（ILF）
   - c. 甚低频（VLF）
   - d. 低频（LF）
   - e. 中频（MF）
   - f. 高频（HF）
   - g. 甚高频（VHF）
   - h. 特高频（UHF）
   - i. 超高频（SHF）
   - j. 极高频（EHF）
   - k. 至高频（THF）
3. 利用 Web，查找以上这些频率范围用于通信中的什么地方。

第三节　语音网络上的计算机信号

模拟网络是为传输表达人类语音的信号而设计的。当计算机出现时，语音网络已经建立了很多年，于是人们就开发了通过语音网络传输计算机信息的方法。本节介绍数字信号与模拟信号之间的区别，以及在典型网络中什么地方用到模拟信号而什么地方用到数字信号。

学习目标

- ▶ 了解模拟信号与数字信号之间的区别；
- ▶ 掌握调制解调器（Modem）的基本功能。

关键知识点

- ▶ 数字信号通过模拟语音网络传输时必须进行变换。

模拟信号和数字信号

如果不经过变换，数字信号（计算机信号）就不能通过为传输声音而设计的模拟设备进行传输。图 4.7 示出了数字信号与模拟信号的不同：模拟信号是波；而数字信号是具有很短的上升（信号前沿）和下降（信号尾部）时间的一系列脉冲，或称为方波或矩形波信号。

数字信号的快速转换是由高频谐波信号产生的，谐波频率通常在 8 000 Hz 以上。在数字数据流中，以一系列脉冲传递的信息代表二进制的 1 或 0。例如，在一个给定点上，上升可能代表二进制数 1，下降可能代表二进制数 0。由于电话系统是为传输频率范围为 300～3 400 Hz 的语音而设计的，不能适应这些高频信号。任何在模拟设备上传输这种信息的尝试都会引起数字脉冲的模糊或扭曲，使其

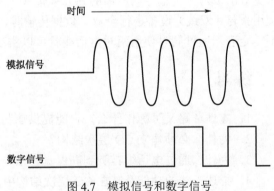

图 4.7　模拟信号和数字信号

失去"方波"特性。这种情况一旦发生,就不可能再看到数字脉冲的起点和终点。其他影响数字传输完整性的因素还有:

- ▶ 随着传输距离的增加,信号强度会降低。
- ▶ 传输速度也会影响数据完整性——数据转换速度越快,发送的脉冲就越多。随着发送脉冲的增多,相互间就更接近,波形更容易扭曲。
- ▶ 电气设备或大气环境的噪声也会影响数字数据流。
- ▶ 不只模拟语音信号必须转换成数字信号,数字计算机信号也必须转换成模拟信号。

调制解调器

"Modem"(调制解调器)这个术语是"modulator-demodulator"(调制器-解调器)的缩写。调制解调器总是成对使用的,电话线路的两端一边各一个。调制解调器可以通过一条 RS-232 电缆连接到计算机上,也可以包含在计算机内部(内置调制解调器)。图 4.8 示出了前一种设置。

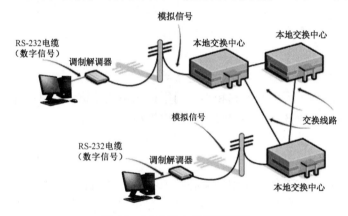

图 4.8　RS-232 与调制解调器

为了发送信息,调制解调器要接收来自计算机的数字数据,并通过产生一个音频信号来调制电话线。由于这个信号的频率大都落在 300～3 400 Hz 之内,因此可以像一个语音通话那样通过电话网络传输。接收端调制解调器对已调信号进行解调,产生要传输给终端或者计算机的数字数据。

最简单的协议是通过切断和接通调制后的音频信号来分别代表 0 和 1。但这种技术能达到的最大数据传输速率只有 1 200 b/s。更复杂的编码协议能够大大增加有效数据速率。

收发两端的调制解调器必须使用同样的调制/解调协议。已经发布的标准规范有很多种,这样使得不同厂商的调制解调器可以在一起使用。

在远程通信网络中,不一定必须使用调制解调器。在很多情况下,信息以数字的形式通过网络从一个终端传输到另一个终端。

典型问题解析

【例 4-1】RS-232-C 的电气特性采用 V.28 标准电路,允许的数据速率是 (1) ,传输距离不大于 (2) 。

(1) a. 1 kb/s　　　　b. 20 kb/s　　　　c. 100 kb/s　　　　d. 1 Mb/s

（2）a. 1 m　　　　b. 15 m　　　　c. 100 m　　　　d. 1 km

【解析】RS-232-C 采用 V.28 标准电路。V.28 的驱动器是单端信号源，所有信号共用一根公共地线，信号源产生 3～15 V 的信号，负载输入阻抗为 3～7 kΩ，数据传输速率为 20 kb/s，传输距离不大于 15 m。参考答案：（1）选项 b；（2）选项 b。

【例 4-2】ITU V.90 调制解调器（　　　）。
    a. 下载速率是 56 kb/s，上传速率是 33.6 kb/s
    b. 上下行速率都是 56 kb/s
    c. 与标准 X.25 公用数据网连接，以 56 kb/s 的速率交换数据
    d. 时刻与 ISP 连接，只要开机，永远在线

【解析】1996 年出现 56 kb/s 的调制解调器，并于 1998 年形成了 ITU 的 V.90 建议。这种调制解调器采用非对称的工作方式，上行信道的数据速率为 28.8 kb/s 或 33.6 kb/s，下行信道的速率可达 56 kb/s。调制解调器与 ISP 连接，通过拨号上网，所以选项 c、d 均错误。参考答案是选项 a 和 d。

练习

1. 调制解调器有什么作用，为什么它是必需的？
2. 讨论是什么限制了大多数家庭和小公司用调制解调器访问信息的速度。
3. 为什么具有高频成分的数字信号不能在模拟线路上传输？

补充练习

1. 如果可能的话，描述你所使用的调制解调器，并讨论它们的特点。
2. 使用 Web，研究目前的调制解调器规范，并在课堂上讨论。

第四节　语音信号的数字化

由于数字电信设施的优点越来越明显，因此有必要将模拟语音信号转换为数字格式。本节介绍模拟语音信号的数字化，以便能与数字电信网络兼容。

学习目标

▶ 了解为什么在通过电信网络进行语音通信时，必须将模拟信号转换成数字信号；
▶ 了解为什么通过电信网络进行计算机信号通信时，必须将数字信号转换成模拟信号。

关键知识点

▶ 模拟语音必须转换为数字化格式。

从模拟到数字

从模拟信号到数字信号的转换是将模拟波形转化为二进制格式的过程。进行这种转换的最

明显原因是为了将语音信号（模拟信号）转化为数字信号，以便能通过数字电信主干网传输。使用数字信号的一个主要原因是减少在语音信号端到端传输中的噪声。模拟信号在进行放大时，信号和噪声都被一并放大。数字信号是重新产生的，从源结点传输到目的结点时不断产生新信号。

Codec（编解码器）是将模拟语音信号转换为在数字电路上传输的数字（二进制）格式（即进行模数转换）的设备。图4.9所示描述了这个概念。

图4.9 中 A 是原始的模拟波形，B 是将与模拟波形结合的数字脉冲。模拟信号与数字信号的结合（C）产生与某个数字（D）相关的脉冲，这个数字与语音信号的一个样点有关。然后将这个数字转化为一个二进制数（E），并在电路中以数字形式传输。典型的取样速率（字节产生的次数）是每秒 8 000 个样点，即模拟语音信号传输带宽的两倍。在接收端，进行相反的过程，将数字信号重新转化为原来的模拟波形。

模数转换又称为 A/D 转换或者 ADC，它是将模拟波形信号转换成二进制格式的过程。一个最普通的例子是上述的 Codec。该设备将模拟语音信号转换成数字（二进制）格式，以便通过 T1 等数字路径进行传输。Codec 的输出与其他设备输出组合在一起，被多路复用到高速数字网络上。

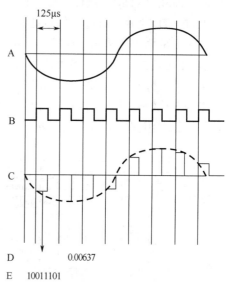

图4.9 模数转换

多路复用

多路复用器（MUX）是一种计算机/电话设备，它允许多种信号在同一物理介质上传输。多路复用器有多种类型，如时分复用器和频分复用器。图 4.10 显示的 3 个模拟语音信号，经过 Codec 转换，多路复用后变成串行的数字比特流。输入 Codec 的是模拟信号，而输出的是数字信号。输入到多路复用器的是多个（低速）数字比特流。多路复用器的输出是高速数字比特流。

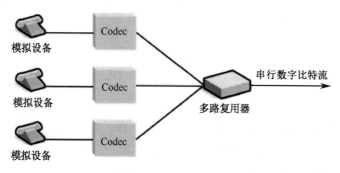

图4.10 多路复用器

利用 Codec 和多路复用器，可以将模拟语音信号转化为数字格式并结合到一起，然后作为一串数字比特流在电信网络上传输。

时分复用

时分复用（TDM）把许多低比特率的数字比特流组合成单个高比特率的数字比特流。从本质上讲，TDM 是一种多个低速通信信道"分时共享"一个高速信道的方式。其优点在于：在单一高速信道上传输每个比特的开销要比在多个低速信道上传输所需的开销少。

TDM 是通过简单地将多个比特流的数据交织在一起来实现的，可以基于二进制位，也可以基于字节（分别称为比特交织和字节交织），如图 4.11 所示。在时间间隔 1 中，传送来自源信道 1 的 8 比特数据。在其后的时间间隔中，输出信道传送来自后继源信道的字节。来自每个输入信道的一组完整的值称为一帧。

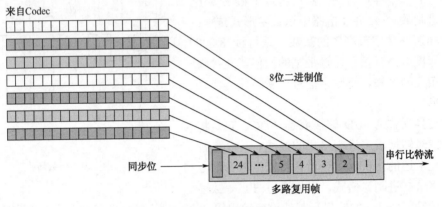

图 4.11　时分复用

波分复用

除时分复用（TDM）外，其他多路复用方式还有波分复用（WDM）和密集波分复用（DWDM）等。WDM 和 DWDM 利用多个光波长在单一光纤上传输信号。设想一下，一束光通过棱镜可以折射成多个不同波长的分离色彩光。WDM 与此类似，每一波长以高达 2.5 Gb/s 的速率承载信息。随着光技术的发展，DWDM 将更多的波长或信道合成在一根光纤中，其最高速率可达 1 Tb/s。这样，WDM 与 FDM 一样，在传输管道中的每一分离信道能承载一系列数据。这些技术用来在 Internet 主干上传输 IP 服务，其服务用术语"基于 WDM 的包"和"基于 DWDM 的包"来描述。

练习

1. Codec 只有在发送端需要，对吗？
2. 如果对一个模拟信号以每秒 8 000 次的速率取样，每个样点产生一个 8 位字节，那么以数字格式传输这个语音信号需要多大的速率（b/s）？
3. 为什么必须对语音信号进行 ADC？
4. 画图表示 4 部模拟电话通过 Codec 和多路复用器方式与另外 4 部模拟电话进行通信的情形。在图中标出哪里是模拟信号，哪里是数字信号。

5. 10 个 9.6 kb/s 的信道按时分方式多路复用在一条线路上传输,如果忽略控制开销,在同步 TDM 情况下复用线路的带宽应该是 (1) ;在统计时分复用(STDM)情况下,假定每个子信道只有 30%的时间忙,复用线路的控制开销为 10%,那么复用线路的带宽应该是 (2) 。

(1) a. 32 kb/s　　　b. 64 kb/s　　　c. 72 kb/s　　　d. 96 kb/s
(2) a. 32 kb/s　　　b. 64 kb/s　　　c. 72 kb/s　　　d. 96 kb/s

【提示】时分复用（TDM）就是把时间划分为若干个时间段（时隙），每个用户分得一个时间段,且只能在该时间段中发送和接收信息。如果在分配的时间内该用户没有要传输的信息,则这段时间不能由其他用户使用,而保持空闲状态。在其占用的时间段内该用户可使用信道的全部带宽,10 个 9.6 kb/s 的信道合并在一起的带宽为 96 kb/s。

统计时分复用（STDM）主要适用于数字传输系统,它是一种改进的时分复用。其特征在于不固定为每路信号分配时隙,而根据用户实际需要动态分配,只有当用户有数据要传输时才分配。当用户暂停发送数据时,线路的传输能力可以被其他用户使用,如图 4.12 所示。采用统计时分复用时,每个用户的数据传输速率可以高于平均速率,最高可达到线路总的传输速率。问题（2）中传输数据所需总带宽为 10×9.6 kb/s×30%=28.8 kb/s,10%的控制开销就是 90%的线路带宽用于传输数据,即：所需线路总带宽×90%=28.8 kb/s,则线路总带宽为 28.8 kb/s+2.88 kb/s=31.68 kb/s。

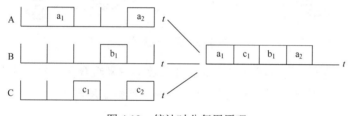

图 4.12　统计时分复用原理

参考答案:（1）选项 d;（2）选项 a。

补充练习

1. 使用 Web,研究以下产品,并在课堂上讨论。
　　a. Codec　　　b. 多路复用器　　　c. 信道组
2. 使用 Web,详细研究并讨论 TDM。

第五节　广域网的组成

广域网是一个资源共享的通信网络,通常跨接很大的地理范围。从整个电信网的角度来看,常将整个广域网划分为公用通信网（公用网）和用户驻地网（为用户所有）。其中公用网又可以划分为主干网（包括长途网、中继网）和接入网（Access Network,AN）。本节讨论广域网上的数据传输方式,广域网的组成及接入方案。

学习目标

▶ 了解在广域范围内传输语音和数据的方法；

▶ 掌握广域网及其接入方案,理解其基本组成结构。

关键知识点

▶ 广域网、接入网的组成及接入方案。

广域网的数据传输

广域网是一个在大范围内建立的、跨地区的数据通信网。对照开放系统互连(OSI)参考模型,广域网主要位于该模型的物理层、数据链路层和网络层。

1 和 0

目前,大多数电信设施都已经数字化了。如果从一个用户到另一个用户之间的整个网络都是数字化的,就可以将语音和数据组合在一起,通过同一物理电路传输,如图 4.13 所示。

图 4.13 数字化网络

在图 4.13 中,通过多路复用器方式将语音和数字信号组合在一起。其中的多路复用器是数字式多路复用器,它将多个数字信号组合到一条高速数字电路上。

数据传输

假设要从一台计算机向另一台计算机传输数据,来自计算机的信息本来就是二进制的,由许多 1 和 0 构成。因此,计算机的输出可以直接发送到多路复用器(在实际操作中,通常使用数字调制解调器)。多路复用器将来自计算机的数字信息,与其他输入信号结合起来,通过高速电路在网络中传输。在图 4.13 中以代表通信链路(通常是广域网链路)的"闪电"符号表示高速电路。

多路复用器的输出是计算机和其他数据输入的组合。这些输出结合在一起,通过通信链路传输到另一台多路复用器。在接收端,多路复用器接收连续的比特流,并将其"反向多路复用"到正确的端口(在本例中是另一台计算机)。

语音会话

语音信号也可以输送到多路复用器。注意在图 4.13 中包含了两种在广域范围内传输数字语音的方法。上面的电话具有模拟输出,这种输出被传输到 Codec(编解码器)中,产生对应于模拟输出的数字信号。Codec 的输出进入多路复用器,与其他信号结合在一起,通过广域网传输。

数字电话在其内部包含有模数转换器和数模转换器,因此不需要独立的装置对模拟信号进行编码和解码。例如,ISDN 电话在电话内产生数字输出信号,数字电话的输出被传送到多路复用器中与其他信号结合到一起,通过广域网传输。

广域网与接入网

广域网是在传输距离较长的前提下所发展的相关技术的集合,用于将大区域范围内的两个或者多个局域网连接起来。广域网对通信系统的要求比较高,其组成结构也较为复杂。

广域网的组成结构

在逻辑功能上,广域网可以划分为资源子网和通信子网,其组成及连接如图 4.14 所示,其中虚线内的是通信子网,虚线外的是资源子网。

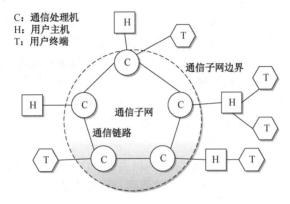

图 4.14 广域网的组成和连接

资源子网主要负责全网的信息处理,为网络用户提供网络服务和资源共享等功能。它主要包括网络中所有的主机、I/O 设备、终端,以及各种网络协议、网络软件和数据库等。

通信子网由通信处理机与通信链路组成,主要负责全网的数据通信,为网络用户提供数据传输、转接和变换等通信服务。通信处理机在网络拓扑结构中称为交换结点或转接结点,具有将数据进行存储、转发的功能。通信链路是通信处理机之间以及通信处理机与主机之间的通路。通信子网的主要软件和设备,包括传输介质、网络连接设备(如网络接口设备、网桥、路由器、交换机、网关、调制解调器和卫星地面接收站等),还包括网络通信协议和通信控制软件等。

从广域网系统的物理组成来看,广域网可分为骨干网、城域网和接入网三个层次,如图 4.15 所示。这与日常生活中的道路网络类似:骨干网相当于城市与城市之间的高速公路;城域网相当于城市市区内的道路;接入网则抵达每个网络用户,又称用户驻地网。

图 4.15 广域网的物理组成

在实际应用中,广域网的接入部分,也就是图 4.15 中位于用户局域网边界的接入路由器。通过采用点到点链路,将局域网连接到因特网。这里所说的点到点链路,所提供的是一条预先建立的从客户端经过电信网络,到达远端目的网络的广域网通信路径。一条点到点链路就是一条租用的专线,可以在数据收发双方之间建立起永久性固定连接。

接入网

接入网即用户接入网,是从局端到用户环路之间的所有机线设备,通常又称为用户网。接入网是为解决接入互联网的"最后一公里"问题而组建的,对宽带网络具有重要作用。根据 ITU-T G13 于 1995 年 7 月通过的 G.920 的定义,接入网是由业务结点接口(Service Node Interface,SNI)与用户网络接口(User Network Interface,UNI)之间的一系列传送实体(如线路设施和传输设施)组成的,是为传送电信业务提供所需传送承载能力的实施系统。用户终端通过 UNI 连接到接入网,通过业务结点与核心网相连接。接入网是本地交换机与用户之间的连接部分,通常由用户线路传输系统、复用设备、数字交叉连接设备以及用户网络设备组成。

接入网能够连接多个业务结点,既可以提供支持特定业务结点的接入,也可以提供多业务结点的接入。接入网主要完成复用、交叉连接和传输功能,不具备交换功能。接入网还提供了开放的标准接口,可与任何种类的交换设备进行连接。接入网的发展方向是通过标准的接口,使用户的不同业务接入到多种不同业务的多媒体宽带网中。接入网接口连接示意图如图 4.16 所示。

- ▶ 业务结点接口:将接入网与业务结点相连。
- ▶ 用户网接口:将接入网与用户终端或用户驻地网相连。
- ▶ Q3 管理接口:将接入网与电信管理网相关联。Q3 管理接口是跨越整个 OSI 参考模型 7 层的协议集合。接入网可以由电信网 Q3 管理接口进行管理和配置。

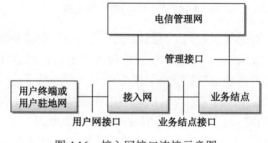

图 4.16 接入网接口连接示意图

广域网的组成方式

从资源组成的角度来看,广域网由通信子网和资源子网两部分组成。通过将通信部分(通信子网)和应用部分(主机)分开,可以使网络设计得到简化。通信子网实际上是一个数据通信网,其主要功能是把数据信息从一台主机传送到另一台主机上。广域网中的通信子网通常使用电信运营商提供的设备作为信息传输平台。例如,可提供电话网连接到广域网,也可以提供专线或卫星连接。广域网中的资源子网是指连在网络上的各种计算机、终端和数据库资源等,这里的资源不仅指硬件资源,也包括软件和数据资源。

广域网应用连接

广域网的连接方式就像需要连接的应用一样多。一个机构在各种应用中可以使用不同的技术和服务。图 4.17 示出了几种广域网（WAN）连接方式。其中，如果需要与非常远的端局（如国外的一个端局）进行通信，卫星链路可能是最好的选择。尽管卫星链路具有固有的传输延迟，但还是被广泛应用于远距离的数据通信。卫星可以作为永久虚电路（PVC）或根据需要进行选择。在城域网环境中通常使用微波技术，特别是在不可布线的情况下。例如，在路面下埋设线缆和在铁路轨道上方架设高架桥都非常昂贵。微波是典型的点到点 PVC。大多数机构提供因特网访问。可以用 PVC 来连接到提供访问因特网主干网的服务提供商（ISP）。信息通过机构和 ISP 之间的这条固定路由进行传输。在 ISP 那里，信息将被发送给因特网主干网，再路由到目的结点。

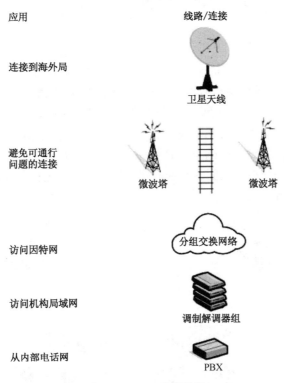

图 4.17　WAN 应用连接

一个机构也可以使用调制解调器从外部访问内部资源。调制解调器组是允许在外旅行或在家工作的多个个体同时访问的设备，但每次有人拨号进入网络时都要设置交换虚电路（SVC）。

由于连接方式是各种各样的，每一种连接方式都依赖于用户的应用需求。一些应用使用分组交换技术最好，而其他应用则可能需要使用交换电路。蜂窝移动通信技术已经过四代的发展，从携带语音的模拟系统到分组交换系统、专注于数据通信的计算机网络，产生了许多技术与标准。新型的无线通信系统使用软件可以定义无线电，允许通过软件来控制无线电传输的各个方面。软件无线电主要用于军事和特殊用途。

广域网组成实例

从广域网（WAN）的概念上讲，一个 WAN 可通过互连一系列结点而构成，而互连的具体技术取决于所需的数据速率、覆盖范围以及所能接受的时延。通常，许多 WAN 都是采用租用数据线路（如一条 T3 线路或者一条 OC-12 线路）而实现的。当然，也可以采用微波和卫星信道。自从局域网（LAN）技术出现以后，WAN 开始利用第 2 层交换机和连接其他站点的路由器（或者第 3 层交换机）把本地计算机的通信与 WAN 的信息传输分隔为两部分，如图 4.18 所示。

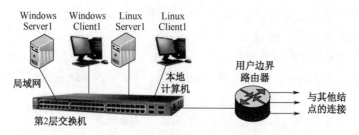

图 4.18　通过分隔 LAN 来处理本地通信的 WAN

然而，WAN 的目标是允许尽可能多的计算机同时发送数据分组，实现这种同时传输的基本模式是存储/转发。为完成存储与转发，目前大多数 WAN 采用分组交换机并选择一种拓扑结构来实现。图 4.19 示出了一种互连 4 台分组交换机和 8 台计算机的连接方式。当然，对于给定的一组结点，可以有多种拓扑结构及互连技术予以实现。注意，图中 WAN 的互连布局不一定是对称的。结点 1 的分组交换机与其他的网络只有一个连接，而其他结点的分组交换机至少有两个外部连接。因为交换机之间的互连与每条连接的容量是由预期的通信量所确定的，需要考虑发生故障时的冗余。

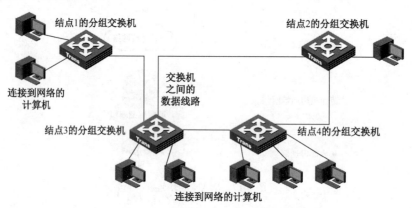

图 4.19　由分组交换机互连构成 WAN

采用存储/转发模式的广域分组交换系统能够保持每个数据连接都在使用。这种技术将到达分组交换机的分组先放进队列排队，直到交换机将它们向目的地转发出去，因而能够提高网络的整体性能。

练习

1. 画图表示 8 台低速数字设备，包括 5 台数据设备和 3 台语音设备。这些设备连接到单独的多路复用器端口，并多路复用到一条高速电路上。在高速电路的另一端是另一个多路复用器，在其每个端口上都有类似的设备。

2. 上题中，如果每个端口可以传输 64 kb/s 数字信息，则高速电路的速率应该多大才能与全部设备相匹配？

补充练习

研究数字化语音和综合服务的早期发展，在研究中要包含以下内容：
  a．模拟网络向数字网络的转变；
  b．使用 T1 多路复用器组合语音和数据服务；
  c．ISDN 的早期发展。

本 章 小 结

广域网技术是因特网的基础，该技术通常在运营商的网络上运用较多。作为网络工程师应该掌握的广域网技术，主要是广域网协议，如 HDLC、X.25 以及帧中继等。

本章主要介绍了电信网络的基础和结构。电信网络设施已经发展了很多年，最初是为语音通信而设计的。随着通过语音网络传输数据的需求的增长，出现了不同类型的服务和功能，以适应语音通信、数据通信以及其他服务类型的需要。使用各种技术和设备通过电信网络进行信息传输，可以只限于很短的距离（如一个城市之内），也可以通过较长的距离传输。一般，广域网由一组分组交换机互连而成，每个站点的分组交换机与计算机相连。连接的拓扑结构和容量都要根据预期的通信量来确定，并考虑冗余。

不同国家对电信基础设施的组织和管理是不同的，并且在过去的几十年里发生了很大变化。在有些地方，对接入网络的管理和控制非常严格；而在另一些地方，则开放网络竞争，且允许各种传输速率和服务并存。

小测验

1．连接不同的本地交换中心的链路叫作（   ）。
  a．调制解调器　　　b．模拟电路　　　c．干线　　　d．端局
2．本地交换中心之间的连接主要是（   ）。
  a．模拟连接　　　b．数字连接　　　c．非对称连接　　　d．异步连接
3．调制解调器用于（   ）。（选 2 项）
  a．放大模拟信号　　b．将数字信号转换为模拟信号
  c．转发数字信号　　d．将模拟信号转换为数字信号
  e．b 和 d 都对
4．将许多家庭和公司连接到第一个 CO 的铜缆叫作（   ）。
  a．本地环路　　　b．干线　　　c．数字环路　　　d．专线
5．下列属于广域网 QoS 技术的是（   ）。
  a．RSVP　　　b．PSTN　　　c．MSTP　　　d．ISDN
6．一台计算机能否使用以太网接口与 WAN 通信？请解释。

第五章 广域网设备与接入

广域网本质上是由通信公司的通信链路连接起来的一组局域网。远程通信网络提供长距离信息传输的通信链路。由于通信链路不能直接接入局域网，需要各种接口来连接设备。传输的信息类型有多种，包括语音、数据和视频等，需要多种不同的接入技术。

在广域网上传输信息的方法有多种，可将其分为电路交换和分组交换两大类。分组交换构成了因特网（Internet）的基础，它是统计多路复用的一种形式，分组交换网络中发送方会将数据划分为较小的分组。接入技术关系到如何将成千上万的住宅、办公室、企业用户计算机与终端设备接入因特网，关系到用户能否得到应有的网络服务。

广域网接入系统是指互联网用户（一般指个人或企业、机构）与互联网服务提供商（ISP）之间的数据通信系统。有多种技术可用于提供互联网接入服务，根据所提供的数据速率，接入技术可分为窄带技术和宽带技术两大类。窄带技术通常是指传递速率低于 128 kb/s 的技术，宽带技术一般指提供高数据速率（大于 1 Mb/s）的技术，但两者之间并没有确切的界限。按照所采用的传输介质和传输技术，可将广域网接入技术分为有线接入和无线接入两大类，如图 5.1 所示。

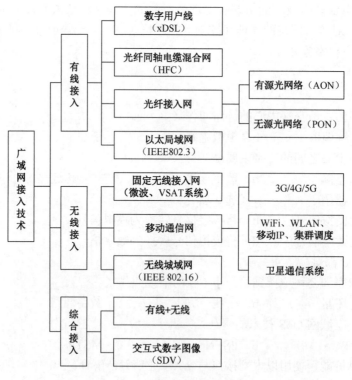

图 5.1 广域网接入技术分类

本章主要讨论通过远程通信网络从信源到信宿传输信息的基本概念和组件，包括模拟与数字传输、电路类型以及在广域内从信源向信宿传输信息的不同模式，并重点介绍有线接入技术中的 xDSL、HFC 及光纤接入网，无线接入技术中的 3G/4G、移动 IP 和卫星通信系统。

第一节 广域网交换技术

广域网可以提供面向连接和无连接两种服务，对应这两种服务有虚电路（Virtual Circuit）和数据报（Datagram）两种组网方式。在接入和传输的过程中，广域网常用的技术有多种，如电路交换、分组交换（又称包交换）、虚电路交换和光交换等。广域网的通信子网主要使用分组交换技术。广域网是由许多交换机组成的，交换机之间采用点到点线路连接，几乎所有的点到点通信方式都可以用来建立广域网，包括租用线路、光纤、无线电、卫星信道。而广域网交换机实际上就是一台计算机，其中有处理器和输入输出设备，用以进行数据的收发处理。

本章介绍的物理基础实际上组成了现在使用的所有网络，目的是介绍通过广域网设备进行通信所用到的电路类型。

学习目标

▶ 掌握不同的广域网传输方式，了解广域网交换技术；
▶ 了解电路的概念，以及交换虚电路（SVC）和永久虚电路（PVC）之间的区别。

关键知识点

▶ 虚电路具有单个物理电路的特点；
▶ 广域网有多种交换技术可供选择使用。

电路交换

电路交换是广域网中最常用的一种数据交换技术，在电信网络中被广泛使用。所谓电路，是指两台通信设备之间的物理连接，也可称为信道。物理电路分成两大类：

▶ 专用物理电路——指计算机及其连接的设备使用专用连接介质，如图 5.2 所示。
▶ 共用物理电路——指多个设备共享同一物理介质。对共享介质的访问依赖于所使用的访问协议（如令牌环网或以太网）。共用物理电路又叫作总线，如图 5.3 所示。

图 5.2 专用物理电路

电路交换指的是一种在发送方与接收方之间建立一条通路的通信机制，它能保证该通路与其他发送方和接收方之间使用的通路是分开的。电路交换通常与模拟电话技术密切相关，因为电话系统在两部电话之间提供了专门的连接，其操作过程与模拟电话的拨叫过程非常相似。在电路交换方式中，当一方要发送信息时，由源交换机根据信息目的地址把线路接到目的交换机，经局间中继线传送给被叫交换局，并最终转给被叫用户。线路接通后，就形成一条端对端的信息通路以完成通信。

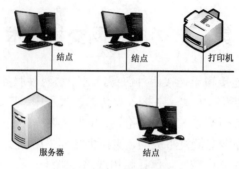

图 5.3　共用物理电路

虚电路交换

在现代电路交换网络中，通常使用电子设备来建立电路，并且也不让每条电路对应一条物理通路，而是让多条电路复用在共享介质上，所形成的电路称为虚电路。对于采用虚电路方式的广域网，源结点要与目的结点进行通信之前，首先必须建立一条从源结点到目的结点的虚电路（即逻辑连接），然后通过该虚电路进行数据传送，最后当数据传输结束时，释放该虚电路。虚电路中使用的逻辑连接是在两个结点对等层通信协议之间建立的一种连接，它是像单一电路一样的通信路径，尽管其中源结点和目的结点之间的数据可能采取不同路径。虚电路的概念来源于 X.25（ITU-T 标准）的一个包交换协议。图 5.4 所示描述了这一概念。在虚电路方式中，每个交换机都维持一个虚电路表，用于记录经过该交换机的所有虚电路的情况，每条虚电路占据其中的一项。在虚电路方式中所传输的数据报文在其报头中除了序号、校验和以及其他字段外，还必须包含一个虚电路号。

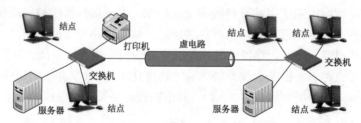

图 5.4　虚电路

在虚电路方式中，数据通信需要经历以下步骤：
- ▶ 当某台机器试图与另一台机器建立一条虚电路时，首先选择本机还未使用的虚电路号作为该虚电路的标识，同时在该机器的虚电路表中填上一项。由于每台机器（包括交换机）独立选择虚电路号，所以虚电路号仅仅具有局部意义，也就是说报文在通过虚电路传送的过程中，报文头中的虚电路号会发生变化。
- ▶ 一旦源结点与目的结点建立了一条虚电路，就意味着在所有交换机的虚电路表上都登记有该条虚电路的信息。当两台建立了虚电路的机器相互通信时，可以根据数据报文中的虚电路号，通过查找交换机的虚电路表而得到它的输出线路，进而将数据传送到目的端。

- 当数据传输结束时，必须释放所占用的虚电路表空间，具体做法是由任一方发送一个撤除虚电路的报文，清除沿途交换机虚电路表中的相关项。

虚电路的类型

虚电路可分成永久虚电路（PVC）和交换虚电路（SVC）两种类型：
- PVC 是通信双方设备间建立起的永久性虚电路，是源端点到目的端点之间的专用电路。当 PVC 被激活时，就将在这两个端点之间建立一条路径。PVC 适用于数据传送频繁的网络环境，对带宽的利用率较高。
- SVC 类似于公用交换电话服务，可以在源端点和网络中的任意目的端点之间建立呼叫。SVC 是一种按照需求动态建立的虚拟电路，数据传送结束时电路将被自动终止。由于在电路创建和终止阶段协议占用较多的网络带宽，适用于非经常性的数据传送业务。

虚电路的特点

虚电路方式有以下几个主要特点：
- 在每次分组传输前，都需要在源结点和目的结点之间建立一条逻辑连接。由于连接源结点与目的结点的物理链路已经存在，因此不需要真正建立一条物理链路。
- 一次通信的所有分组都通过虚电路顺序传送，因此分组不必自带目的地址、源地址等信息。分组在到达结点时不会出现丢失、重复与乱序的现象。
- 分组通过虚电路上的每个结点时，结点只需进行差错检测，而不需要进行路由选择。
- 通信子网中每个结点可以与任何结点建立多条虚电路连接。

分组交换

分组交换（也称包交换）采用存储转发交换方式，即首先把来自用户的信息暂存于存储装置中，并划分为多个一定长度的数据分组，每个分组前面都加上固定格式的包头，用于指明该分组的转发地址、接收地址及分组序号等。分组作为存储转发的单位在各交换结点之间灵活传送，把数据包分组，短分组在传输过程中比长分组可减少差错的产生和传输延迟，提高传输的可靠性。

分组交换也是广域网上经常使用的交换技术，在电信网络上，通过分组交换，信源和信宿网络设备之间可以共享一条点到点链路，进行数据包的传递。点到点链路提供的是一条预先建立的从客户端经过电信网络到达远端目的网络的广域网通信路径。分组交换是形成因特网的基础，它允许多对多方式的通信。

一条点到点链路就是一条租用的专线，可以在数据收发双方之间建立起永久性的固定连接，如图 5.5 所示。分组交换主要采用统计复用技术在多台设备之间实现电路共享，如 X.25、帧中继等都是采用分组交换技术的广域网技术。

图 5.5　分组交换中建立的点到点链路

光交换

光交换（Photonic Switching）是指不经过任何光/电转换，将输入端光信号直接交换到任意的光输出端。光交换是全光网的关键技术之一。全光网是未来宽带通信网的发展方向。全光网可以克服电子交换在容量上的瓶颈限制；可以大量节省建网成本；可以大大提高网络的灵活性和可靠性。

光交换技术也可以分为光路交换和分组交换两种类型。前者可利用 OADM、OXC 等设备来实现，而后者对光部件的性能要求更高。由于 2001 年后研制的光逻辑器件的功能还较简单，不能完成控制部分复杂的逻辑处理功能，因此国际上现有的分组光交换单元还要由电信号来控制，即所谓的电控光交换。随着光器件技术的发展，光交换技术的最终发展趋势将是光控光交换。目前光路交换技术已经实用化，但今后发展方向将是分组光交换。

光路交换系统所涉及的技术有空分交换（SDDS）技术、时分交换（TDPS）技术、波分/频分交换（WDPS）技术、码分交换技术和复合型交换技术，其中空分交换技术包括波导空分和自由空分光交换技术。光分组交换系统所涉及的技术主要包括：光分组交换技术、光突发交换技术、光标记分组交换技术、光子时隙路由技术等。

练习

1. 什么是电路交换？它的主要特征是什么？
2. 什么是虚电路？试描述其具体特征。
3. 在分组交换系统中，发送方如何发送一个大的文件？
4. 对于下面的每种情形，确定它是 PVC 还是 SVC。
   a. PC 通过以太网局域网访问服务器
   b. PC 通过令牌环局域网访问服务器
   c. 浏览器通过 Internet 访问一个 Web 页
   d. 调制解调器将用户连接到 Internet
   e. 两个网络通过 T1 线路连接到一起
5. 画图表示 SVC 的信息传输过程。

补充练习

1. X.25 协议分组交换网如何工作？这些协议又是如何解释 SVC 的概念的？
2. 如果想广播一个视频副本，电路交换与分组交换哪个更可取？为什么？

第二节 广域网设备

广域网电路用于通过电信网络传输不同类型的信息。在广域网环境中可以使用多种不同的网络设备。本节主要介绍连接到广域网的各种设备及连接到广域网的电路。

学习目标

▶ 了解广域网环境中常用的网络设备；
▶ 了解当连接到广域网时，何时使用调制解调器，何时不使用调制解调器；

▶ 掌握数据通信设备（DCE）和数据终端设备（DTE）的概念。

> **关键知识点**

▶ DCE 和 DTC 是常用的电信术语。

数据通信设备

传统的请求服务设备，其电信术语是数据通信设备（DCE），也可以称为"数据电路终接设备"（DCE）。DCE 可以包括以下项目：

▶ 调制解调器，如果传输信道是模拟信道（至少本地环路是模拟信道）；
▶ 数字编码设备，如果传输信道是数字信道。

目前，执行第 2 层或更高进程的设备通常是计算机，但也可以是终端或其他专用设备。在电信术语中，将这一类设备统称为数据终端设备（DTE）。图 5.6 示出了 DCE 和 DTE 这两种设备类型之间的差别。

DTE/DCE 接口有很多不同的标准。其中两种重要的标准是电子工业协会（EIA）的 RS-232D 标准和 ITU-T V.35 建议。这两种标准都是针对接口的物理层（机械和电气）特性及其程序上的特征的。DTE 和 DCE 之间的连接电缆都使用一种叫作 DB25 的 25 针接头（以及另外一种 9 针形式）。DTE 接口和 DCE 接口都位于开放系统互连（OSI）参考模型的第 1 层。还要考虑另外一些协议：DTE 之间（通过 DCE 相连的）的协议和 DCE 自身之间的协议。

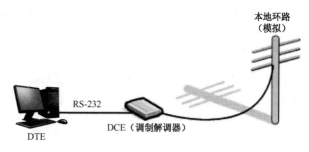

图 5.6　DCE 和 DTE

常用的广域网设备

广域网环境下，有多种不同的网络设备可供选择使用。

广域网交换机

广域网交换机也称结点交换机，主要应用与电信领域，是电信网络中使用的多端口网络互联设备。广域网交换机与局域网交换机（一般来说只有以太端口）并不完全相同，为了适应不同的广域网环境而有不同的数据包封装方式，如 SONET、MPLS、帧中继等。一般来说，广域网交换机有两组端口：一组是高速端口；另一组是低速端口。前者一般通过光纤连接其他的结点交换机，而后者连接本地主机。另外，广域网交换机还能够支持路由、可以管理多个局域网、带有计费功能、具有很好的 QoS 保证，并内置了安全机制。

接入服务器

接入服务器（Access Server）又称网络接入服务器（NAS）或远程接入服务器（RAS），它是位于公用电话网（PSTN/ISDN）与 IP 网之间的一种远程访问接入设备。接入服务器是广域网拨入和拨出的汇聚点，可以处理发向 ISP 路由器的认证、授权与计费（AAA）以及隧道 IP 分组，它可以与 Web 服务器、AAA 服务器、DNS 服务器、路由器及相关配套设备构成一个 ISP 本地服务站点。通常 60 端口以下（含 60 端口）的为小型接入服务器，60~480 端口的为中型接入服务器，480~2880 端口的为大型接入服务器，2880 端口以上的为超大型接入服务器。

调制解调器

调制解调器是一种计算机硬件，主要用于数字和模拟信号之间的转换，从而能够通过电话线路传送数据信息。在发送方，计算机数字信号被转换成适合通过模拟通信设备传送的形式；在接收方，模拟信号被还原成数字形式。

CSU/DSU

信道服务单元（CSU）/数据服务单元（DSU）类似数据终端设备到数据通信设备的复用器，具有信号再生、线路调节、误码纠正、信号管理、同步和电路测试等功能。

路由器

路由器提供诸如局域网互联、广域网接口等多种服务，它是互联网上使用的一种主要通信设备。目前路由器已经广泛应用于各行各业，各种不同档次的产品已成为实现各种骨干网内部连接、骨干网间互联以及骨干网与因特网之间互联互通业务的核心设备。

连接到广域网的电路

在大多数环境下，协议可以分成与局域网有关的协议和与广域网有关的协议。例如，通信可能发生在局域网中的一台计算机与另一个局域网中的一台计算机之间，并且使用 TCP/IP 协议栈。利用 T1 的帧中继等广域网协议，这些协议可以通过广域网传输。

如前所述，根据使用的协议不同，局域网之间使用的电路和连接类型可以是 PVC，也可以是 SVC。例如，如果希望将两个局域网连接起来，可能使用图 5.7 所示的 PVC。此 PVC 可能是一个只执行物理层协议的数字电路（如 DDS 或 T1），且只提供点到点连接。

DTE 1 产生的信息可以通过 DCE 和 PVC 到达远端的 DCE。DCE 设备再通过局域网将信息传送给目的 DTE（DTE 2）。

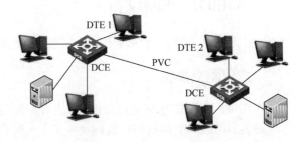

图 5.7　永久虚电路（PVC）

图 5.8 示出了两个连接到 SVC 的 DTE 之间的连接。在该图中，3 个（或更多潜在的）局域网连接到提供交换连接的电信服务。如果 DTE 3 要向 DTE 4 发送数据，则将这两台设备连接到网络的 DCE 将首先在它们自己之间两两建立连接。虚电路建立之后，DTE 能够相互发送信息。DTE 之间的通信完成后，虚电路就被终止了。

应该注意，计算机很少被称为 DTE；但是在电信技术领域，DTE 依然广泛用来将接入广域网的设备归为一类。还要注意，DCE 未必一定是连接"线缆"网络的设备。这些设备能够通过其他方法（如微波和卫星技术）发送信息。

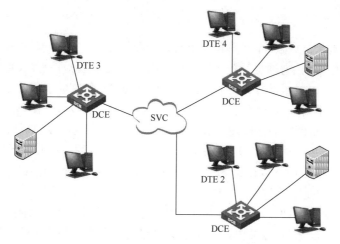

图 5.8　交换虚电路（SVC）

练习

1. 列出下面的连接所应用的接口：
   a. PC 到外部调制解调器
   b. 内部调制解调器连接到电话公司
   c. 以太网网卡（NIC）到网络
   d. 以太局域网到路由器
2. 使用 Web，研究其他 DTE 到 DCE 连接的物理层标准。研究中需要包括下列标准：
   a. RS-422
   b. RS-423
   c. RS-449

补充练习

什么网络使用 PVC？与 SVC 相比，PVC 具有哪些优点？

第三节　连接到模拟网络

通过模拟网络发送信息时需要用调制解调器。本节介绍将计算机连接到模拟网络的有关概念和技术。

学习目标

▶ 掌握调制解调器的基本概念，了解调制解调器的基本组件；
▶ 了解目前网络中常用的调制解调器协议，且对于给定的链路速率，能够计算不同大小文件的传输时间；
▶ 了解位同步的重要性，能够区分同步和异步通信。

关键知识点

▶ 通过模拟网络发送信息时需要用调制解调器，它是连接到模拟网络的基本组件。

调制解调器

调制解调器（Modem）是调制器和解调器合在一起的总称。它是一种计算机硬件，能够把计算机的数字信号翻译成可沿普通电话线传送的脉冲信号，而这些脉冲信号又可被线路另一端的另一个调制解调器接收，并译成计算机可懂的语言。这一简单过程完成了两台计算机间的通信。

在讨论调制解调器时，常使用波特（Baud）、比特每秒（b/s）、字节（B）和字符每秒（c/s）等术语。波特是按照19世纪的法国发明家Baudot的名字命名的，最初是指电报员发送莫尔斯电码的速度，后来表示信号每秒改变状态的次数。比特是可以用1或0表示的单个二进制数据单位，因此数据传输速率通常以比特/秒（b/s）来衡量，但是有时也用波特（Baud）来表示。虽然它们非常类似，但是不一样的。单位b/s表示的是数据信号速率，波特衡量的是调制速率。

虽然一个正常的字节（"字符"）包含8比特，但发送端串行端口的通用异步接收器/发送器（UART，发音为"u-art"）会添加异步数据串中需要的开始位和停止位，再由接收端UART将其删除。

基于以上信息，（28 000 b/s）/（8 比特每字符）= 3 500 c/s 的速率也许是可能的。但是，额外开销会降低实际的吞吐速率。如果允许数据压缩而且数据是可压缩的，吞吐速率会更高。吞吐速率取决于数据的可压缩度、线路质量和其他因素。如果从因特网上下载，要知道所连接的服务器可能同时为很多客户服务，而所分得的"时间片"可能会导致只能以更低的速率提供数据。由于频繁开始和结束（或者当连接到繁忙的网络时），不难发现，28.8 kb/s的调制解调器无法达到其峰值速率——等待的时间比工作时间还要长。

调制解调器的类型

调制解调器是数据通信网络的基本组件，因为它使数字设备之间能通过公用电话网或专用电话网（其中包括部分模拟设备）进行通信。一般来说，根据调制解调器（Modem）的形态和安装方式，大致可以分为以下4类，其中前3类如图5.9所示。

（a）外置 Modem

（b）内置 Modem

（c）机架 Modem

图5.9　3类调制解调器

▶ 外置Modem——通常独立安装在自己的机壳内（或者以商用版形式安装在支架上），并通过串行电缆方式连接到PC后面的一个串行端口上。这种Modem方便灵巧、易于安装，闪烁的指示灯便于监视Modem的工作状况。但外置Modem需要使用额外的电源与电缆。

▶ 内置Modem——位于插入PC总线的一块卡上。在安装时需要拆开机箱，并且要对终端和COM口进行设置。内置Modem卡上带有自己的串行端口，并使用PC电源。

▶ 机架Modem——相当于把一组Modem集中于一个箱体或外壳里，并由统一的电源进行供电。机架式Modem主要用于Internet/Intranet、电信局、校园网、金融机构等网络的中心机房。

- ▶ PCMCIA 插卡 Modem——主要用于便携式计算机，体积纤巧。配合移动电话，可方便地实现移动办公。

每种调制解调器都有自己的优点。例如，内置 Modem 没有机壳和电源，通常比较便宜。由于安装在计算机内，占用的桌面空间少；而外置 Modem 通常带有指示灯面板、发光二极管或者液晶显示面板，显示有关当前进程的信息，帮助诊断和解决问题。

UART

串行设备（如串行调制解调器）使用 UART 接口芯片与 PC 进行通信。外置 Modem 通过一条串行电缆连接到一个基于 UART 的 PC 串行端口，再连接到 PC；内置 Modem 自带基于 UART 的串行端口。实际上，UART 将来自计算机的并行数据转换成串行数据流，或者反向转换。

RS-232

RS-232 定义了计算机与调制解调器之间的接口。RS-232 术语通常指一个标准系列，这个标准系列是 EIA、ITU-T 和国际标准化组织（ISO）制定的，提供了计算机和外部世界（特别是电话网络）的接口。（现在这个基本标准的正式名称是 EIA-232，但仍然常用 RS-232 这个名称。）这些标准为数据传输速率（如 19 200 b/s）定义了串行端口（计算机每次只发送 1 位）。图 5.10 示出了 RS-232 电缆接头的针分布。

1（AA）保护地
2（BA）发送数据
3（BB）已接收数据
4（CA）请求发送
5（CB）清除发送
6（CC）数据就绪
7（AB）信号地
8（CF）已接收线路信号检测器
9 预留
10 预留
11 未用
12（SCF）第二接收线路信号检测器
13（SCB）第二清除发送
14（SBA）第二已发送数据
15（DB）传输定时
16（SBB）第二接收数据
17（DD）接收器信号定时
18 未用
19（SCA）第二请求发送
20（CD）数据终端就绪
21（CG）信号质量
22（CE）环指示器
23（CH/CI）数据信号元件定时
24（DA）传送信号元件定时
25 未用

图 5.10　RS-232 电缆接头的针分布

从 DTE 到 DTE 通信中有一个常见的特例。在两个 DTE 的物理位置很接近时，比如，同一房间内的两台计算机相连时有必要使用两个调制解调器吗？能不能用 RS-232 和 EIA-530 电缆把它们简单地连接在一起呢？实际上，普通的电缆不能实现这种功能，但只要把电缆中的某些线路简单地交叉在一起，就能够用电缆把 DTE 连接起来。这种电缆叫作假调制解调器（Null Modem）。图 5.11 示出了这一概念。

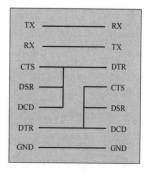

图 5.11　假调制解调器

调制解调器信号

尽管市场上有许多类型的调制解调器，但它们都必须含下列通用组件：电源、发送器和接收器。电源通常采用 110 V 或 220 V 交流电（AC），并将其转化成调制解调器内部电路可用的直流（DC）电压。发送器把数字信号调制成模拟形式，如图 5.12 所示；接收器将模拟信号解调为原来的数字格式。

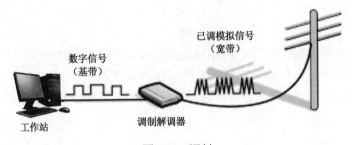

图 5.12　调制

为异步操作和同步操作设计的调制解调器，它们之间的一个主要区别在于：同步调制解调器包含一个时钟源和定相电路，而异步调制解调器没有。异步调制解调器不需要时钟源，是因为数据是以不固定的时间间隔传输的。这些调制解调器在每个字符上实现同步。在同步传输中，数据以固定的时间间隔连续发送。

调制与解调

调制，就是把数字信号转换成电话线上传输的模拟信号；解调，就是把模拟信号转换成数字信号。

调制解调器协议

在通信信道两端的 DCE 必须使用相同的协议。在现有的多种协议中，有些是为通过模拟连接（调制解调器之间）的通信而定义的。任何调制解调器之间的通信协议都定义了：

- ▶ 连接的电气性能，它决定了调制解调器交换数据的最大比特速率；
- ▶ 调制解调器怎样均衡，也就是怎样建立一个同步的电压参考标准；
- ▶ 它们工作在异步（开始-停止）模式、同步模式还是两者均可；
- ▶ 它们工作在全双工还是半双工模式。

租用线路通常是四线线路，尽管有时也可能租用二线线路。半双工是指用一对线路传输其中一个方向的信号，用另一对线路传输另一个方向的信号，但是两个方向不能同时传输。半双工比用单对线路传输两个方向的数据要快，因为在数据传输方向改变时，调制解调器不用等待线路"改变"方向。

全双工指两个方向的数据可以同时传输，每个方向都有一对线路。原则上，全双工允许两个方向的数据同时传输。实际应用中，全双工传输的主要优点是，当一条信息向一个方向传输时，先前已传送的信息的"确认"信息就能从反方向传回发送方。

在单对线路上，也能实现全双工，这时采用的技术类似于 FDM 方式，不同方向的传输使用不同的载波频率。

调制

调制是将数字信息转换成模拟信息的过程,而解调是将模拟信息转换回数字信息的过程。由于部分公用电话网络可以传输模拟信号,所以必须通过一个叫作调制的过程将数字信号转换成模拟信号。调制改变了载波(电信号)的形式,使其能够通过某些类别的通信介质传输有用信息。将数字计算机信号(基带)转换成模拟信号,通过模拟设备(如本地环路)进行传输。将模拟信号转换回原来的数字信号,这个逆过程叫作解调。如图 5.13 所示,有 3 种基本的调制技术:

- 调频(FM);
- 调幅(AM);
- 调相(PM)。

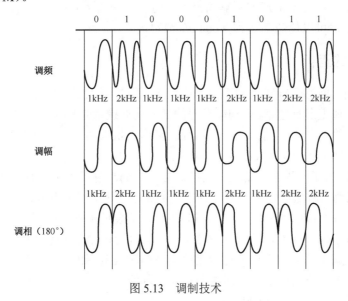

图 5.13 调制技术

1. 调频

最常见的调频(FM)是移频键控(FSK),这是 AT&T 103 和 113 系列调制解调器使用的一种 2 电平的技术。FSK 调制表示通过改变音频音调频率来改变二进制位模式。当线路空闲时,假设其处于稳定的二进制 1 或"标记"状态,用音调的一个频率表示。当发送数据位 0 时,调制解调器切换到另外一种音调频率,在发送数据时产生独特的像音乐的声音效果。FSK 调制在速率较低时工作良好,不过随着数字信号速率的增加,分配给频率转换的时间会减少,产生和检测音频的变化就很困难。

2. 调幅

调幅(AM)是最简单的调制技术,它只产生单一的载频信号。如果所产生的波形的振幅很高,就表示二进制的 1;如果振幅很低,就表示二进制的 0。AM 对线路干扰非常敏感。正交调幅(QAM)是一种调幅与调相组合的技术,本质上是一种四相技术。这种方法使用相同频率的两个信号,不过相互之间有 90°的相差,使得波形 A 的最高幅度点与波形 B 的最高幅度点相差 90°。这些信号组合成为一路进行传输,称之为 16QAM。

每个发送线路可以有 4 个可能的振幅电平(A1、A2、A3 和 A4),与传输波形的 4 个不同相位(如 45°、135°、225° 和 315°)进行不同组合。将这两个信号组合在一起,可以产生 16 种不同的情况,每一种情况表示 4 比特信息。

通过在每个角度上设置 8 个可能的振幅电平,也可以表示 32 种不同情况(32QAM),以产生两倍的信息。

3. 调相(PM)

移相键控(PSK)使用信号中相位的变化或它与固定参考相位的定时关系来表示二进制位模式中的变化。参考振荡器决定了输入信号的相角的变化,也就决定了要传送哪一位或哪两位。差分移相键控(DPSK)把输入信号的相位和先前收到的信号码元进行比较。相位没有变化就表示二进制的 0。这种方法不需要独立的参考相位,因此采用这种方法可以减少调制解调器中线路的数量。PSK 用在许多中速调制解调器中,而在一些高速应用中,它同 AM 相结合,形成 QAM。QAM 技术可以使速率达到 9 600 b/s 或更高。

调制解调器的运行

调制解调器通常能够运行在几种不同的速率下。用户可以通过软件命令方式或改变组件、线路或开关设置来调整运行速率。调制解调器的低效运行速率是指它检测线路不良情况和降低传输速率来防止差错的能力。例如,一个运行速率为 28.8 kb/s 的调制解调器,当线路情况恶化时,其速率可能降低到 9.6 kb/s 或 4.8 kb/s。

V.32bis 标准提供了一种可选的向下功能。这允许调制解调器主动查询线路,并在确定情况好转时,重新把调制解调器设置到所允许的最高速率。这是一个很有价值的特性,因为在传输一个特别长的文件时线路如果发生一点小的故障,就会把本来 30 分钟的通话变成耗费 3 小时的数据传输。有了向下功能,调制解调器可能只有几分钟处于低速传输。

有限距离调制解调器通常可以通过专用线路在局域网范围内提供高数据速率。当数据速率增加时,传输的有效距离会降低,有时甚至是急剧降低。

在理想电话线路条件下,28.8 kb/s 调制解调器以 28 800 b/s 传输数据。通过数据压缩技术,可压缩文件的传输速率可达到以上吞吐量的两倍或更高。

28.8 kb/s 调制解调器"标准"是 V.FC 和 V.34。V.FC 协议是一个暂时协议,是由 Rockwell 开发的,该标准的建立是在 V.34 之前。V.34 是一个更有生命力的协议,而且大多数新的 28.8 kb/s 调制解调器都符合 V.34 标准(或者 V.34 和 V.FC 都符合,向下兼容)。

28.8 kb/s 调制解调器利用了现有电话系统的几乎全部带宽。实际上,已经超出了"额定"带宽——就是说,28.8 kb/s 正在突破现有模拟电话系统的速率限制。一些高端调制解调器已经开发出来,它们对 1994 年的 V.34 标准进行了扩展,可以支持高达 33.6 kb/s 的速率(AT&T,USR Courier)。但限于现有的电话线路状况,那些拥有这种新的调制解调器的用户无法获得调制解调器本身所提供的那么大的速率。目前常用的调制解调器运行速率是 56 kb/s,但是要想达到这么高的速率,还要有适合于它的特殊环境。

由于模拟波形是连续的,而二进制数字是离散的,通过本地环路发送并在另一端重建的数字只是近似于原来的模拟波形。原波形和重建的数字化波形之间的差别叫作数字化噪声,它限制了调制解调器的速率。

数字化噪声将 V.34 通信信道限制在 35 kb/s 左右。但是数字化噪声只影响模/数转换，而不影响数/模转换。这正是 V.90 的关键：如果在 V.90 数字调制解调器和本地环路之间没有模/数转换，而且如果此数字连接发送器只使用电话网络数字部分的 255 个离散信号电平，那么精确的数字信息可以到达模拟调制解调器的接收器，并且在转换过程中没有信息损失。

下面是其工作过程：
- 服务器有效地以数字方式连接到电话公司的干线。
- 服务器发出信号，其编码进程只用电话网络的数字部分中使用的 256 个 PCM 代码。换句话说，没有与模拟信号转换为离散值 PCM 代码有关的量化噪声。
- PCM 代码被转换成相应的离散模拟电压，并通过模拟环路发送给模拟调制解调器而不会损失信息。
- 客户机接收器根据接收到的模拟信号重建离散网络 PCM 代码，对发送器发送的内容进行解码。

数据是以二进制数形式通过本地环路从 V.90 调制解调器发送的。如果这些条件存在，通过本地环路就可以获得 56 kb/s 的速率。

调制解调器的同步

要进行通信，调制解调器必须同步。这种同步使得通过通信电路传输的每个独立比特都可被正确地接收。广域网既使用同步通信，也使用异步通信。

时序就是一切

为了确保有顺序的数据流可以顺利通过通信设备，在构成消息的数据位之间必须建立一种叫作同步的时间关系。两种同步的基本形式是同步和异步。通过调制解调器进行的 PC 到 PC 的传输通常是异步模式。同步模式用于 PC 或终端与主机之间的通信。

异步操作意味着数据位不按照严格的时序发送，如图 5.14 所示。每个字符的开头都是通过传输一个起始位的方式显示出来的。发送完字符的最后一位后，发送一个停止位表示字符发送结束。调制解调器只能在用来传输 8 位的时间长度范围之内保持同步状态。如果它们的时钟只存在微小的不同步现象，那么仍然能够成功地进行数据传送。

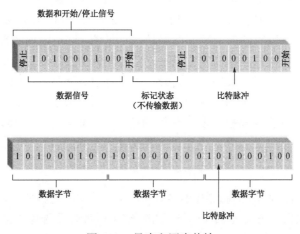

图 5.14　异步和同步传输

同步操作则恰恰相反：调制解调器必须首先对其内部时钟电路进行严格同步，这通常是在建立连接之后通过发送固定长度的突发位来实现的。如果要传输数据，发送调制解调器不时地向线路发送一个 1 或 0。接收调制解调器按照相同时序对线路上的信号采样，将线路状态（1 或 0）发送给 DTE。调制解调器必须保持同步才能进行通信。

数据压缩与差错控制

数据压缩是消除重复的字符和字符组中重复出现的代码的一种技术，可以明显地改善数据传输率。大多数高速调制解调器都满足国际电话电报咨询委员会（CCITT，ITU-T 前身）V.42bis 的要求，可以提供 4∶1 的压缩比。因而，带有 V.42bis 的 14.4 kb/s 的调制解调器的最大速率可以达到 57.6 kb/s。这些协议无法进一步压缩那些通过 PKZip 等压缩程序压缩过的文件。此外，2∶1 和 4∶1 的压缩比只是理论值。例如，根据数据类型和电话线路条件的不同，V.42bis 通常产生介于 2∶1 和 3∶1 的压缩比。

数据传输的主要问题之一是变化不定的模拟语音级电话线的质量。除了模拟线路的一般限制以外，瞬时噪音、谐波失真、相位抖动以及其他信号干扰都会导致比特流出错。目前解决这些问题的办法包括进行昂贵的线路调整和（或）选择具有高级线路均衡功能的调制解调器。前向纠错（FEC）技术使处理器能够在传输之前通过一系列复杂算法计算比特流，这样就在原始数据块中添加额外的位，形成了重新编排的比特序列。在通信电路的接收端，另一个处理器对此比特流进行解码。发送端插入的位可以确定数据块的接收是否正确，并且可以纠正任何错误接收的数据块。进行这些调整时，都不需要重发原始数据的任何部分。

为了满足微型计算机拨号链路使用的增长需求，引入了纠错协议，以确保文件传输数据的完整性。在线信息服务、电子邮件设备和分组网络都需要不同的协议。而且，PC 到主机的链路具有自己的协议规范。没有哪个协议能够满足所有通信的需要，但用户可以有几种选择。一些设备通过应用能实现纠错的调制解调器来解决协议兼容性问题，它允许主机在不影响主机软件或通信端口的前提下与各种基于 ASCII 码的系统进行通信。

调制解调器的兼容性

"握手"是指两台或更多计算机在能够进行通信之前需要经历的初始化过程。在所有的数据通信协议中，通信双方首先就要进行握手，在建立连接的通信设备之间互换控制信号。设置、传输和终止呼叫所需的信号在标准中都有规定。为了进行握手，调制解调器之间必须是兼容的。在同一网络中，混用不同供应商的调制解调器是很常见的，这是因为数据网络往往是分阶段实施的，使用的设备随着时间的推移而发生变化。当发生机构变化时，最早提供网络调制解调器的供应商可能已经不再生产这种设备了。另外，在没有中央网络管理的单位中，几个个体可能为同一个网络分别购买设备。由于网络中的大多数设备都会由于寿命终止或出现故障而被更换，毫无疑问，用户可能会更换供应商。数据通信既存在地域上的距离，又包括公司间距离，这可能导致通信设备的职能分工和对通信设备施加不同的限制。

1. AT&T 兼容性

就像传统上主机通信和设备标准由 IBM 建立一样，通过调制解调器通信的标准已由 AT&T 建立。虽然这种情形正在改变，但是很多早期的 AT&T 调制解调器（通常叫作 Bell 系统调制解调器）仍然是众所周知、广泛应用的，并常常被其他制造商复制。即使是由不同的制造商制造的调制解调器，只要都与某个 AT&T 调制解调器规范兼容，就有可能相互兼容。AT&T 兼容的调制解调器的制造商倾向于用各种有用的功能来修饰原来的 AT&T 规范，以使自己的产品有别于其竞争者的产品。

调制解调器之间的兼容性在很大程度上取决于其调制技术符合 AT&T 规范的程度。得益于改进 AT&T 标准的供应商，可能将规范修改得与原来的 AT&T 产品不兼容。在大多数情况下，不必怀疑制造商声称的 AT&T 兼容性。

2. ITU-T 兼容性

许多拨号调制解调器和专用线路调制解调器都遵守 ITU-T 标准，如早期的 14.4 kb/s 传输的 V.32bis 标准。ITU-T V 系列调制解调器规范要求更新、更快的调制解调器对其早期产品向下兼容。

由于各大洲之间的信令约定和设备不同，若原来为欧洲设备设计的调制解调器用于北美网络中，此时可能就会产生兼容性问题。例如，由于为美国制造的 V.22bis 调制解调器能够容许在建立呼叫时遇到的小差异，因此它通常能对欧洲 V.22bis 调制解调器发起呼叫；但如果欧洲调制解调器发起相同的呼叫，此时就无法完成。

3. Hayes 兼容性

微型计算机调制解调器固有的另外一种兼容性涉及 Hayes AT 命令结构。Hayes 兼容性主要与调制解调器命令、调制解调器响应和提供与各种通信程序兼容的设置的能力有关。Hayes 兼容产品带有可以监听呼叫进程的扬声器和外置单元上的前面板状态指示灯，且具有异步操作的自动拨号、自动应答、手动拨号和手动应答等功能。

练习

1. 用假调制解调器电缆连接两台计算机，并传送一份文件。
2. PAM 调制方式是 AM 与 PM 的组合。判断对错。
3. 列出并描述调制解调器协议。
4. 描述半双工、全双工及其与二线/四线线路之间的关系。
5. 简要描述 16QAM。
6. 在通信中开始位和停止位的作用是什么？
7. 哪种类型的通信需要时钟？
8. 什么是前向纠错（FEC）？
9. 同步传输与异步传输，哪一种更有效？
10. 在异步网络中用一个奇偶位来进行初步的差错校验。如果是偶校验，校验位将使数据中的 1 的个数加上校验位后构成一个偶数。如果是奇校验，则校验位加上数据中的 1 的个数将是一个奇数。如果传输以下数据字节，而且是奇校验，如何设置其中的校验位（0 还是 1）？

  a. 11001011   b. 10101010   c. 00011010   d. 11111111

补充练习

1. 利用网络查找和阅读关于"3com V.90 Technology"的内容，准备在课堂上讨论。

2. 利用网络找出 V.90 与 V.92 的相关内容。它们在实现方式上有什么不同？ V.92 与 V.90 相比有哪些改进？为什么服务提供商和电信运营商更愿意使用 V.92？

3. 使用调制解调器仿真电缆和 Windows 拨号上网功能在两台 PC 或一台 PC 和一台笔记本计算机之间传输一份文件。确定文件传输的速率。然后，将文件压缩后再次进行传输。比较两次的结果。

第四节　连接到数字网络

当连接到模拟网络时，采用调制解调器将数字脉冲转换成模拟波形。但广域网可能由能够传输数字信息的物理电路构成。本节介绍连接到数字网络的方法。

学习目标

▶ 了解在广域网连接中何时使用信道服务单元（CSU）和数据服务单元（DSU）。

关键知识点

▶ 数据可以以数字格式在广域网中从信源传输到信宿。

DTE 和信道服务单元接口

数字服务的本地环路通常终止于用户楼中的一个信道服务单元（CSU），如图 5.15 所示。CSU 实际上是在本地环路（也就是电话信道）上产生传输信号的设备。DTE 与 CSU 的连接有几种方法，包括：

▶ 通过数据服务单元（DSU）——当用户第一次获得数字服务时，电话公司不允许用户直接连接到本地环路上，因此 CSU 是由电话公司提供的。DSU 则是由用户自己提供的。现在 CSU 和 DSU 被结合成了一种单一的设备（DSU/CSU），通常由用户拥有。
▶ 通过多路复用器。
▶ 通过作为 PBX 一部分的信道组——CSU 经常被内置于 PBX 中。

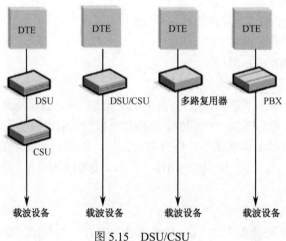

图 5.15　DSU/CSU

值得注意的是，就许多数据联网设备而言，DSU/CSU 常常用作实际设备的一部分，而不是作为一个独立的组件。带有可连接到 T1 线路上的广域网端口的路由器，就是这样一种设备。

数据电话数字服务

数据电话数字服务（DDS）为用户提供了跨越世界数字网络的访问，其用户使用一部分或全部 DS-0（0 级数字信号）信道。提供的 DDS 服务有：

- 2 400 b/s 租用线路；
- 4 800 b/s 租用线路；
- 9 600 b/s 租用线路；
- 19.2 kb/s 租用线路；
- 56.0 kb/s 租用线路；
- 56.0 kb/s 交换线路。

用户必须通过一个 DSU/CSU 连接到 DDS 设备。本地环路运行的比特率是由用户选择的服务决定的。但从端局以后，电话公司把本地环路同其他的 DDS 线路和 T 载波（T-Carrier）上的语音信道多路复用在一起。其中包括将多条 DDS 线路多路复用到单一 64 kb/s DS-0 信道上。

任何运行速率比 DS-0（64 kb/s）低的设备都叫作亚速率设备。AT&T 的数据电话数字服务（DDS）和 British Telcom 的 Kilo Stream 都是亚速率设备。DDS II 的运行速率和方式同 DDS 一样，并能给每个基本的亚速率信道提供一条诊断信道。DSU/CSU 设备的用户可以利用这条诊断信道来执行无损检测和网络管理功能。用户可以把多种亚速率设备多路复用成单一的 DS-0 设备，称之为亚速率多路复用。

练习

1. 试比较调制解调器与 CSU/DSU 的异同。
2. 电信运营商可以提供什么数字业务？

补充练习

利用 Internet 资源，研究数字通信服务。

第五节 有线接入技术

由于典型的住宅用户所接收的信息远远多于其所发送的信息，通常将互联网接入技术设计成在一个方向上的传输量大于另一个方向上的传输量。网络行业使用术语下行表示数据从互联网中的服务提供商传输到用户，上行表示数据从用户传输到服务提供商。

前面讨论了关于广域网的设备及链路，包括不同电路类型和使用电信设备连接到这些电路的各种方式。本节介绍如何在单个网络中使用有线接入技术连接到广域网。目前，用于广域网的有线接入技术主要包括：

- 数字用户线（DSL）技术；

- 光纤同轴电缆混合网（HFC）;
- 光纤接入网。

学习目标

- 初步掌握在广域网中几种典型的有线接入技术。

关键知识点

- 一个机构所选用的接入技术由用户应用需求所确定。

数字用户线技术

一提起家庭用户接入互联网，人们自然就会想到利用电话线接入是最方便的方法。数字用户线（Digital Subscriber Line，DSL）是在本地环上利用电话线提供高速数据通信服务的主要技术之一。

DSL 技术分类

数字用户线（DSL）是指从用户家庭、办公室到本地电话交换中心的一对电话线。用数字用户线实现通话与上网有多种技术方案，表 5.1 列举了 DSL 技术的各种类型。由于这些技术名称的差别仅限于第一个字母，因此可有"xDSL"来统称这种技术的集合。

表 5.1 xDSL 技术

类型	名称描述	数据速率	一般用途
ADSL	非对称 DSL	下行：最高 9.0 Mb/s 上行：最高 1.54 Mb/s	居民用户互联网访问，视频点播、单一视频、远程 LAN 访问等
HDSL	高数据速率对称 DSL	1.5～2.0 Mb/s	T1/E1 服务于 WAN、LAN 访问和服务器访问
SDSL	单线对对称 DSL	1.5～2.0 Mb/s	与 HDSL 相同，另外为对称服务提供场所访问
G.Lite	重定向自 G.Lite 标准，亦称通用 ADSL	下行：最高 1.5 Mb/s 上行：最高 512 kb/s	重定向自 G.Lite 标准，在用户场所无须安装分路器（Splitter）
VDSL	甚高数据速率非对称 DSL	下行：13～52 Mb/s 上行：1.5～2.3 Mb/s	与 ADSL 相同，另外可以传送 HDTV 节目
RADSL	数率自适应 DSL	上行：385 kb/s～9.2 Mb/s 下行：128～768 kb/s	为远距离用户提供宽带接入，传输距离可达 5.5 km

xDSL 是把现有的双绞电话线路转化为多媒体和高速数据通信访问路径的调制解调器技术，同时也提供 POTS。20 世纪 80 年代开发的 xDSL 是为了通过电话线提供视频点播（VOD）服务，而其传输数据的最大速率可达到 56 kb/s 调制解调器的 160 倍。xDSL 提供的速率是由 xDSL 协议、铜线的粗细程度以及与电话公司的 CO 之间的距离决定的。例如：

- ADSL 可以提供 3 种下行传输速率：1.544 Mb/s，传输距离可达 5.486 km，传输介质是铜双绞线；6.312 Mb/s，传输距离可达 3.200 km；8.448 Mb/s，传输距离可达 2.743 km。

都采用 24 号规格线路。ADSL 是非对称的，其下行数据流（到用户桌面）的速率要高于上行数据流（从用户桌面发出）的速率。非对称解决方案很受欢迎，因为它符合因特网的用户模式。一个典型的因特网网络冲浪现象可以说明这种不对称性：需要敲键 10 次来下载一个 100 kb/s 可交换图像格式（GIF）的文件。

- 速率非常高的 DSL——VDSL，它承诺在大约 13 Mb/s 的下行速率下通过铜双绞线传输 171 m 的距离，在 26 Mb/s 下行速率下传输 914.4 m，在 52 Mb/s 下行速率下传输 304.8 m（所采用的都是 24 号规格的线路）。

ADSL 技术

ADSL 是一种通过现有普通电话线为家庭、办公室提供宽带数据传输服务的接入技术。它采用上行（用户到端局）和下行（端局到用户）传输速率不对称的技术，在不影响普通电话业务的情况下，提供非对称的高速数据传输服务。常见 ADSL 接入类型有：

- 单用户 ADSL Modem 直接连接；
- 多用户 ADSL Modem 连接；
- 小型网络用户 ADSL 路由器直接连接计算机；
- 大量用户 ADSL 路由器连接集线器。

ADSL 接入系统主要由用户端设备和电话局中心端设备组成。图 5.16 示出了家庭单机用户通过 ADSL Modem 接入互联网的示意图。在用户端，ADSL 接入方式的核心设备是 ADSL Modem。虽然传统模拟电话在低于 4 kHz 的频段上运行，但是举起一个话筒就可能产生干扰 DSL 信号的噪声。为了提供完全的隔离，ADSL 需要使用一个称为分路器的 FDM 设备对电话线路进行划分，将低频部分作为一个输出，将高频部分作为另一个输出。分路器通常安装在本地环路进入住宅用户的入口处。分路器实际上是一组滤波器，其中低通滤波器将低于 4 kHz 的语音信号传送到电话机，高通滤波器将计算机传输的信号传送到 ADLS Modem。家庭用户的个人计算机通过网卡、100Base-T 非屏蔽双绞线与 ADLS Modem 连接。由于分路器设计成无源的，即使用户端停电也不会影响电话的使用。

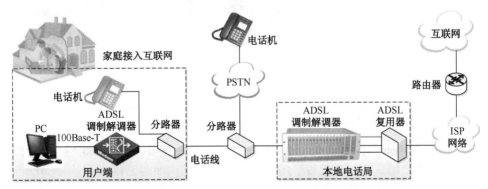

图 5.16　单机用户 ADSL Modem 接入互联网的示意图

ADSL Modem 又称为接入端接单元（ATU）。ATU 需要成对使用，用户端 ADSL Modem 称为远端，记为 ATU-R；电话局端的 ADSL Modem 称为局端，记为 ATU-C。ATU-R 将用户计算机输出的数据信号通过上行信道发送，并接收从下行信道传输给计算机的数据信号。本地电话局端入口同样可以使用分路器将语音信号直接接入电话交换机,实现正常的通信功能。多路用户计算机的数据信号由电话局端的数字用户线接入复用器(DSLAM)处理。DSLAM 主要有两个功能:

- ADSL 接入,一个 DSLAM 都内嵌有多个 ADSL Modem,一般可以支持 500~1000 个用户;
- 接入服务复用,即将同时接入的多个 ADSL 复用到公共数据网络,如互联网、帧中继或中心 LAN。

ADSL 技术曾经是家庭接入互联网的最常见方式,但随着接入技术的发展,无源光纤网络(PON)逐渐替代了 ADSL。

HFC 技术

同电话交换网一样,有线电视网络(CATV)也是一种覆盖面、应用广泛的传输网络,被视为解决宽带接入最后一公里问题的最佳方案。

20 世纪 60 年代到 70 年代的有线电视网络只能提供单向的广播业务,那时的网络以简单共享同轴电缆的分支状或树状拓扑结构组建。随着交互式视频点播、数字电视技术的推广应用,用户点播与电视节目播放必须使用双向传输的信道,因此产业界对有线电视网络进行了大规模的双向传输改造,产生了混合光纤同轴电缆(Hybrid Fiber Coax,HFC)技术。顾名思义,光纤同轴电缆混用就是组合运用光纤与同轴电缆技术,其中光纤用于中心设施,而同轴电缆则用于连接单个用户。HFC 网络系统示意图如图 5.17 所示。

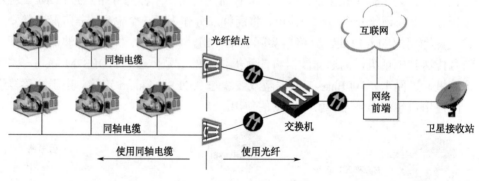

图 5.17 HFC 网络示意图

HFC 网络的组成结构

从 HFC 网络的组成结构上来看,HFC 网络主要由网络前端、光纤馈线网、光纤结点和同轴电缆配线网(用户端)等部分组成。HFC 接入网组成结构如图 5.18 所示。

(1)网络前端。网络前端是 HFC 网络的关键部分。在 HFC 网络中,由于各用户站无法直接接收彼此之间的信号,因而无法对自己的业务传输进行自我调整。而网络前端能同时接收各用户发送的上行信号,可有效地实现各用户之间业务传输的协调和控制。前端位于中心局,由线缆调制解调器终端系统(CMTS)、前端单元(合成器、分离器等)、光纤接口(光收发器)和网络管理组成。它将 CATV 信号和数字信号调制到光纤上,并对用户端送来的上行信号解调。

（2）光纤馈线网。在 HFC 网络中，光纤馈线网一般由若干条下行光纤和一条（或几条）上行光纤组成。下行光纤将前端发出的光信号传送至光纤结点，而上行光纤则将来自光纤结点的上行光信号传送至前端。

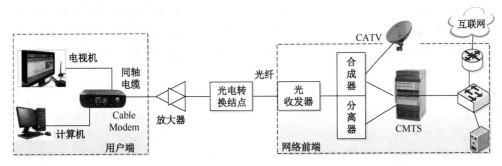

图 5.18　HFC 接入网组成

（3）光纤结点。光纤结点是光纤馈线网与同轴电缆配线网之间的光/电接口单元。它将来自下行光纤的光信号转换成电信号后由同轴电缆传送至用户；同时将同轴电缆上的上行电信号转换成光信号后，由上行光纤传送至 HFC 网络前端。

（4）同轴电缆配线网，即用户端。用户端的电视机与计算机分别接到线缆调制解调器（Cable Modem），Cable Modem 与入户的同轴电缆连接。Cable Modem 将下行 CATV 信道传输的电视节目传送到电视机；将下行的数字信道传输的数据传送到计算机；将上行数字信道传输的数据传送到前端。

HFC 网络关键设备

（1）CMTS。CMTS 是 HFC 网络前端系统的主要设备，它的功能主要是管理控制 Cable Modem，为计算机网络通信合理分配下行和上行载频频率、高速数据调制解调和上下行通道的数据交换。CMTS 的配置可通过 Console 接口或以太网接口完成，配置内容包括下行频率、下行调制方式、下行电平等。下行频率在指定的频率范围内可以任意设定，但为了不干扰其他频道的信号，应参照有线电视的频道划分表选定在规定的频点上。

（2）Cable Modem。Cable Modem 用于连接 HFC 网络和用户终端。"Cable"是指有线电视网络，"Modem"是指调制解调器。通常用 Modem 通过电话线连接互联网，而 Cable Modem 是通过 HFC 网络连接互联网的设备。Cable Modem 的工作原理是先对数据进行调制，然后在一个频率范围内传输，而接收时则进行解调。与 Modem 不同的是，经过 Cable Modem 调制的信号是在有线电视系统的一个频道中传输的，传输的带宽比较宽。

（3）双向放大器。双向放大器是 HFC 双向干线网络中的关键必备器件。它能够对上行信号和下行信号进行双向放大传输，频率带宽为 5～750 MHz；能够调整正向和反向的通道衰减与均衡量，方便通道设计和调整，带有双工滤波器，确保低噪声、高质量传输。

ADSL 与 HFC 应用比较

从最终用户的观点来看，ADSL 和 HFC 都能提供不间断的连接，它们使得连接到因特网就像使用光驱（CD-ROM）一样容易。这两种技术都需要访问安装程序才能使用。选择 ADSL 还是选择 HFC，取决于用户对共享带宽、价格以及主机选择（选择 ISP 或公司局域网）等因素的要求。

- 共享带宽——ADSL 需要一个专用的连接，而线缆调制解调器需要用户共享对传统的以太网广播网络的访问。当有多个线缆调制解调器用户同时在线时，下行速度会降低到 64 kb/s，远远低于广告上所说的 10 Mb/s。有线电视公司打算安装更多的数据转发器设备，以减小由于用户增加而使访问速度降低的程度。共享线缆调制解调器的一个更麻烦的问题是缺少安全性。一般黑客就能够很容易地找到一条通向与他相邻的计算机文件系统的路径。
- 价格——价格对用户来说是一个需要特别考虑的因素。
- 主机选择——电话公司的 ADSL 服务是基于集线器和对话模型的。在这种模型中集线器可以是一个公司的局域网，也可以是一个 ISP。如 US West 公司，其在集线器位置必须购买"兆位中枢"连接线路，速率为 1.5～45 Mb/s。这允许每个"兆位"用户选择自己的 ISP。与此相反，主线缆调制解调器服务只能链接到所提供的专有目录，包括因特网访问，用户无法选择 ISP。

光纤接入网

光纤接入网（Optical Access Network，OAN）是指局端与用户端之间完全以光纤作为传输介质的网络环境，又称光纤环路系统，其实是一种接入链路群。1996 年，国际电信联盟通过了 OAN 的标准 ITU-T G.982。该标准对于 OAN 的功能配置如图 5.19 所示。

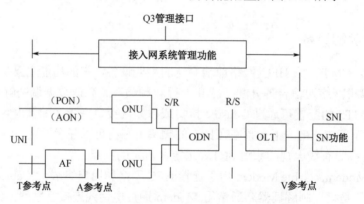

图 5.19　ITU-T G.982 定义的 OAN 功能配置

ITU-T G.982 定义的 OAN 主要由光线路终端（OLT）、光分配网（ODN）、光网络单元（ONU）及适配功能（AF）等部分组成。V 参考点是 OAN 与业务结点（SNI）之间的参考点，T 参考点是 OAN 与用户端之间的参考点。OLT 位于 OAN 局端，为 OAN 提供网络端和本地设备之间的接口，可以通过多个 ODN 与用户端的 ONU 通信。ODN 与 ONU 为主从关系，ODN 接收和处理来自 OLT 的信令与监控业务，为 ONU 提供维护和指配功能。S/R 是光发送/接收信号参考点，R/S 是光接收/发送信号参考点。ONU 位于 OAN 用户端，提供光电转换服务，其网络接口侧为光接口，用户侧为电接口。AF 为用户和 ONU 提供适配功能，A 参考点是 ONU 与 AF 之间的参考点。

在下行方向，OLT 将来自于 SNI 的业务通过 ODN 以广播的方式发送给 ONU。在上行方向，OAN 采用时分多址（TDMA）方式将来自用户端的数据发送给 OLT。

从技术上可以把 OAN 分为有源光网络（Active Optical Network，AON）和无源光网络（Passive Optical Network，PON）两大类型。

有源光网络（AON）

AON 是指信号在传输过程中，从局端设备到用户分配单元之间采用光电转换设备、有源光电器件以及光纤等有源光纤传输设备进行传输的网络。有源光器件包括光源（激光器）、光接收机、光收发模块、光放大器（光纤放大器和半导体光放大器）等。依据采用的传输技术，AON 可分为基于同步数字系列（SDH）的 AON 和基于准同步数字系列（PDH）的 AON。

基于 SDH 的 AON 发展趋势是支持 IP 接入，除了携带语音业务以外，可以利用部分 SDH 净负荷来传送 IP 业务，从而使 SDH 也支持 IP 的接入。支持的方式有多种，除了 PPP 方式外，利用 VC12 的级联方式来支持 IP 传输也是一种效率较高的方式。同步光纤网（SONET）属于有源光网络，也是一种常用的光纤网接入技术。一般认为，SDH 与 SONET 基本相同，我国采用的是 SDH 标准。

基于 PDH 的 AON 以其廉价的特性和灵活的组网功能，曾大量应用于接入网中。尤其是推出 SPDH 设备将 SDH 概念引入 PDH 系统后，进一步提高了系统的可靠性和灵活性。

AON 具有以下技术特点：

- 传输容量大，目前用在接入网的 SDH 传输设备一般提供 155 Mb/s 或 622 Mb/s 的接口，有的甚至提供 2.5 Gb/s 的接口。若有足够业务量需求，传输带宽还可以增加，光纤的传输带宽潜力相对接入网的需求而言几乎是无限的。
- 传输距离远，在不加中继设备的情况下，传输距离可达 70～80 km。
- 用户信息隔离度好。有源光网络的网络拓扑结构无论是星形还是环形，从逻辑上看，用户信息的传输方式都是点到点方式。
- 技术成熟，无论是 SDH 设备还是 PDH 设备，均已在以太网中广泛使用。

无源光网络（PON）

PON 是指（ODN 中）不含有任何电子器件及电子电源，ODN（光分配网）全部由光分路器（Splitter）等无源器件组成，不需要有源电子设备。互联网的接入主要采用 PON 接入方式。PON 的突出优点是消除了户外的有源设备，所有的信号处理功能均在交换机和用户宅内设备完成。而且这种接入方式的前期投资小，大部分资金要推迟到用户真正接入时才投入。它的传输距离比有源光纤接入系统的短，覆盖的范围较小，但它造价低，无须另设机房，维护容易。因此这种结构可以经济地为居家用户服务。

1. PON 接入系统结构

由于光纤接入形成了从一个局端到多个用户端的传输链路，多个用户共享一条主干光纤的带宽，因此，无源光网络（PON）是一种点到多点的传输系统。

PON 点到多点的系统结构主要是由中心局的光线路终端（OLT）、用户端的光网络单元/光网络终端（ONU/ONT）、无源光分路器（POS）组成的，它们共同构成了光分配网（ODN）。POS 与用户端有两种接法：一是 POS 与用户端 ONU 连接，ONU 完成用户端光信号与电信号的转换，通过铜缆连接到用户的网络终端（NT）设备。二是直接通过光纤连接用户端的

ONT，由 ONT 连接用户设备。这两种方法的区别在于 ONT 直接位于用户端，而 ONU 与用户之间还有其他网络，如以太网以及网元管理系统（EMS）。其中，OLT 用作 PON 和骨干网之间的接口，ONT 用作终端用户的服务接口。PON 通常采用点到多点的星形或树状拓扑结构，如图 5.20 所示，可以提供多种业务，如语音（传统电话业务或 VoIP）、数据、视频，和/或遥测系统服务。

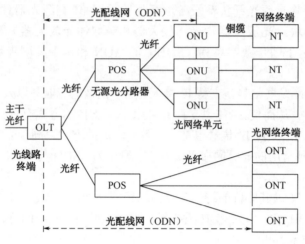

图 5.20 PON 接入系统结构

光分配网（ODN）采用光波分复用，上、下信道分别采用不同波长的光。在光信号传输中采用功率分割型无源光网络（PSPON）技术，下行采用广播方式传输数据，上行采用时分多路复用（TDMA）方式传输数据。局端主干光纤发送的下行光信号功率经过 POS 以 1:N 的分路比进行功率分配后，再通过接入用户端的光纤，将光信号广播到 ONU。POS 的分路比一般为 1:2、1:8、1:32 或 1:64。POS 分路越多，每个 ONU 分配到的光信号功率就越小。因此，POS 所采用的分路比受到用户端 ONU 对最小接收功率的限制。

2. PON 技术类型

PON 又可分为窄带 PON 和宽带 PON。窄带 PON 主要面向住宅用户，也可用来解决中小企事业单位的接入。PON 技术主要有 APON/BPON、EPON 和 GPON，目前用于宽带接入的 PON 技术主要为 EPON 和 GPON，两者采用不同标准。未来的发展是更高带宽，比如在 EPON/GPON 技术上发展而来的 10G EPON/10G GPON，带宽得到了更大的提升。

（1）APON/BPON（ITU-T G.983）。

APON（ATM PON）是由 FSAN 制定的最初的 PON 规范，它以 ATM 作为 2 层信令协议。APON 术语的出现使用户误认为只有 ATM 服务能被终端用户使用，所以在 2002 年，FSAN 工作组决定将它改称为宽带无源光网络（BPON）。BPON 系统可提供大量宽带服务，其中包括以太网接入和视频分配等。

APON 系统以 ATM 协议为载体。下行以 155.52 Mb/s 或 622.08 Mb/s 的速率发送连续的 ATM 信元，同时将专用物理层 OAM（PLOAM）信元插入数据流中；上行以突发的 ATM 信元方式发送数据流，并在每个 53 字节长的 ATM 信元头增加 3 字节的物理层开销，用以支持突发发送和接收。

(2) EPON（IEEE 802.3ah）/10G EPON。

将 PON 与广泛应用的以太网相结合形成的以太网无源光网络（EPON）技术是目前发展最快、部署最多的 PON 技术。2000 年，IEEE 成立了第一英里以太网（Ethernet in the First Mile，EFM）任务组，提出了 EPON 的概念。2001 年，该任务组成立了第一英里以太网联盟（EFMA），于 2004 年正式推出了 IEEE 802.3ah 标准，即以太网无源光网络标准（EPON）。

(3) GPON（ITU-T G.984）。

GPON（Gigabit-Capable PON，千兆无源光网络）技术是基于 ITU-T G.984.x 标准的最新一代宽带无源光综合接入标准，具有高带宽，高效率，大覆盖范围，用户接口丰富等众多优点，被大多数运营商视为实现接入网业务宽带化、综合化改造的理想技术。GPON 最早由全业务接入网（FSAN）组织于 2002 年 9 月提出，ITU-T 在此基础上于 2003 年 3 月完成了 ITU-T G.984.1 和 G.984.2 的制定，2004 年 2 月和 6 月完成了 G.984.3 的标准化，从而最终形成了 GPON 的标准系列。

按信号分配方式 PON 可以分为功率分割型无源光网络（PSPON）和波分复用型无源光网络（WDMPON）。APON、BPON、EPON 和 GPON 属于 PSPON。PSPON 采用星形耦合器分路，上/下行传送采用 TDMA/TDM 方式实现信道带宽共享，分路器通过功率分配将 OLT 发出的信号分配到各个 ONU 上。WDMPON 技术则将波分复用技术运用在 PON 中，光分路器通过识别 OLT 发出的各种波长，将信号分配到各路 ONU。

光纤接入网的应用类型

在讨论 ADSL 与 HFC 宽带接入方式时，已经知道：用于远距离的传输介质已经都采用了光纤，只有临近用户家庭、办公室的地方还使用着电话线或者同轴电缆。由于光纤接入网使用的传输媒介全部是光纤，因此根据光纤深入用户群的程度，目前 ONU 可以划分为单口 ONU、多口 ONU 和综合型 ONU 三种，按照 ONU 在 PON 接入网中所处的位置不同，常将光纤接入网分为光纤到户（FTTH）、光纤到大楼（FTTB）、光纤到路边（FTTC）等类型。通常，把这些光纤使用策略统称为 FTTx，其中 x 表示不同的光纤接入地点。FTTx 不是具体的接入技术，是指光纤在接入网中的推进程度或使用策略。

1. 光纤到户（FTTH）

FTTH 的 ONU 为单口 ONU，通常放置在用户家中，即用一根光纤直接连接到家庭，易于快速部署，如图 5.21 所示。其中，OLT 设备安装在通信机房内，通过传输设备与现有的语音和数据网络相连。OLT 通过主干光缆与无源光纤分路器（POS）相接，从 POS 到每个用户家庭布放小芯数光缆皮线，从用户 ONU 分别布放五类双绞线和电话线，实现宽带业务和语音业务的接入。

FTTH 省去了整个铜线设施（包括馈线、配线与引入线），增加了用户的可用带宽，减少了网络系统维护的工作量。通常，光纤到办公室（FTTO）接入方式与 FTTH 类似，只是 FTTO 主要针对小型的企业用户。

2. 光纤到大楼（FTTB）

FTTB 的 ONU 为多口 ONU，通常放置在大楼内，即光纤到楼、高速局域网到户（PON+LAN），其接入方式与图 5.21 相似，只是将单口 ONU 换成多口 ONU 即可。FTTB 的 POS 安装在模块房或者小区机房的光纤配线架（ODF）内，每栋楼宇按照单元总用户数确定多口 ONU 的安装数量，ONU 的安装位置一般选择在有电源箱的竖井内，便于设备取电。从 ONU 到用户家庭采用 5 类双绞线接入，在室内墙壁上安装品字形面板，面板上的 5 类双绞线接口连接计算机，双绞线接口连接电话机。

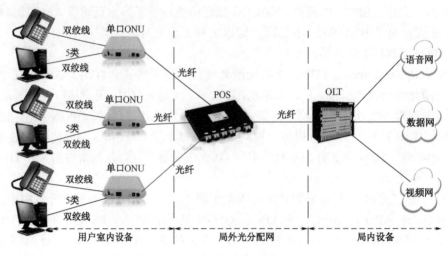

图 5.21　FTTH 接入示意图

使用 FTTB 不需要拨号，用户开机即可接入互联网。这种接入方式类似于专线接入，是一种经济和实用的接入方式。

3. 光纤到路边（FTTC）

FTTC 的 ONU 为综合接入型 ONU，实际上多采用 PON+ADSL 的结构。这种接入方式适合于小区家庭已经普遍使用 ADSL 的情况。FTTC 一般采用小型的 DSLAM，部署在电话分线盒的位置，一般可以覆盖 24～96 个用户。

光纤到小区（FTTZ）的接入方式与 FTTC 类似，主要区别在于 DSLAM 部署的位置与覆盖的用户数不同。

练习

1. ADSL 的最大特点是（　　）。
 a．在本地环路上进行模拟信号到数字信号的转换
 b．在本地环路上进行数字信号到模拟信号的转换
 c．高速到达用户，低速离开用户
 d．高速离开用户，低速传输到用户

2. 数字用户线（DSL）是基于普通电话线的宽带接入技术，可以在铜质双绞线上同时传送数据和语音信号。下列选项中，数据速率最高的 DSL 标准是（　　）。
 a．ADSL 　　b．VHDL 　　c．HDSL 　　d．RADSL
【提示】参考答案是选项 b。

3. 下列 FTTx 组网方案中，光纤覆盖面最广的是（　　）。
 a．FTTB 　　b．FTTC 　　c．FTTH 　　d．FTTZ
【提示】参考答案是选项 c。

第五章 广域网设备与接入

4. ADSL 采用 (1) 技术把 PSTN 线路划分为语音、上行和下行三个独立的信道，同时提供电话和上网服务。采用 ADSL 联网，计算机需要通过 (2) 和分离器连接到电话入户接线盒。

（1）a. 对分复用　　　b. 频分复用　　　c. 空分复用　　　d. 码分复用
（2）a. ADSL 交换机　b. Cable Modem　c. ADSL Modem　d. 无线路由器

【提示】参考答案：(1) 选项 b；(2) 选项 c。

5. "最后一公里"可理解为（　　）
  a. 局端到用户端之间的接入部分　　b. 局端到用户端之间的距离为 1 km
  c. 数字用户线为 1 km　　　　　　d. 数字用户环路为 1 km

【提示】参考答案是选项 a。

6. CMTS 的功能包括（　　）。
  a. 信号的调制与解调　　　　　　b. 分配上行带宽
  c. 提供与用户终端的接口　　　　d. 提供与用户终端的接口

【提示】参考答案是选项 b。

7. 属于 Cable Modem 使用的工作频段为（　　）。
  a. 10～66 GHz　　　　　　　　b. 5～42 MHz
  c. 2.4 GHz　　　　　　　　　　d. 550～750 MHz

【提示】参考答案是选项 d。

8. xDSL 业务是一种利用（　　）作为传输介质，为用户提供高速数据传输的宽带接入业务。
  a. 光纤　　　b. 同轴电缆　　　c. 普通电话线　　　d. RJ-11

【提示】参考答案是选项 c。

9. 属于 PON 接入技术描述范畴的有（　　）。
  a. CM　　　b. OLT　　　c. ONU　　　d. CDMA

【提示】此题是多项题，参考答案是选项 b、c。

10. 光接入网具有以下特点：（　　）
  a. 点到多点传输系统　　　　　　b. OLT 向各个 ONU 采用广播通信
  c. 介质共享　　　　　　　　　　d. ONU 向 OLT 通信时采用多址技术

【提示】参考答案：此题是多选题，选项 a、b、c 和 d 都正确。

11. DSLAM 的功能包括（　　）。
  a. 对 ADSL 业务信号进行调制与解调　b. 提供 ADSL 接入到数据网的接口
  c. 提供与用户终端的接口　　　　　　d. 对 ADSL 业务信号进行分路复用

【提示】参考答案：此题是多选题，选项 b、d 正确。

12. 在 GPON 中以下哪一项没有任何有源电子设备？（　　）
  a. OLT　　　b. ONU　　　c. ODN

【提示】参考答案是选项 c。

13. 在 GPON 中的局端设备指的是（　　）。
  a. ONU　　　b. OLT　　　c. ONT

【提示】参考答案是选项 b。

14. 光分配网对应哪个选项？（　　）
  a. ONU　　　b. OLT　　　c. ODN

【提示】参考答案是选项 c。

15. 什么是接入技术？
16. 光纤接入网中主要有哪四种双向传输技术？
17. 服务提供商为什么要区分上行和下行通信？
18. 为什么服务提供商选择光纤同轴电缆混合网而不是光纤到户？
19. 为什么分离器要与 DSL 一起使用？

补充练习

1. 列出用于将家庭和公司连接到不同应用的各种连接方法。
2. 举几个窄带与宽带接入技术的实例。
3. 什么是融合型接入网？其体系结构如何？
4. 用 Web 寻找关于下列产品的信息：
   a. 调制解调器组　　　b. CMTS

第六节　无线接入技术

无线广域网是指覆盖全国或全球范围内的无线网络，提供更大范围内的无线接入，与无线个域网、无线局域网、无线城域网相比，快速移动性是其最大特点。本节主要介绍无线移动接入技术，包括：
- ▶ 蜂窝移动通信系统；
- ▶ 移动 IP；
- ▶ 卫星通信系统。

学习目标
- ▶ 了解蜂窝移动通信系统的基本组成及其主要功能；
- ▶ 掌握移动 IP 的基本技术原理；
- ▶ 了解卫星系统的主要功能，熟悉卫星系统中常用设备的名称。

关键知识点
- ▶ 蜂窝移动通信系统的体系结构，以及 4G 的主要技术特点；
- ▶ 移动 IP 的基本概念及工作过程；
- ▶ 卫星主要用于电视、数据通信和科学研究。

蜂窝移动通信系统

蜂窝移动通信（Cellular Mobile Communication）是采用蜂窝无线组网方式，在终端和网络设备之间通过无线通道连接起来，实现移动用户相互通信的。其主要特征是终端的移动性，并具有越区切换和跨本地网自动漫游功能。

蜂窝移动通信系统是一种移动通信硬件架构，分为模拟蜂窝系统和数字蜂窝系统。由于构成系统覆盖的各通信基站的信号覆盖呈六边形，从而使整个覆盖网络像一个蜂窝而得名。最初，蜂窝移动通信系统是为移动用户提供语音服务的，因此将系统设计成基站（其信号覆盖形成一个小区）并与公共电话网络互连。目前，蜂窝移动通信系统已经越来越多地用于提供数据通信服务和因特网接入服务。但蜂窝技术的数据传输速率不高，无法提供类似于无线个域网、无线局域网和无线城域网的宽带接入技术，难以满足多媒体等应用需求。一般多适用于手机、PDA等处理能力较低的弱终端。

蜂窝移动通信系统结构

在蜂窝移动通信中，就系统结构而言，把信号覆盖区域分为一个个的小区（Cell），小区可以是六边形、正方形、圆形或其他的一些形状，通常是六角蜂窝状。每个小区被分配了多个频率（$f_1 \sim f_6$），具有一个相应的基站，一群小区（通常彼此相邻）的各个基站被连接到一个移动交换中心，该中心跟踪移动用户，并负责管理用户从一个小区到另一个小区的切换。在其他小区中，可使用重复的频率，但相邻的小区不能使用相同频率，以免引起同信道干扰。图 5.22 示出了蜂窝移动通信系统小区及基站在高速公路上的部署。

当一个用户在连接到同一个移动交换中心的两个小区之间移动时，则由这个移动交换中心来处理由此产生的接入切换。当一个用户通过一个地理区域到达另一个地理区域时，则要由两个移动交换中心参与处理器接入切换。

在理论上，因为小区可以安排成为一个蜂窝形状，所以如果每个小区都形成等边六角形，就可以构成完美

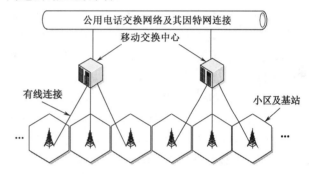

图 5.22　蜂窝移动通信系统小区及基站在高速公路上的部署

的蜂窝覆盖。但在实际应用中，蜂窝系统的信号覆盖并不完美，大部分基站使用按圆形方向发送信号的全向天线，而障碍物和电磁干扰会使信号衰减，或造成信号覆盖形状不规则。因此，在有些情况下基站的信号覆盖之间会彼此重叠，而在另一些情况下则存在无信号覆盖的缝隙。另外，基站的密度也会影响蜂窝通信。实际的蜂窝移动通信系统需要根据移动用户的密度改变小区的大小及其部署。

与单一基站相比，蜂窝移动通信系统在不同小区中可以使用相同的频率完成不同的数据传输（频率复用）。而单一基站在同一频率上，只能有一个数据传输。然而，蜂窝移动通信系统中相同频率的使用不可避免地会干扰到使用相同频率的其他基站。这意味着，在一个标准的 FDMA 系统中，在两个使用相同频率的基站之间必须有一个不同频率的基站。因此，蜂窝移动通信遵循一个基本的原理是：如果相邻的一对基站不使用相同的频率，则可以使相互干扰达到最小化。为了实现这个目标，蜂窝移动通信系统普遍采用一种集群（Cluster）方法。比较典型的小区集群是采用 3 个、4 个、7 个和 12 个小区构成的集群。

蜂窝移动通信系统的类型

常见的蜂窝移动通信系统按照功能的不同可以分为以下三种类型：

▶ 宏蜂窝——宏蜂窝的小区地域覆盖率较大，每个小区的覆盖半径多为 1～25 km，基

站天线也尽可能做得很高。实际的宏蜂窝小区内可能存在着盲点或者热点。对此，目前常采取微蜂窝技术予以解决。

- 微蜂窝——微蜂窝技术具有覆盖范围小、传输功率低以及安装方便灵活等优点，每个小区覆盖半径为 30~300 m，基站天线低于屋顶高度，信号传播主要沿着街道的视线进行。微蜂窝可以作为宏蜂窝的补充和延伸，主要用于提高覆盖率和网络通信容量。
- 智能蜂窝——智能蜂窝技术是指基站采用具有高分辨率阵列信号处理能力的自适应天线系统，智能地监测移动台所处的位置，并以一定的方式将确定的信号功率传递给移动台的蜂窝小区。智能蜂窝小区既可以是宏蜂窝，也可以是微蜂窝。利用智能蜂窝小区的概念进行组网设计，能够显著地提高系统容量，改善通信系统性能。

蜂窝移动通信技术的更新换代

蜂窝移动通信技术更新换代迅速，电信业界把蜂窝移动通信技术划分为 5 代，分别标记为 1G、2G、3G、4G 和 5G，中间版本标记为 2.5G 和 3.5G。各种各样的蜂窝移动通信技术和标准经过了持续性改进和演进。当 2G 出现时，许多团体试图各自选择一种技术并制定一个标准，如全球移动通信系统（GSM）。当研发 3G 时，供应商已很清楚，客户需要全球范围的手机服务，为推动技术的互操作性，合并了 2G 中的许多技术并形成了几个关键标准，推出了针对 3G 数据服务的相互竞争的标准。从 3G 开始以后的各代蜂窝移动通信都是以传输数据业务为主的通信系统，而且必须兼容 2G 的功能，即能够通电话和发送短信，这就是所谓的向后兼容。

随着数据通信与多媒体业务需求的发展，为适应移动数据、移动计算及移动多媒体应用需要，开始研发 4G 技术。研发 4G 之始，已经出现智能手机，显然数据通信必须支持手机的使用。除了可以下载数据和观看流视频，用户开始用手机发送文件、图片和视频。为了适应预期的数据增长，ITU 发布了一个用于 4G 蜂窝移动通信系统的详细说明，称之为高级国际移动通信（IMT-Advanced）。IMT-Advanced 明确指出，当手机迅速移动时（如在一列火车或汽车上），数据速率是 100 Mb/s，当手机缓慢移动时（即行人步行时），数据速率可以达到 1 Gb/s。

4G 是集 3G 与 WLAN 于一体，并能够快速高质量传输数据、音频、视频和图像等。4G 技术的主要指标为：

- 数据速率从 2 Mb/s 提高到 100 Mb/s，移动速率从步行到车速以上；
- 支持高速数据和高分辨率多媒体服务；
- 对全速移动用户能够提供 150 Mb/s 的高质量影像等多媒体业务。

4G 标准和 3G 的主要区别在于其所依赖的底层技术。所有的 3G 系统被设计为从模拟电话系统继承的语音电话标准，数据则作为语音通信附加的额外功能。4G 系统把 IP 作为所有通信的基础，使用分组交换技术，使得手机与因特网上的任意网站通信变得容易，而语音通信只是一个特定的应用。早期的 4G 标准有 HSPA+、HTC Evo 4G、WiMAX 和 LTE（长期演进）。这些标准都不能满足 IMT-Advanced 指定的规范（例如，LTE 只有 300 Mb/s 的下行速率和 75 Mb/s 的上行速率），但 ITU 仍然决定允许把这些标准称为 4G 或准 4G。同时，ITU 开发了高级 LTE（LTE Advanced）、高级 WiMAX（WiMAX Advanced）标准——真正的 4G。

当 4G 普及商用之时，对于 5G 和超 4G 无线网络通信已有一系列的研究成果，并开始部署实验网络。一些人认为它将是高密度网络，有着分布式 MIMO 以提供小型绿色柔性小区。先进的串扰和移动性管理也随着不同传输点和重叠的覆盖区之间的协作而得以实现，对每个小区的上行链路和下行链路传输、资源的使用也将更加灵活。用户连接支持多种无线接入技术，并且在它们之间切换时真正做到无缝兼容。人们普遍期待的认知无线技术，即智能无线技术，将会在主用户离开时，通过自适应查找并使用未占用的频谱，支持不同的无线技术高效共享同一个频谱。这一动态无线资源管理将基于软件无线电技术实现。

移动通信系统接入互联网的基本方式

移动通信的主要概念是接口、信道、移动台与基站。在无线通信中，手机与基站通信的接口称为空中接口。所有通过空中接口与无线网络通信的设备统称为移动台。移动台可以分为车载移动台和手持移动台。手机就是目前最常用的便携式移动台。基站包括天线、无线收发信机，以及基站控制器（BSC）。基站一端通过空中接口与移动终端通信，另一端接入到移动通信系统之中。移动终端与基站之间的无线信道包括移动终端向基站发送信号的上行信道，以及基站向移动终端发送信号的下行信道。上行信道与下行信道的频段是不相同的。

移动通信系统的基本组成如图 5.23 所示。移动通信系统是由移动终端、接入网与核心交换网三部分组成的。核心交换网简称核心网，由移动交换中心（MSC）的移动交换机、归属位置寄存器（HLR）、访问位置寄存器（VLR）与鉴权中心（AUC）服务器组成。基站（包括天线和控制器）与移动交换机一般通过光纤连接。

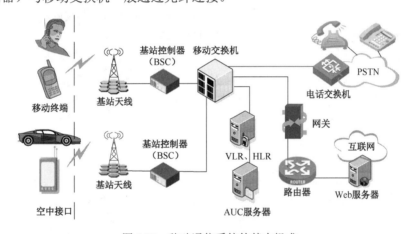

图 5.23　移动通信系统的基本组成

手机移动接入对于三网融合是一个重要的推进。智能手机集中体现了互联网数字终端设备的概念、技术发展与演变过程，它已经从初期的单纯语音信号传输扩展到文本、图形图像与视频的多媒体信号的传输。目前，智能手机已经不是一种简单的通话工具，而是集电话、PDA、照相机、摄像机、录音机、收音机、电视、游戏机以及 Web 浏览器等多种功能于一体的电子产品，是移动计算与移动互联网一种重要的用户终端。

移动 IP

移动通信赢得了举世的瞩目。许多因特网用户拥有移动计算机，当他们离开家乡甚至在旅途的过程中，也希望能够与因特网保持连接。遗憾的是，传统 IP 技术有一个很大的缺点，即为保持通信 IP 地址必须保持不变,如果用户为了工作需要移动到另外一个网络时，由于 IP 技术要求不同的网络对应于不同的网络号（IP 地址前缀），这就使用户不能使用原有 IP 地址进行通信。为了接入新网络就必须修改主机 IP 地址，使新 IP 地址的网络号与现有网络的网络号保持一致。主机移动到另外一个网络还会带来一个大问题，根据现有的网络技术，移动后的用户一般不能像用原来的 IP 地址一样享受原来网络的资源和服务，并且其他用户也无法通过该用户原有的 IP 地址访问该用户主机。显然，根据移动结点的需求，MIP 应当满足以下几点要求：

- ▶ 移动结点应能与不具备 MIP 功能的计算机进行通信。
- ▶ 无论移动结点连接到哪个数据链路层接入点，它应能用原来的 IP 地址进行通信。
- ▶ 移动结点在改变数据链路层的接入点之后，仍能与互联网上的其他结点通信。
- ▶ 移动结点应该具有较好的安全功能。

当主机从一个网络移动到另一个网络时，IP 编址结构就需要进行修改。为了解决 IP 的移动性问题，IETF 在 1992 年成立了移动 IP 工作组，致力于解决单个结点的移动性支持问题，在 1996 年公布了 MIPv4 的第一个标准 RFC 2002。对于移动通信结点来说，依据其所支撑基本 IP 协议版本的不同，支撑移动结点移动性的协议有移动 IPv4（Mobile IPv4，MIPv4）和移动 IPv6（Mobile IPv6，MIPv6）两大类。前者用于 IPv4 协议体系，后者则用于 IPv6 协议体系。

移动 IPv4

IETF 提出了一系列草案，并进行了多次修订，在 2002 年最终形成了移动 IPv4（MIPv4）的最新标准 RFC 3344。同时，IETF 还制定了一系列用于支持 MIPv4 协议的标准，如定义 MIPv4 中隧道封装技术的 RFC 2003、RFC 2004、RFC 1701 等。

MIP 技术在 IPv4 协议体系中的具体协议就是 MIPv4。MIPv4 的网络结构如图 5.24 所示。基于 IPv4 的 MIPv4 定义了移动结点（Mobile Node，MN）、对端通信结点（Correspondent Node，CN）、家乡代理（Home Agent，HA）和外地代理（Foreign Agent，FA）4 个功能实体。家乡代理和外地代理又统称为移动代理。

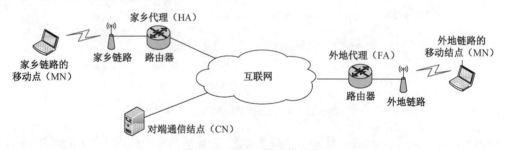

图 5.24　MIPv4 的网络结构

1. 移动结点

移动结点（MN）是指接入互联网后，当从一条链路切换到另一条链路时，仍然保持所有正在进行的通信，并且使用家乡地址的那些结点，即装备了 MIP 协议并且移动后的主机。在 MIPv4 中，MN 对应有家乡地址（Home of Address，HoA）、转交地址（Care of Address，CoA）两个地址。

家乡地址（HoA）。MN 的 HoA 是指"永久"地分配给该结点的地址，就像分配给固定的路由器或主机的地址一样。当 MN 切换链路时，HoA 并不改变。只有当整个网络需要重新编址时，才可改变 MN 的 HoA。HoA 与它的家乡代理、家乡链路密切相关。所谓家乡链路就是其子网前缀和移动结点 IP 地址的网络前缀相同的链路。每个 MN 在"家乡链路"上都有一个唯一的"家乡地址"。

转交地址（CoA）。CoA 是指 MN 移动至外地子网后的临时通信地址，HA 依此地址作为目的地址向移动结点转发数据包。注意：① CoA 与 MN 当前的外地链路有关；② 当 MN 改变外地链路时，CoA 也随之改变；③ 到达 CoA 的数据包可以通过现有的互联网机制传送，即不需要用移动 IP 的特殊规程将 IP 包传送到 CoA 上；④ CoA 是连接 HA 和 MN 的隧道出口地址。

2. 对端通信结点

对端通信结点（CN），即与 MN 进行通信的结点，并不要求装备移动 IP。CN 可以是移动的，也可以是静止的结点。

3. 家乡代理

家乡代理（HA）是一个 MN 家乡链路上的路由器，其功能是当 MN 移动到外地子网时，截获所有至该 MN 的数据包，并通过隧道技术将其转发给 MN。

4. 外地代理

外地代理（FA）是 MN 在外地链路上的路由器，主要功能是代表移动至该链路上的 MN 接收数据包，并将其路由至 MN。所谓外地链路就是其子网前缀和移动结点 IP 地址的网络前缀不同的链路。

一般来说，对 MN 的移动性管理包括位置管理和切换管理两个方面。MIPv4 主要解决了 MN 的位置管理问题，而基本没有涉及切换管理。这样就使得 MIPv4 的切换管理性能比较差，切换延迟较大。对此，IETF 提出了两种切换延迟优化方法：快速移动 IPv4 和层次移动 IPv4。

MIPv4 存在的另一个弊端是三角路由问题。在 MIPv4 中，CN 发给 MN 的数据包将沿着 CN→HA→FA→MN 的绕行路径传送，而 MN 发给 CN 的数据包仍按照直接路径 MN→CN 传送，由此形成了所谓的三角路由。在 MN 和 CN 离家乡链路较远、两者通信持续时间又长的情况下，经由 HA 转发数据包将会显著增加网络资源消耗。这些问题在 MIPv6 中得到了解决。

移动 IPv6

移动 IPv6（MIPv6）从 MIPv4 中借鉴了许多概念和术语，其功能实体之间的关系如图 5.25 所示。MIPv6 中的移动结点（MN）、对端通信结点（CN）、家乡代理（HA）、家乡链路和外地链路等概念与 MIPv4 中的几乎一样，家乡地址、转交地址的概念与 MIPv4 中的也基本相同。其中，MIPv6 的转交地址是 MN 位于外地链路时所使用的地址，由外地子网前缀和移动结点的接口 ID 组成。MN 可以同时具有多个转交地址，但是只有一个转交地址可以在 MN 的 HA 中注册为主转交地址。

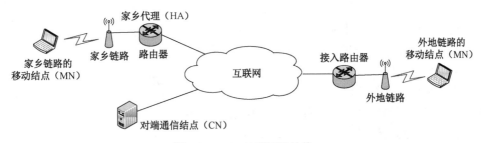

图 5.25　MIPv6 的网络结构

值得注意的一个区别是，在 MIPv6 中只有 HA 的概念，取消了 FA。这是因为 MN 在离开家乡链路时可利用 IPv6 的邻居发现和地址自动配置机制进行独立操作，而不需要任何来自外地路由器的特殊支持。MN 的家乡代理是家乡链路上的一台路由器，主要负责维护离开本地链路的移动结点，以及这些移动结点所使用的地址信息。如果 MN 位于家乡链路，则 HA 的作用与一般的路由器一样，它将目的地为 MN 的数据包正常转发给它。当 MN 离开家乡链路进入外地链路时，其工作原理如下：

- MN 通过常规的 IPv6 无状态或有状态的自动配置机制，获得一个或多个转交地址（CoA）。
- MN 在获得 CoA 后，向 HA 申请注册，为 MN 的家乡地址（HoA）和转交地址在 HA 上建立绑定。
- MN 可以直接发送数据包给 CN，设置数据包的源地址为 MN 的当前转交地址，家乡地址选项中是 MN 的 HoA。
- CN 发送数据包给 MN 时，首先根据数据包的目的 IP 地址查询它的绑定缓存，如果在绑定缓存中存在匹配，则直接发送数据包给 MN。如果不存在这样的匹配，则将数据包发送到其 HoA。发向 HoA 的数据包被路由到 MN 的家乡链路，然后经过 HA 的隧道转发到达 MN。
- MN 根据收到 HA 转发的 IPv6 数据包判断 CN 有没有自己的绑定缓存，因而向 CN 发送绑定更新建立绑定。绑定完成后，MN 可通过双向隧道模式（Bidirectional Tunneling Mode）或者路由优化模式（Route Optimization Mode）与 CN 进行通信。
- MN 离开家乡后，家乡链路可能进行了重新配置，原来的 HA 被其他路由器取代。MIPv6 提供了"动态代理地址发现"机制，允许 MN 发现 HA 的 IP 地址，从而正确注册其主转交地址。MIPv6 技术允许 MN 在互联网上漫游而无须改变其 IP 地址。

MIPv6 是一项新的网络技术，还处于标准研发、部署应用的初期，问世以来一直面临着技术、成本、应用等诸多挑战，其广泛应用还依赖于 IPv6 网络的部署和普及，自身还需要解决安全性、IPv4/IPv6 共存环境过渡、复杂度、多接入扩展和负载均衡等诸多技术问题。随着下一代互联网、物联网技术革命的到来，MIPv6 将会得到更加深入的研究并普及应用。

卫星通信系统

卫星是一种通信传输设备，接收来自地球站（又称地面站）的信号，将其放大，并向能够看到该卫星且接收其发射的信号的所有地球站进行广播。卫星传输从单个地球站开始，经过卫星，终止于一个或多个地球站。卫星是活动的中继站，非常像地面微波通信中使用的中继站。图 5.26 示出了信号通过卫星传输的路径。卫星主要有如下 4 个基本功能：

- 接收来自地球站的信号；
- 改变接收到的信号（上行链路）的频率；
- 放大接收到的信号；
- 向一个或多个地球站重新发射信号（下行链路）。

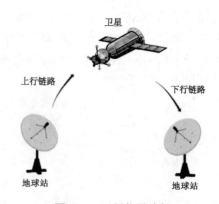

图 5.26 卫星信号路径

卫星通信系统的组成

卫星通信简单地说就是地球上（包括地面和低层大气中）的无线电通信站间利用卫星作为中继而进行的通信。卫星通信的特点是：通信范围大；只要在卫星发射的电波所覆盖的范围内，从任何两点之间都可进行通信；不易受陆地灾害的影响（可靠性高）；只要设置地球站电路即可开通（开通电路迅速）；同时可在多处接收，能经济地实现广播、多址通信（多址特点）；电路设置非常灵活，可随时分散过于集中的话务量；同一信道可用于不同方向或不同区间（多址连接）。卫星通信系统常常用于广域信息交换，特别是国家与国家之间的通信。

卫星通信系统由卫星和地球站两部分组成。一般可划分为空间分系统、通信地球站、跟踪遥测及指令分系统和监控管理分系统等部分：

- 空间分系统（通信卫星）——通信卫星主要包括通信系统、遥测指令装置、控制系统和电源装置（包括太阳能电池和蓄电池）等几个部分。通信系统是通信卫星上的主体，主要包括一个或多个转发器，每个转发器能同时接收和转发多个地球站的信号，从而起到中继站的作用。
- 通信地球站——通信地球站是微波无线电收、发信站，用户通过它接入卫星线路，进行通信。
- 跟踪遥测及指令分系统——负责对卫星进行跟踪测量，控制其准确进入静止轨道上的指定位置。卫星正常运行时，还要定期对卫星进行轨道位置修正和姿态保持。
- 监控管理分系统——负责对定点的卫星在业务开通前、后，进行通信性能的检测和控制。例如，对卫星转发器功率、卫星天线增益以及各地球站发射的功率、射频频率和带宽等基本通信参数进行监控，以保证正常通信。

卫星设备

卫星设备的功能类似于微波设备。卫星系统中常用的设备有：

- 多路复用器；
- 调制解调器；
- 发射器/接收器；
- 天线设备。

卫星通信应用——VSAT

VSAT（甚小口径地球站）是 20 世纪 80 年代初期利用现代技术开发的一种卫星通信系统，它代表了卫星通信领域的一种以卫星方式可靠地传输数据的技术创新。借助 VSAT 用户数据终端可直接利用卫星信道与远端的计算机进行联网，完成数据传递、文件交换或远程处理，从而摆脱了本地区地面中继线问题。在地面网络不发达、通信线路质量不好或难于传输高速数据的边远地区，使用 VSAT 作为数据传输手段是一种很好的选择。

VSAT 系统主要由卫星、卫星中继、枢纽站和许多小型地球站组成。枢纽站起控制作用，用户之间以及用户与枢纽站之间的通信依靠上行链路（地球站到卫星）、卫星中继和下行链路（卫星到地球站）来实现。

VSAT 组网非常灵活，可根据用户要求单独组成一个专用网，也可与其他用户一起组成一个公用网（多个专用网共用一个主站）。目前使用较普遍的是能够处理语音和数据的双路或交叉配置网络。交叉网络为在初期电信基础设施中可靠地传输数据提供了一种快速的解决方案。VSAT 应用如图 5.27 所示。

一个 VSAT 网实际上包括业务子网和控制子网两部分，其中业务子网负责交换、传输实际或语音业务，控制子网负责对业务子网的管理和控制。传输数据或语音业务的信道称为业务信道，传输管理或控制信息的信道称为控制信道。

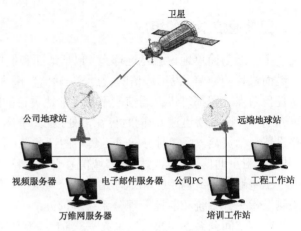

图 5.27　VSAT 应用

VSAT 系统的主要优点有：
- 小口径天线，其典型值为 0.9～1.8 m；
- 可多样和灵活地连接几乎所有地点；
- 高速连接至 E1（2.048 Mb/s）。

VSAT 的主要缺点是，对于某些低带宽应用（如因特网接入）来说成本较高。对于这些应用，地面解决方案通常更加有效；但是，当需要快速连接远端或较孤立的地点时，VSAT 将是一种较好的解决方案。

卫星通信系统代表了人类进入 21 世纪时宽带传输的主要平台，可以用于各种通信领域，包括电视、电话、数据通信和科学研究等。在数据通信领域，卫星主要作为一种计算机与计算机之间通信的基本方式，或用作一种可选的备份设备。

练习

1. 与无线广域接入技术特点不符的有（　　）。
   - a. 切换与漫游
   - b. 用户只能在半径为 100 m 的范围内移动
   - c. 用户只有处于移动中才能接入
   - d. 用户可以随时随地的接入

【提示】参考答案：此题为多选题，选项 b、c 正确。

2. 符合 3G 技术特点的有（　　）。
   - a. 采用分组交换技术
   - b. 适用于多媒体业务
   - c. 需要视距传输
   - d. 混合采用电路交换和分组交换技术

【提示】参考答案：此题为多选题，选项 a、b 正确。

3. 通信卫星按照运行轨道的高低，可以分为类型（　　）。
   - a. GEO
   - b. MEO
   - c. LEO
   - d. PON

【提示】参考答案：此题为多选题，选项 a、b、c 都正确。

4. 说出四代蜂窝移动通信技术的名称，并描述每一代蜂窝技术。
5. 小区的基站连接到何处？
6. 如果移动主机充当外地代理，那么还需要登记吗？解释你的答案。
7. 为什么注册请求报文和注册应答报文需要封装成 UDP 数据报，而不直接封装成 IP 分组（IP 数据报）？

8. 试查找和阅读有关移动 IP 的 RFC 文档。
9. 试分析发送一个代理通知报文需要哪几个步骤。
10. 列出组成卫星通信系统的主要设备。
11. 列出并简要介绍卫星通信系统的主要优缺点。
12. 简述 VSAT 网的组成。为什么双路平台对 VSAT 技术非常重要？

补充练习

1. 在 Internet 网络上查找移动 IP 的最新发展应用。
2. 研究描述以 PON 为基础的交换式数字图像（SDV）接入系统结构。
3. 通过 Internet 网络，讨论有关卫星通信方面的知识。

本 章 小 结

本章介绍了连接到广域网的设备及方法。首先介绍了广域网交换技术，包括物理电路连接和逻辑电路连接之间的区别，还介绍了将 DTE 连接到 DCE 的不同物理接口。

调制解调器用于在网络的一端将数字信息转换为模拟信息，而在另一端再转换为数字信息。调制解调器之所以能够提供这种转换，是因为数字计算机必须通过占主导地位的模拟本地环路传输信息。当端点之间的通信信道支持数字信息的时候，也可以使用数字调制解调器。

接入网是指骨干网络到用户终端之间的所有设备，其长度一般为几百米到几公里，因而被形象地称为"最后一公里"。由于骨干网一般采用光纤结构，传输速度快，因此接入网便成为整个网络系统的瓶颈。接入网的接入方式包括铜线（普通电话线）接入、光纤接入、光纤同轴电缆（有线电视电缆）混合接入和无线接入等几种方式。根据光接入结点位置的不同，光纤接入方式又分为 FTTH、FTTB、FTTC 和 FTTO 等。

光纤接入网（OAN）是指在接入网中采用光纤作为主要的传输介质来实现用户信息传送的应用形式，它不是传统意义上的光纤传输系统，而是针对接入网环境所设计的特殊的光纤传输网络。OAN 从系统分配上分为有源光网络（AON）和无源光网络（PON）两类。AON 又可分为基于 SDH 的 AON 和基于 PDH 的 AON；PON 也有多种类型，如 EPON、GPON 等。一个 PON 包括一个安装于中心控制站的光线路终端（OLT），以及一批配套的安装于用户场所的光网络单元（ONU）。GPON 可应用于接入网中的光纤到户、光纤到大楼/路边和光纤到交接箱。EPON 技术和 GPON 技术主要用于 FTTH 场景，10G EPON 技术主要应用于 FTTB 场景。

目前已经有很多无线通信技术，并用于构建 LAN、PAN、MAN 和 WAN。无线广域网主要使用蜂窝和卫星通信技术。蜂窝移动通信技术已经经过四代的发展，目前正在研发 5G。

移动 IP 要求移动主机在改变接入点时不改变 IP 地址，一般在移动过程中保持已有通信的连续性。为移动通信所用的移动 IP 是互联网协议（IP）的增强版本。MIP 是 IETF 提出的基于网络层的移动性管理协议。在 MIP 中，移动性问题被视为寻址和路由问题。其思想是移动结点同时使用两个地址：家乡地址和转交地址。在网络层使用转交地址，以保证报文的可达性；在传输层及以上的应用层使用家乡地址，以保证 TCP 连接。事实上，MIP 可以看作一个路由协议，目的就是将数据包路由到那些可能一直在快速改变位置的移动结点上。通过使用 MIP，即使移动结点移动至另一个子网并获得了一个新的 IP 地址，传输层所使用的 IP 地址始终是其家乡地址，所以 MIP 能够在主机移动过程中保证 TCP 连接不中断。

卫星通信技术也被用来通过广域网传输信息。卫星主要用于在特别广的范围内进行通信，以及用于能够容许卫星技术固有的大传输延迟的应用。VSAT 技术是企业和个人安装抛物面天线来使用卫星通信。VSAT 可以直接安装在用户终端所在地，工作频率是微波。

小测验

1. 调制解调器用来（　　）。
    a．放大模拟信号　　　　　　　b．将数字信号转换为模拟信号
    c．转发数字信号　　　　　　　d．将模拟信号转换为数字信号
【提示】参考答案：此题为多选题，选项 b 和 d 都正确。

2. Codec 是一种什么样的设备？（　　）
    a．将模拟信号转换成数字信号　　b．将数字信号转换为电信号
    c．在本地环路上放大数字信号　　d．将语音信号转换成数字信号

3. 下面哪个不是调制的例子？（　　）
    a．调频　　　　b．调幅　　　　c．模拟调制　　　　d．调相

4. 在各种 xDSL 技术中，能提供上下行信道非对称传输的是（　　）。
    a．ADSL 和 HDSL　　　　b．ADSL 和 VDSL
    c．SDSL 和 VDSL　　　　d．SDSL 和 HDSL

5. Cable Modem 业务是一种在（　　）上利用光纤和同轴电缆作为传输介质，为用户提供高速数据传输的宽带接入业务。
    a．光纤　　　b．同轴电缆　　　c．普通电话线　　　d．HFC
【提示】参考答案是选项 d。

6. 各种 DSL 技术的区别不包括（　　）。
    a．传输速率　　b．提供的业务
    c．距离　　　　d．上行速率和下行速率是否具有对称性
【提示】参考答案是选项 b。

7. 在下列 xDSL 技术中，哪种 xDSL 技术的上、下行速率不同？
    a．HDSL　　　b．SDSL　　　c．RADSL　　　d．IDSL
【提示】参考答案是选项 c。

8. ADSL 产品中广泛采用的线路编码调制技术中没有（　　）。
    a．正交幅度调制（QAM）　　　b．无载波幅度/相位调制（CAP）
    c．简单线路码（SLC）　　　　 d．离散多音调制（DMT）
【提示】参考答案是选项 c。

9. ADSL 接入系统基本结构由局端设备和用户端设备组成，局端设备包括在中心机房的 ADSL Modem（局端收发模块，AUT-C）、DSL 接入多路复用器（DSLAM）和（　　）。
    a．ADSL Transmission-Remote　　b．POTS 分离器
    c．局端分离器　　　　　　　　　d．ADSL 调制器
【提示】参考答案是选项 c。

10. ADSL 接入系统基本结构由局端设备和用户端设备组成，用户端设备包括用户 ADSL Modem（用户端收发模块，AUT-R）和（　　）。

  a．ADSL Transmission Unit-Remote   b．POTS 分离器
  c．局端分离器   d．ADSL 调制器

【提示】参考答案是选项 b。

11. 光接入网一般是由一个点到多个点的光传输系统，主要由光网络单元（ONU）、（　　）、光分配网（ODN）和适配功能块（AF）等组成。

  a．PON   b．AON   c．APON   d．OLT

【提示】 参考答案是选项 d。

12. 在光接入网（OAN）中，根据（　　）放置的具体位置不同，光接入网可分为光纤到路边（FTTC）、光纤到大楼（FTTB）、光纤到户（FTTH）和光纤到办公室（FTTO）四种基本应用类型。

  a．ODN   b．AON   c．OLT   d．ONU

【提示】参考答案是选项 d。

13. 一个典型的 EPON 系统由（　　）、ONU 和无源光分路器（POS）组成。

  a．OLT   b．ODN   c．ATM   d．PSTN

【提示】参考答案是选项 a。

14. EPON 和 APON 的主要区别是在 EPON 中，根据 IEEE 802.3 以太网协议，传送的是（　　）长度的数据包，最长可为 1518 字节；而在 APON 中，根据 ATM 协议，传送的是 53 字节的固定长度信元。

  a．固定   b．可变   c．任意   d．数据包长度

【提示】参考答案是选项 b。

15. 采用卫星通信进行语音传输的一个缺点是（　　）。

  a．发送设备与接收设备之间有传输延迟   b．带宽窄
  c．差错率高   d．设备情况不可预知

【提示】参考答案是选项 a。

16. 什么是 DSU 和 CSU？它们都是用来做什么的？
17. 指出在 Modem 中使用的两种调制技术。
18. Modem 属于 DTE 还是 DCE？
19. 在评估广域网连接选择方案时，为什么 T1 仍然是一个流行的选择？
20. Codec 代表什么？它的功能是什么？其功能是如何实现的？
21. 同步和异步通信技术的区别是什么？
22. Hayes 兼容的含义是什么？
23. 什么是 VSAT 卫星？

第六章 物理层广域网协议

长距离的数据传输需要使用各种不同的设备、物理介质及其相关协议,如拨号连接、租用线路、ADSL、线缆调制解调器(Cable Modem)、同步光纤网等。它们为在网络中传输的信息选择最好的传输路径。为了满足日益增长的在通信基础上传输多媒体信息的需求,一些新的技术也正在研发和实现中。

点到点连接是物理层协议的主要内容。物理层协议是处理物理介质和通过物理介质传输信息的协议。点到点网络广泛应用于广域范围内从一个网络到另一个网络的信息传输,传输速率从 14.4 kb/s 到几十吉比特每秒。可利用点到点网络在长途线路上传输语音、数据和多媒体信息。

本章将讨论以点到点方式连接网络时通常采用的几种解决方案。当要将一个本地网络改造成一个广域网时,掌握这些技术、使用这些服务是十分重要的。

第一节 数据速率及相关应用

广域网服务提供商可以提供各种速率的广域网链路,速率单位可以是 b/s(比特每秒)、kb/s(千比特每秒)、Mb/s(兆比特每秒)或 Gb/s(吉比特每秒)。这些描述一般指全双工,所以一条 E1 线路双向速率都是 2 Mb/s,或 T1 线路双向速率都是 1.5 Mb/s。由于广域网传输距离较局域网长,因此广域网的数据传输速率比较低。

本节首先总结现有提供广域网和城域网联网环境所需的物理层技术,然后从拨号连接和租用线路等低速技术开始,介绍 T3 和 OC-3 等较高速的技术,以及可能用到这些技术之一的应用,包括每种应用可能需要的相关性能。

学习目标
- 了解物理层城域网或广域网连接的低速和高速选择方案;
- 掌握为给定的企业应用选择最合适的技术。

关键知识点
- 不同的广域网物理层协议在速度和成本上有很大不同。

点到点链路

点到点链路建立了一个本地结点与远程结点之间的物理连接。这些链路有着各种不同的数据速率,随着速率和容量的增加,费用也在增长。因为点到点链路提供了为持续连接期间所需的专用带宽,所以用这种方式传输数据所需的费用通常比通过交换服务传输要高许多。另外,当用点到点链路建立城域网或局域网时,必须为所建的每条通信链路购买专用设备。这就意味着随着结点数目的增加,线路数目也很快地增长:3 个结点需要 3 条链路,5 个结点需要 10 条链路,等等。使用交换服务就可以在一个共享的通信服务上建立必要的专用链路,即虚电路。

帧中继等交换服务，仍然是连接远程网络的一种选择。

本地交换通信公司（LEC）在用户和中心局（CO）之间提供使用现有电话语音网络设施和铜线本地环路的传统电信服务。点到点通信的底层是模拟连接，它使用调制解调器在租用线路或交换线路上传输数据。租用线路是指两个指定地点之间的全天候连接；交换线路是一般的电话线路，通常称之为简易老式电话服务（POTS）。调制解调器在 20 世纪 90 年代初十分流行，但由于物理定理的限制，它们已经达到了极限速率。目前最快的调制解调器，即所谓的 V.90 标准，其运行时可以达到 56 kb/s。这个速率尽管理论上可以达到，但在给定信噪比的语音级电话线路上通常不实用。

数字数据服务（DDS）又叫作数据电话数字服务，通过数据服务单元/信道服务单元（DSU/CSU）的一个专用盒可以连接到 DDS。DSU/CSU 代替了模拟方案中调制解调器的功能。DDS 提供的速率范围是 2.4～56 kb/s。DDS 线路是两个指定点之间的全天候租用连接，它提供固定的带宽。通常用 DDS 线路构建专用数字网络。

在点到点链路的顶端是真正的高速数字服务，其中包括：

- 部分 T1（FT1）；
- T1；
- T3；
- SONET/SDH。

各种数据速率及相关应用

表 6.1 示出了连接到广域网时常用的物理层技术，表中列出了其相关的数据速率、传输介质和应用。实际使用时具体选择哪种技术是基于需要和经济考虑的。

表 6.1 常用物理层技术

技 术	数据速率	传输介质	应 用
拨号连接	14.4～56 kb/s	低级双绞线	从家里连接到办公室和因特网
租用线路	56 kb/s	低级双绞线	小型企业低速接入，办公室到办公室间的连接，因特网连接
部分 T1	64～768 kb/s	低级双绞线	小型企业到中型企业，中级速率，因特网接入
卫星（Direct PC）	400 kb/s	无线电波	中级速率的小型企业，因特网接入
T1	64 kb/s～1.544 Mb/s	低级双绞线 光缆 微波	中型企业因特网接入，点到点局域网连接
E1	64 kb/s～2.048 Mb/s	低级双绞线 光缆 微波	中型企业因特网接入，点到点局域网连接
ADSL	640 kb/s～1.54 Mb/s（上行） 1.5～9.0 Mb/s（下行）	低级双绞线	中型企业高速家庭因特网接入
线缆调制解调器	512 kb/s～52 Mb/s	同轴电缆	中型企业高速家庭因特网接入
E3	34.368 Mb/s	双绞线 光缆 微波	大型公司因特网接入，ISP 主干网接入

续表

技　术	数据速率	传输介质	应　用
T3	45 Mb/s	双绞线 光缆 微波	大型公司因特网接入，ISP 主干网接入
OC-1	51.48 Mb/s	光缆	从主干网、园区网、因特网到 ISP
OC-3	155.52 Mb/s	光缆	大型公司主干网，因特网主干网连接
OC-24	1.24 Gb/s	光缆	大型公司主干网，因特网主干网连接

带宽

带宽是指能够通过传输线路或网络传输的最高频率和最低频率之间的差值。带宽的单位，模拟网络用 Hz（赫兹）表示，数字网络用 b/s（比特每秒）表示。

不同的应用类型需要不同的有效使用带宽。下面列出了一些常用的应用：

- ▶ 个人计算机（PC）通信：300 b/s～56 kb/s；
- ▶ 数字音频：1～2 Mb/s；
- ▶ 压缩视频：2～10 Mb/s；
- ▶ 文档镜像：10～100 Mb/s；
- ▶ 实时视频：1～2 Gb/s。

传输介质能够通过的频率范围越大，其信息传输能力就越大。大多数调制解调器在带宽中间的 300～3 000 Hz 频率范围内传输数据。

尽管信号特性通常在带宽中间是最佳的，但将传输限制在波段中间会限制数据的可用带宽。为补偿这一因素，传统的调制解调器使用复杂的多位编码算法，在每个方向上都在一路载波信号上压缩尽可能多的数据。但这种解决方案的一个缺点，是在出现线路瞬时干扰或其他错误情况下传输介质上的数据丢失量会增加。调制解调器设计的一个主要目标，是在传输更大量数据的同时使数据丢失最小化。

练习

1．什么是广域网（WAN）连接的低速和高速选择方案？列出 4 种高速数字服务。
2．从企业应用的角度分析拨号、T1、ADSL 和 SONET 的特点。

补充练习

针对以下列出的各种技术，找出支持其每个物理接口的路由器产品：
    a．T1　　　　　b．ADSL　　　　　c．OC-1　　　　　d．OC-3

第二节　拨号连接和租用线路

标准电话线路可以用于数字信息和模拟信息的传输。通过标准电话线传输信息的主要方式有两种：拨号连接和租用线路。

学习目标

- 了解拨号连接的特点；
- 掌握拨号连接和租用线路技术的优缺点。

关键知识点

- 拨号连接使用电话公司提供的交换网络。

拨号连接

拨号连接是两个结点之间通过电话交换网的连接或线路，一般与两地间的语音电话通话相关。在数据通信领域，拨号连接是构成两个远距离结点或局域网间的一条线路。它们使用交换电话网络进行通信，如图 6.1 所示。在数据通信中拨号连接具有以下特性：

- 2.4～56 kb/s 的传输速率；
- 提供任意结点之间的连接（一次一个）；
- 在拨号连接的两端都要有兼容的调制解调器，将数字信号转换成可以在语音电话网上传送的模拟信号；
- 传输之前需要进行呼叫初始化，即要有呼叫建立和断开连接的过程；
- 拨号连接很便宜，只在连接时收费。

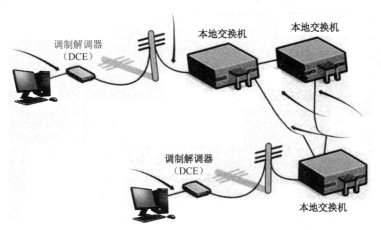

图 6.1　拨号连接所使用的交换线路

租用线路

租用线路是由本地交换电信局（LEC）或长途电信公司为某一机构建造的永久性通信线路。租用线路旁路了本地交换电信局（LEC）上的交换设备，所以在每次数据传输之前不需要起始阶段，因为它们总是连通的。由于机构将根据合同为租用线路交付固定的租金，因此称为租用线路。

租用线路用于建造专用网，在这种情况下，一个机构用它自己的交换设备建立自己的远程连接，以充分显示租用线路不受干扰的性能和它的带宽优势。使用租用线路和私有交换设备，机构可以保证其安全性和对线路通信的控制管理。然而，与使用 X.25 和帧中继等公共网络相比，建造和管理专用网是很昂贵的。专用网需要每个地点之间都有特定的线路，在每端都有桥接器或路由器，所以要互连 4 个点，就需要 6 条租用线路。

租用线路既可以是模拟线路，也可以是数字线路。模拟线路在每个点都需要调制解调器，一般都提供与拨号连接相同的数据速率；但这种线路比拨号连接的质量好。数字线路是可调节线路，它可以提供比模拟线路更高的数据传输速率；如果需要，传输速率可高达 45 Mb/s（对 T3 线路）。

标准的数字线路服务 T1 信道，提供 1.544 Mb/s 的传输速率。T1 线路可通过多路复用器传输语音和数据，所以它们常用于在一个机构的远程地点之间进行音频电话连接。一条 T1 线路可以为音频提供 24 个信道或为数据提供 64 kb/s 的带宽。不需要全部带宽的用户可以选择 T1 的一部分。T1 设备很容易用来承载语音和数据的通信流量。当通信流量需求稳定且不能中断服务时，租用线路是最适当的选择。

基于专用线路的租用线路，其优点是：
- ▶ 信息安全；
- ▶ 稳定的服务质量；
- ▶ 线路控制；

其缺点是：
- ▶ 费用高；
- ▶ 站点或结点相互之间使用专线；
- ▶ 随着所需连接的增加，设备和成本也增加。

数字数据服务（DDS）

数字信号比模拟信号能够提供更大的带宽和更高的可靠性。由于免去了数字数据到音频信号、音频信号到数字数据的转换，数字信号系统消除了许多调制解调器必须解决的问题：音频噪声、相移和频移、时钟同步、不稳定线路质量及信号衰减等。将数字终端设备（DTE）连接到一个数字链路的电子设备也没有那么复杂，其最终结果是同等带宽的成本要小得多。

DDS 线路是租用的永久连接，其运行速率为固定的 2.4 kb/s、4.8 kb/s、9.6 kb/s、19.2 kb/s 或 56 kb/s。每一端的 DSU/CSU 设备都提供了双线 DDS 线路与传统的计算机之间的接口（如 RS-232）。一种典型的局域网相互连接方式是采用两个 DDS 兼容网桥和外置 DSU/CSU 连接，如图 6.2 所示。

在中心局（CO）内，一条 DDS 线路被合并到 T1 和 T3 载波设备的常规通信流之中，由这些设备将其路由到目的结点。DDS 路由在购买服务时就已经建立，必要的干线介质上的带宽也在那时被确定。用户每月要为 DDS 支付固定费用，同时还要加上在电话公司干线上基于局间距离的里程费用。所要求的数据传输速率决定了每月的固定费用。

DDS 的物理限制主要与 CSU/DSU 和提供服务的 CO 之间的距离有关。在用户与 CO 的路由距离小于 9.1 km（本地环路线缆长度）时，DDS 工作得很可靠。一个与 CO 相距约 1.6 km 或 3.2 km 的局将需要 6 km 或更长的中间线缆，这是因为大城市市区的本地环路经常绕远。大多数电话公司用一个设计好的线路提供 DDS 服务，电话公司的工程师们在现有的铜缆上寻找从 CO 到用户的最短可能路由，电话公司的现场技术人员为建立指定的路由构建必要的物理连接。

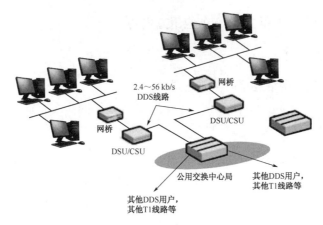

图 6.2 DDS 连接

练习

1. 比较租用线路和拨号连接的不同特点。
2. 在下图中，指出线路中的模拟部分和数字部分。

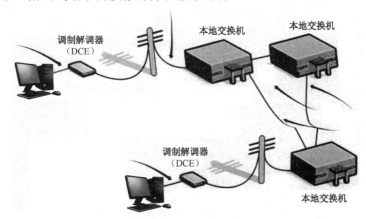

补充练习

使用 Web 查找有关以下产品的信息：
  a. CSU   b. DSU   c. DDS   d. DDSⅡ

第三节   T   载   波

  T 载波（T-Carrier）在电信业中已经存在了很长时间，并且是广泛应用的语音和数据通信的连接技术。

学习目标

▶ 了解 T1 系统、FT1 系统和 T3 系统之间的区别；

▶ 掌握使用 T1、FT1 和 T3 技术的应用方式。

关键知识点

▶ T 载波是点到点网络连接的主要方式。

T1、FT1 和 T3

除了由电话听筒上的麦克风产生模拟语音信号和在另一端电话听筒的扬声器上再生声音之外，电话网络本质上是二进制的。交换机本质上也是二进制的，它们产生一系列脉冲来代表数字，拨号音、忙音及振铃等控制信号都是二进制的。因为电话的这种二进制本质，将模拟网络转换成数字网络就是一个自然而且合乎逻辑的过程。

当 20 世纪 50 年代后期出现了固态电子设备之后，语音数字化就变得可行了。由于信号仅有两个可能值（0 和 1），因此语音数字化的优点在于：

▶ 不容易受干扰，而且更易于从信号中区分出噪声；
▶ 通过交换、多路复用或传输等设备时可以精确地再生；
▶ 更容易把语音信号与其他二进制信息（如两台交换机之间的信号）混合。

数字信号也使时分多路复用（TDM）成为可能。1962 年 Bell 系统安装了最早的"T-Carrier"（T 载波）系统，用来对数字化的语音信号进行多路复用。以前开发 FDM 是为了对模拟信号进行多路复用。T 载波现在包括 T1、T1C、T1D、T2、T3 和 T4（以及相应的欧洲 E1、E2 等），它们代替了 FDM 系统，提供了好得多的传输质量。

值得注意的是，T1 及其后来的产品是为了对语音通信进行多路复用而设计的。因此，T1 被设计成每个信道承载一个 4 000 Hz 模拟信号的数字化表示形式。已经证明，数字化 4 000 Hz 语音信号需要 64 kb/s 速率。当前的数字化技术已将这一要求降低到了 32 kb/s 或更低。但是一个 T 载波信道仍需要 64 kb/s。

T1

T1 线路是连接远距离的网络或局域网的专用服务。图 6.3 示出了一种典型的 T1 配置。该图描述了如何用 T1 或 T3 线路将两个网络连接在一起。T1 多路复用器和 T1 线路通过同一物理线路提供了语音通信流和数据通信流的连接。

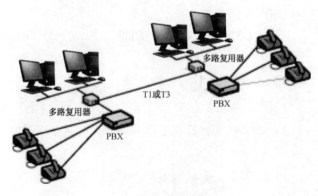

图 6.3　T1 配置示例

就像 DDS 线路一样，可在两个地点之间租用一条 T1 线路。与 DDS 线路不同的是，可以将带宽分成多个 64 kb/s 信道，这些信道负责建立呼叫并执行远离 CO 的其他流量的管理工作。图 6.4 示出了采用独立 DS-0 线路的一个典型四端局电话网络。DS-0 线路的设计需要在局与局之间预先分配许多条线路（叫作 TIE 线路），它们传输"内部"的局间呼叫。另一组 DS-0 线路必须分配到每个局，以便"外部"呼叫能够访问公共交换电话网（PSTN）。当通话类型改变时，必须移动或增加局间线路，这是一个既费时又很不方便的工作。

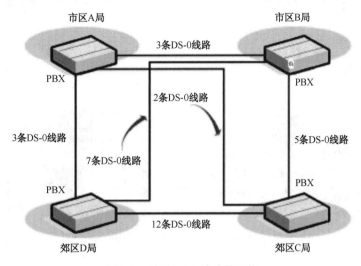

图 6.4　采用 DS-0 线路的网络

图 6.5 示出了一个将局间通信合并到一个包括 4 条 T1 线路的单个主干网上的方案，它可以满足通信流量改变的需要。由于 T2 服务包括在本地网络（本地 CO 交换机）内切换 DS-0 的功能，因此一个局内的任意 DS-0 都可以切换到另一个局的任意 DS-0 或 PSDN 上。T1 的数据应用通过 T1 多路复用器利用了这些功能。T1 多路复用器是一个网络终端设备，其作用类似于一个 SW56 DSU/CSU，不同的是 T1 多路复用器能处理 24 条 DS-0 信道，而不仅仅是 1 条。T1 多路复用器可将多达 24 条 64 kb/s 的 DS-0 信道复合到单一的 1.544 Mb/s 的 T1 线路上。

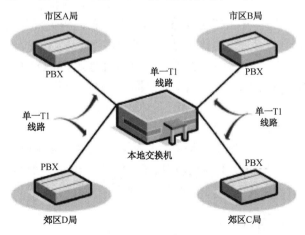

图 6.5　采用 T1 线路的网络

T1 和 T3 线路是很有用的广域网解决方案，因为实际上它们以固定的费用在一个大区域内提供了可变带宽。T1 和 T3 路由器和网桥通常支持 1 条或更多的 T1 或 T3 线路,并自动与网络中的其他路由器和网桥连接。图 6.6 示出了一个典型的基于 T1 线路的广域网。网络设计者将路由器或网桥连接到邻近的路由器或网桥,形成数字电路。在带宽方面,可以指定按需带宽参数来改变带宽,带宽增量的标准为 DS-0。

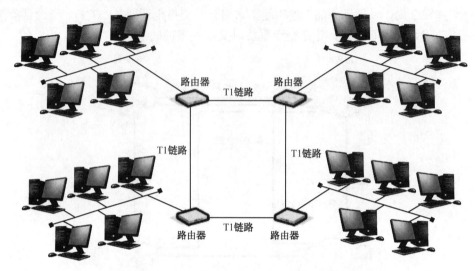

图 6.6 基于 T1 线路的广域网

FT1

租用一条 T1 线路意味着不管是否在使用,一天 24 小时都要为整个 1.544 Mb/s 带宽付费。FT1 允许租用任何 64 kb/s 倍数的部分 T1 线路。例如,可以只租用 DS-0～DS-5,以获得 6 条 64 kb/s 信道或 384 kb/s 的总带宽。当无法接受一条专用 T1 线路的费用时,FT1 就很有用了。FT1 不如交换服务那样高效和灵活,因为所付费用只可以 24 小时拥有部分租用带宽。但是,FT1 具有一个全 T1 线路没有的内在特点:可对在自己的企业 T1 网络之外的 DS-0 信道进行多路复用。

由于没有租用整条线路,不能指定线路另一端的位置。毕竟要与其他用户共享 T1。FT1 线路的远端是在远程通信公司管理的数字存取交叉连接交换中心(DACS)。每个租用 FT1 的用户都有一个嵌入在 DACS 中的远端,在那里电信部门建立了自己的 T1 互联网络。只要电信公司将其配置成可互操作的组织,任何两个共享同一 DACS 的公司就可以互相交换使用对方的 DS-0 信道。当一个大的中央机构(比如政府部门)需要和一些小的机构(如合约者)合作时,这种可互操作性显示出很大优势。

由于 FT1 单终端的特点,网络中的每个结点都必须租用一条独立的 FT1 线路。相比之下,T1 线路只需要在每一对结点中租用一条就可以了。因此,当 FT1 增加到一定数量时,FT1 反而比 T1 贵。通常,这种费用逆转的门限大约是 75%。

T3 和北美数字层次结构

北美数字层次结构是用一系列多路复用器(MUX)建立的,如图 6.7 所示。DS-1 信号输入到 DS-2 多路复用器,与其他 DS-2 多路复用器一起,多路复用到 DS-3 层及以后的层次。

DS-3（或 T3）是所提供的另外一种服务，T3 的速率是 44.736 Mb/s。

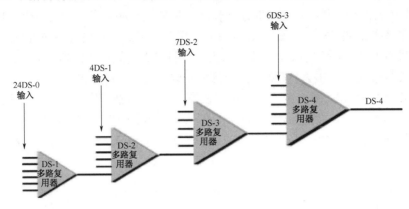

图 6.7　北美数字层次结构

1. 信号成形和编码

数字交叉连接（DSX）由各种设备架（转接板）组成，其中系统组件之间由线缆连接起来。每个数字信号都定义了它自己的交叉连接，且由该交叉连接处理。例如，以 DS1 信号工作的设备之间用 DSX-1 进行互连。

DS1 脉冲的波形在 DSX-1 交叉连接（交换机）中定义。AT&T 的公司刊物 43 801（数字信道组和目标）中描述了这个脉冲的要求，它用来驱动信道组与 DSX-1 之间 0～200 m 的 22 号 ABAM 电缆。最大帧间隔为 50 ms。DS1 脉冲与 DSX-1 脉冲略微有点不同，这两个信号规范之间的比较如表 6.2 所示。当与 CO 或运营商设备进行通信时，使用 DS1；当超过分界点进行信号重建时，使用 DSX-1。

表 6.2　DS1 与 DSX-1 信号规范的比较

功　能	DSX-1	DS1
线路速率	1.544 MHz±200 Hz	1.544 MHz±75 Hz
DSX 点的电缆长度	ABAM / 655	1829 m
脉冲幅度	2.4～3.6 V	2.7～3.3 V
接收衰减	<10 dB	15～22 dB
线路衰减	有	0.0 dB, 7.5 dB, 15 dB
最大连零个数	15（B8ZS）	15（B8ZS）

DS1 信号波形是双极性的，这意味着正电压、零电压和负电压对信号的编码很重要。T1 帧格式中使用的双极性信号叫作极性交替转换码（AMI），如果其中一个"1"编码为正电压，则下一个"1"必须编码为负电压，否则就是一个双极性破坏点（BPV）。图 6.8 示出了一个有效的 AMI 序列和一个带 BPV 的 AMI 序列。

图 6.8　两种 AMI 序列

编码序列的一个要求,是发送"1"位来保持时序同步,若一个信号全为"0",则线路上的电压恒为零,最终系统的时序将失步。根据规范的要求,发送一个"1"之后可发送"0"的个数不得超过 15 个。在 DDS 应用中一直在使用的一种最容易的解决办法,是使所有的第 8 位都为"1",只使用低 7 位作为数据。这种 7/8 模式产生的速率为 56 kb/s,而不是 64 kb/s 的标准 DS0 速率。B8ZS 帧格式标准就是在这个技术上改进的。

对于 B8ZS 编码来说,每 8 个连零的块都替换为一个 B8ZS 码字。如果插入码前面的位脉冲作为正脉冲(+)来传输,则插入码为 000+-0-+;如果插入码前面的位脉冲作为负脉冲(-)来传输,则插入码为 000-+0+-(同样,BPV 点出现在第 4 和第 7 位)。B8ZS 编码波形如图 6.9 所示。

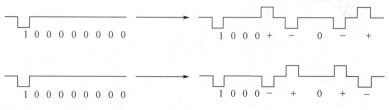

图 6.9 B8ZS 编码波形

2. 电缆及其应用

ABAM 电缆是由 AT&T 制造的基于 DSX-1 规范的电缆,它采用 22 号美国线缆规格(AWG)的非屏蔽双绞线(UPT)。不管怎样,ABAM 电缆现在不再可用。现代电缆制造商根据 EIA-568 规范已经开发出了不同类型的电缆。对于 T1 数据速率来说,2 类电缆就够用,它具有以下特点:

- 24 AWG;
- 两对;
- 频率为 0.772 MHz 时,阻抗为 100 Ω;
- 频率为 0.772 MHz 时,每 305 m 的衰减为 7 dB;
- 每 305 m 的串话干扰为 41 dB。

可以在哪里使用这些 DS1/DSX-1/T1 信号呢?其应用主要有以下几方面:

- DACS;
- D4 信道组;
- CSU;
- FT1。

最重要的问题是既有用户自己的 T1 网络,又有采用 AT&T Accunet T1.5 的 T1 网络。其应用方式是相同的,但采用 AT&T 连接的 T1 网络对设备的限制更加严格。

线路成本

T1 线路费用的减少使得越来越多的公司可以传输带宽密集型应用,包括电视会议和其他图像传输程序。用户只需增加少量成本就可以将带宽从普通语音级线路提升到 T1 级。但这种价格的下降趋势被新服务的引入抑制了。为适应短期数据网络的需要,通信公司正在提供各种可靠、高质量的交换数字服务。高速包交换服务也面临着类似的压力。例如,帧中继正被用来满足高速率(56 kb/s~1.5 Mb/s)的突发数据传输的需要。

练习

1. FT1 与 T1 相比具有哪些优缺点？
2. 列出 T1、FT1 和 T3 技术的若干应用。
3. E 载波是 ITU-T 建议的传输标准，其中 E3 信道的数据传输速率大约是 (1) Mb/s。贝尔系统 T3 信道的数据速率大约是 (2) Mb/s。

  （1）a. 64　　　　　b. 34　　　　　c. 8　　　　　d. 2
  （2）a. 1.5　　　　　b. 6.3　　　　　c. 44　　　　　d. 274

【提示】E 载波是 ITU-T 制定的数字传输标准，共 5 个级别。在 E1 信道中每 8 bit 组成一个时槽，每 32 个时槽形成一个帧，每 15 个帧形成一个复用帧。其中 0 号时槽用于帧控制，16 号时槽用于信令和复用帧控制，其余的 30 时槽用于传送语音和数据。因此 E1 载波的数据速率为 2.048 Mb/s，其中每个信道的数据速率是 64 kb/s。通过继续将多个 E1 复用形成更高层的复用帧，例如由 4 个 E1 信道形成 E2，传输速率为 8.448 Mb/s；16 个 E1 信道组成 E3，传输速率为 34.368 Mb/s；由 4 个 E3 信道形成 E4，传输速率为 139.264 Mb/s。

  T 载波中语音信道的数据速率为 56 kb/s，通常将 24 路语音复合在一起，形成 T1 信道，其数据速率为 1.544 Mb/s。同理也可以将 T 载波再次复用，形成高层次的复用。例如，4 个 T1 信道形成 T2，数据速率为 6.312 Mb/s；7 个 T2 信道形成 T3，数据速率为 44.736 Mb/s。这些常见的复用信道的速率是要记住的，实际中经常使用这些基本信道的参数。

  参考答案：（1）选项 b ；（2）选项 c。

补充练习

  使用 Web 查找至少 3 种使用 T1 连接进行数据通信的产品。列出这些产品名称及相应的特性。

第四节　ADSL 与 HFC

  数字用户线（DSL）技术在传统的电话网络的用户线路上支持对称和非对称的传输模式，解决了发生在网络服务供应商和最终用户间的"最后一公里"的传输瓶颈问题。ADSL 是众多 DSL 技术中较为成熟的一种，其带宽较大、连接简单、投资较小，因此应用较为广泛。ADSL 技术是复杂的，因为没有任何两个本地环路具有完全相同的电气特性。事实上，本地环路承载信号的能力取决于距离、所有导线的直径以及电磁干扰的水平。所谓 HFC，就是光纤和同轴电缆混用。本质上，HFC 系统是分级的，要求最高带宽的网络部分使用光纤，而可容忍较低速率的网络部分使用同轴电缆。

  本节主要介绍 ADSL 与 HFC 的物理层技术。

学习目标

▶　了解 ADSL 为什么是非对称的；
▶　熟悉 HFC 技术的基本原理。

关键知识点

- ADSL 为用户提供了更大的下行带宽。
- HFC 可为用户提供视频、电话和数据服务。

ADSL

ADSL 是数字用户线（DSL）技术中广泛用于住宅用户接入互联网的重要技术。顾名思义，ADSL 传输非对称数据流，而且传输到用户的信息流量远大于从用户回传的流量。

ADSL 的非对称带宽分配

因为 ADSL 使用频分复用技术，它可以与传统的模拟电话业务（POTS）使用同一根导线。ADSL 使用频分复用把本地环路的带宽划分为语音信道、上行信道和下行信道，如图 6.10 所示。在 5 km 范围内，一般上行信道的速率为 640 kb/s～1.54 Mb/s，下行信道的速率为 1.5～9.0 Mb/s，用户可以根据需要选择上行和下行速率。

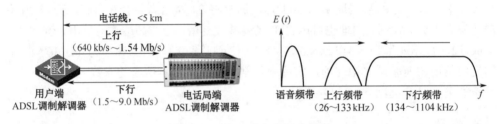

图 6.10　ADSL 带宽分配示意图

为了适应本地环路电气特性变化的差别，ADSL 采取了自适应技术。也就是说，当一对 ADSL 调制解调器通电后，它们探测彼此的线路以发现线路电气特性，接着协商使用对于当前线路的最优技术进行通信。尤其是 ADSL 采用了一种称为离散多音频调制（DMT）的技术，它将 1.1 MHz 左右的线路带宽划分为 256 个分离频率段（称为子信道），其中 1 个子信道用作语音信道，5 个子信道作为隔离区不用，224 个子信道用于下行数据传输，24 个子信道用于上行数据传输，2 个子信道分别用于上行和下行控制。在概念上，每个子信道都有各自的调制解调器，而它们都有各自的调制载波。每个载波占用 4.3125 kHz，其中 4 kHz 为信道带宽，0.3125 khz 为保护间隔，以保证信号不会相互干扰。

ADSL 的核心是编码技术，目前有离散多音频调制（DMT）及调制载波幅度和相位（CAP）两种主要方法。两种方法的共同点是 DMT 和 CAP 都使用正交幅度调制（QAM）。两者的区别是：在 CAP 中，数据被调制到单一载波之上；在 DMT 中，数据被调制到多个载波之上，每个载波上的数据使用 QAM 进行调制。相比之下，DMT 技术较复杂，成本也高一些；但由于它对线路的依赖性低，并且有很强的抗干扰和自适应能力，已成为 ADSL 编码标准。

ADSL 标准

关于 ADSL 的国际标准主要是 ANSI 制定的，1994 年 TIE1.4 工作组通过了第一个 ADSL 草案标准，决定采用 DMT 作为标准接口，关键是能支持 6.144 Mb/s 甚至更高的速率并能传较远的距离。ANSI 标准将包含一个附录来具体规定欧洲制式 ADSL 标准，因而 ANSI 制定的 ADSL 标准实际上已经是一个准国际标准。CAP 也在争取成为事实标准。

1997 年，一些 ADSL 的厂商和运营商认识到，通过牺牲 ADSL 的一些速率可能会加快 ADSL 的商业化进程，因为在速率下降的同时也就意味着技术复杂度的降低。全速率 ADSL 的下行速度是 8 Mb/s，但是在用户端必须安装一个分离器（Splitter）。如果把 ADSL 的下行速率降到 1.5 Mb/s（上行速率为 384 kb/s），那么用户端的分离器就可以取消。这意味着，用户可以像以往安装普通模拟 Modem 一样安装 ADSL Modem，没有任何区别，省略了服务商的现场服务，这对 ADSL 的推广应用至为重要。于是，诞生了一个 ADSL 的新版本，称作通用 ADSL（Universal ADSL）。1998 年 1 月，世界上一些知名厂商、运营商和服务商组织起来，成立了通用 ADSL 工作小组（Universal ADSL Working Group，UAWG），致力于该版本的标准化工作。1998 年 10 月，国际电信联盟（ITU）开始进行通用 ADSL 标准的讨论，并将之命名为 G.Lite，经过半年多的等待，1999 年 6 月 22 日，ITU 最终批准通过了 G.Lite（既 G.992.2）标准，从而为 ADSL 的商业化进程扫清了障碍。近年来，又陆续公布了更高速率的一些 ADSL 标准。

目前，ADSL 有 5 个标准，分别是 G.992.1~G.992.5，其中 G.992.1 和 G.992.2 被视为第一代 ADSL 标准，G.992.3~G.992.5 被视为第二代 ADSL 标准。

- G.992.1 又被称为 G.DMT。G.DMT 是全速率的 ADSL 标准，支持 8 Mb/s、1.5 Mb/s 的高速下行/上行速率，但 G.DMT 要求用户端安装 POTS 分离器，比较复杂且价格昂贵。
- G.992.2 又被称为 G.Lite。G.Lite 的标准速率较低，下行、上行速率分别为 1.5 Mb/s、512 kb/s，但省去了复杂的 POTS 分离器，成本较低且便于安装。就适用领域而言，G.DMT 比较适用于小型或家庭办公室（SOHO），而 G.Lite 则更适用于普通家庭用户。
- G.992.3 又被称为 ADSL2 或者 G.DMT.bis，由 ITU-T 与 2009 年 4 月正式提出。它将原本 ADSL 的下行速率提升至 12 Mb/s，上行速率为 1 Mb/s。G.992.3 与 G.992.1 使用相同的带宽，但通过改进调制技术实现了更高的吞吐量。与 G.992.1 相比，G.992.3 的传输距离增加了约 180 m。
- G.992.4 是对应于 G.992.3 提出的一个无分离器的标准，故又称为 G.Lite.bis。G.992.4 的下行速率为 1.536 Mb/s，上行速率为 512 kb/s。
- G.992.5 又被称为 ADSL2+、G.DMT.bis+或者 G.ADSLplus，它是对 G.992.3 的进一步扩展。G.992.5 频谱范围由 1.1 MHz 扩展至 2.2 MHz，其下行速率可达 24 Mb/s，上行速率为 1 Mb/s。

ADSL 速率仅应用于用户到电话交换局之间的本地环路连接，有许多其他因素还会影响用户体验到的整体数据速率。例如，当一个用户连接到 Web 服务器时，限制有效数据速率的因素有：服务器的速度，现有负载，用于连接服务器站点到因特网的接入技术，用户的交换局与处理服务器提供商之间的网络状况等。

HFC

HFC 作为 CATV 网络的主干网，具有适合广播业务的星-树拓扑结构。它的根部位于 CATV 网络前端，叶部位于 CATV 用户。HFC 网络通常可以划分为光纤干线、同轴电缆支线和用户配线网络三部分，从有线电视台（CATV）出来的节目信号先变成光信号在干线上传输；到用户区域后把光信号转换成电信号，经分配器分配后通过同轴电缆送到用户。

HFC 网络频带分配

HFC 网络具有较为充裕的可用频带，理论上最高可用频率可达 1 GHz。按频谱划分，可分为上行数字频带、下行模拟频带以及下行数字频带。HFC 网络上行信道与下行信道频段划分有多种方案，既有下行信道与上行信道带宽相同的对称结构，也有下行信道与上行信道带宽不相同的非对称结构。图 6.11 所示是一种典型的非对称结构频谱分配方式。

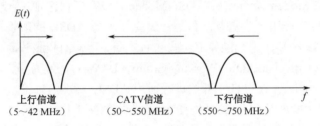

图 6.11 HFC 网络频谱分配示意图

上行数字频带位于 HFC 网络频谱中的 5～42 MHz，用于传输从用户终端到网络前端的上行数字业务。通常情况下，为克服上行信道中的功率控制、信道误码率特性和系统管理等问题，上行数字频带被划分成 1～2 MHz 带宽的上行信道。

下行模拟频带位于 HFC 网络频谱的 50～550 MHz，这与原有的 CATV 系统完全兼容。下行数字频带位于 HFC 网络频谱的 550～1 GHz 部分，其中的 550～750 MHz 用于传输现有的各种数字业务，750～1 GHz 为将来的业务预留。

Cable Modem 分别在两个不同的方向接收和发送数据。在下行方向普遍采用 QPSK（速率可达 10 Mb/s）和 256QAM（速率可达 36 Mb/s）的调制方式；在上行方向大多数采用 QPSK 调制方式，因为 QPSK 抗干扰能力强一些。

我国一般采用北美标准，下行以 64QAM 调制方式传输数据，传输速率为 27 Mb/s。若是高质量线缆，可以采用 256QAM 调制方式进行数据传输；上行数据传输采用 QPSK 调制方式。具体情况可视线缆质量确定。

HFC 的噪声问题

HFC 网络上行通道的噪声与干扰主要来自结构噪声和侵入噪声，前者是由于各种设备的热噪声引起，后者是由于外部电磁辐射引起的。

HFC 网络的同轴电缆部分是树状拓扑结构，同一光结点共用上行信道，这样用户端、分支器和分配器等设备引入的各种噪声会从树枝向树干汇集，在上行信道中积累，形成所谓的噪声漏斗效应。这些噪声由多种成分组成，具有很大的随机性和持久性。下行频带中众多信号的互调干扰也有一部分落入上行频带，造成上行信道的干扰噪声比较严重。目前，解决上行信道噪声的主要手段是以工程设计与施工降噪为主。具体方法如下。

- 限制 CATV 电缆放大器的连接数，减少线路产生的结构噪声。
- 增加光结点，限制每个光结点之下的用户数。
- 采取简易电缆盘绕方法，抑制用户家庭产生的脉冲噪声对系统的干扰。
- 采用性能良好的高通滤波器、窗式滤波器、分级衰减器及屏蔽性能良好的同轴电缆。

练习

1. 为什么 ADSL 是非对称的？总结 ADSL 相对于其他本地环路接入方法的优缺点。
2. 讨论线缆调制解调器的优势和劣势。
3. 对比线缆调制解调器和 ADSL 服务。
4. 简述光纤同轴电缆混合网（HFC）的工作原理。
5. 下列关于光纤同轴电缆混合网（HFC）的描述中，错误的是（   ）。
    a．HFC 是一个双向传输系统
    b．HFC 光纤结点通过同轴电缆下一引线为用户提供服务
    c．HFC 为有线电视用户提供了一种 Internet 接入方式
    d．HFC 通过 Cable Modem 将用户计算机与光缆连接起来

【提示】线缆调制解调器（Cable Modem）是专门为利用有线电视网进行数据传输而设计的，它把用户计算机与有线电视同轴电缆连接起来。因此选项 d 是错误的。

6. FTTx+LAN 业务是一种利用（   ）接入技术，从城域网的结点经过网络交换机和集线器将网线直接接入用户家，形成大规模的高速局域网，通过宽带资源共享方式，为用户提供 FTTx，网线到用户的宽带接入业务。
    a．光纤   b．Ethernet   c．普通电话线   d．同轴电缆

【提示】参考答案是选项 b。

7. IP 接入业务按接入速率分为窄带 IP 接入和宽带 IP 接入，其中宽带 IP 接入根据接入技术不同分为 xDSL、FTTx+LAN 和（   ）等有线接入业务。
    a．双绞铜线   b．Bluetooth   c．GPRS   d．Cable Modem

【提示】参考答案是选项 d。

8. HFC 网络是在原有 CATV 网络基础上进行双向改造而成的，即在干线部分用光传输系统代替 CATV 中的同轴电缆；在用户分配网仍保留同轴电缆网络结构，但放大器改成双向的放大器。通常由头端、光纤干线网、配线网和（   ）组成。
    a．双绞线   b．下引线   c．载波线路   d．架空明线

【提示】参考答案是选项 b。

9. Cable Modem 的功能包括（   ）。
    a．信号的调制与解调   b．理论上讲能够扫描所有的上行频道和下行频道
    c．提供与用户终端的接口   d．在任意时刻都可向头端发送数据

【提示】参考答案：此题是多选题，选项 a、b 和 c 都正确。

补充练习

1. 研究线缆调制解调器技术的发展过程。总结你的发现。
2. 在互联网上查找 ADSL 论坛站点，研究 ADSL 的发展及应用。

第五节　SONET/SDH

在光纤接入网技术中，有源光网络的同步光网络应用最为广泛。同步光网络是使用光纤进行数字化信息通信的一个标准，它包含了同步光纤网（Synchronous Optical Network，SONET）和同步数字系列（Synchronous Digital Hierarchy，SDH）两种技术体制，常用于物理层架构和同步机制。SONET 是由美国国家标准化组织发布的美国标准版本，应用于美国和加拿大；SDH 是由国际电信联盟颁布的国际标准版本，SDH 应用于世界其他国家。SONET 与 SDH 仅有细微的差别，基本可以同等看待。SONET/SDH 可以为互联网服务提供商和最终用户带来多种优势，深受用户欢迎。

学习目标

▶ 掌握构成 SONET/SDH 体系结构的协议；
▶ 了解在基于 SONET/SDH 的网络中常用的设备。

关键知识点

▶ SONET/SDH 用光载波（OC）/同步传输信号（STS）表示数据速率描述符。

SONET/SDH 标准

在公用长途网络中有时候已经使用了光纤。第一代光纤链路本质上是完全专有的，包括其体系结构、设备、协议、多元帧格式等。同步光纤网（SONET）和同步数字系列（SDH）是一组有关光纤通道（又称光纤信道）的同步数据传输的标准协议。SONET 使用光载波（OC）作为光纤通道的数据速率描述符，使用同步传输信号（STS）作为电信道速率描述符；而 SDH 使用同步传输模式（STM）作为光纤通道的数据速率描述符。

SONET 定义的接口标准位于 OSI 参考模型的物理层，这个标准定义了接口速率的层次，并且允许数据以多种不同的速率进行多路复用。SONET 建立了一个以 OC 为单位的传输速率衡量标准，基本的速率为 51.84 Mb/s。由于不同国家的数字传输系统和光纤系统采用的实际传输速率各不相同，因此，采用 SONET 可以使这些系统之间在数据范围内更加容易地进行互联互通。

SONET 规范定义了一个信号分层结构，类似于 T 载波的分层结构，但 SONET 分层扩展到了大得多的带宽。基本构建块是 51.84 Mb/s 的 1 级同步传输信号（STS-1），它被用来容纳一个 DS3 信号。这个分层结构定义到了 STS-48，即 48 个 STS-1 信道，总共 2 488.32 Mb/s，能承载 32 256 个语音线路。STS 这个符号只用在电信号接口中。光信号标准被相应地指定为 OC-1、OC-2 等。现在，OC 速率可高达 OC-768，即 40 Gb/s。

SONET 最初是美国标准，后来并入了同步数字系列（SDH）。SDH 是由 CCITT 和许多国际的邮政、电话和电报（PTT）公司发展起来的。进行标准化的原因是想将前面提到的 3 个标准合并成一个世界范围的网络标准。SONET/SDH 是一个满足世界范围标准化需求的标准。目前，常用的 SONET/SDH 传输速率如表 6.3 所示。

表 6.3　SONET/SDH 传输速率

SONET 信号	传输速率/（Mb/s）	SDH 信号	SONET 性能	SDH 性能
STS-1 和 OC-1	51.840	STM-0	28 个 DS-1 或 1 个 DS-3	21 个 E1
STS-3 和 OC-3	155.520	STM-1	84 个 DS-1 或 3 个 DS-3	63 个 E1 或 1 个 E4
STS-12 和 OC-12	622.080	STM-4	336 个 DS-1 或 12 个 DS-3	252 个 E1 或 4 个 E4
STS-48 和 OC-48	2 488.320	STM-16	1 344 个 DS-1 或 48 个 DS-3	1 008 个 E1 或 16 个 E4
STS-192 和 OC-192	9 953.280	STM-64	5 376 个 DS-1 或 192 个 DS-3	4 032 个 E1 或 64 个 E4
STS-768 和 OC-768	39 813 120	STM-256	21504 个 DS-1 或 768 个 DS-3	16 128 个 E1 或 256 个 E4

另外一些传输速率的定义，如 OC-9、OC-18、OC-24、OC-36、OC-96 及 OC-768，可参照相关标准文档，但使用并不普遍。

SONET/SDH 高速链路的真正替代者是新版本的以太网，特别是城域以太网。SONET/SDH 的 T1（1.544 Mb/s）或者 E1（2.048 Mb/s）可用于本地环路。即使在骨干网中，基于铜线的技术也已被 SONET/SDH 光纤承载技术所替代。

SONET/SDH 的层次结构

SONET/SDH 是物理层的标准，处理数据位的传输。图 6.12 示出了 SONET/SDH 结构和 OSI 参考模型物理层的关系。SONET/SDH 物理层分为路径层、线路层、分段层和光子层 4 个层。

路径层

路径层是端到端管理和数据传递的逻辑连接。该层是 DS-3、FDDI 或其他协议在 SONET/SDH 网络中的映射点。它的功能在概念上类似于网络层协议，主要处理路径端接设备（PTE）之间的业务传输。

路径层是 SONET/SDH 中的服务访问。通过一部分被称为路径开销（POH）的保留带宽，路径层负责在网络部件间完成下列功能：

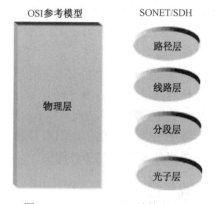

图 6.12　SONET/SDH 结构和 OSI 参考模型物理层的关系

- ▶ 服务的映射和传输；
- ▶ 设备状态；
- ▶ 连接；
- ▶ 差错监控；
- ▶ 用户定义的功能。

路径端接设备（PTE）包括发起和结束传输服务的网络部件。像 SONET/SDH 数字交叉连接（DCS）系统之类的 PTE，用来读取、解释并修改路径开销。定位或映射到 STS-1 路径层的服务被称为净荷。在同步净荷包（SPE）容量范围内，净荷可放置在任何位置。路径开销（POH）驻留在净荷中。

线路层

线路层负责在传输介质（通常是光缆）上可靠地传输路径层的净荷和路径开销。在线路层运行的网络部件称为线路端接设备（LTE）。线路层为路径层的净荷和路径开销提供了下列 LTE 到 LTE 的功能：

- ▶ 同步；
- ▶ 净荷定义；
- ▶ 多路复用；
- ▶ 差错监控；
- ▶ 自动保护交换（APS）。

这些功能是由 STS 中的称为线路开销（LOH）的一部分带宽完成的。LOH 可以被任何可以终止这一层的设备读取、解释和修改。线路端接设备（LTE）的例子有 SONET/SDH 光纤多路复用器，包括分插复用器（ADM）。在同一台机器中，可以同时包含 LTE 和 PTE，或者 PTE 可以驻留在另一个位置。值得注意的是，PTE 也是 LTE。

分段层

分段层提供类似于 OSI 参考模型数据链路层的功能。分段层负责在光纤上传输 STS-N。这一层的网络部件叫作分段端接设备（STE）。通过使用被称为分段开销（SOH）的一部分 STS-1 的保留带宽，分段层可执行下列 STE 到 STE 的功能：

- ▶ STS 验证；
- ▶ 组帧；
- ▶ 加密；
- ▶ 差错监控；
- ▶ 用户定义的功能。

SOH 由可终止这一层的所有设备读取、解释和修改。PTE 和 LTE 也是 STE。SONET/SDH 再生器就是 STE 网络部件的例子。

光子层

光子层负责光纤上数据流的传输。这一层将传输的电信号转换成光信号，并执行相反的过程。收发器（Transceiver）就是一种把电信号转换为光信号的设备。光设备在这一层进行通信，没有开销。这一层的主要功能是加密，并将电形式的 STS-N 帧转化为光脉冲（如 OC-N），以便在光纤上传输。加密延长了激光发射器的使用寿命。这一层需要监控的有：光脉冲成形、功率水平和波长。

SONET/SDH 多路复用

SONET/SDH 使用 STS-1 的位速率（51.84 Mb/s）作为基本构件块。更高的传输速率是 STS-1 速率的倍数。图 6.13 示出了 SONET STS-3 的基本多路复用结构。从 DS-0 到宽带 ISDN（B-ISDN）的任意类型的服务都能被服务适配器接收。适配器将信号映射到 STS-1 的净荷信息包中。通过在 SONET/SDH 网络边缘上增加新的服务适配器，就可以传输新的服务和信号。在这个例子中，3 个 STS-1 被多路复用成一个 STS-3，并转化成一个 OC-3 信号。

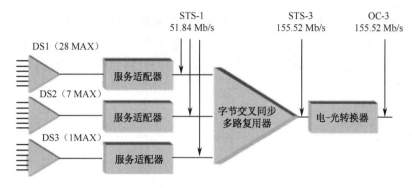

图 6.13　SONET STS-3 多路复用

每一个输入最终都转化成了一个同步 STS-1 信号（51.84 Mb/s）的基本格式或更高的格式。低速输入（如 DS-1）是被多路复用到虚拟支路上的第一位或第一字节，如图 6.14 所示。然后几个同步 STS-1 经过一级或两级多路复用，形成一个 STS-N 电信号。

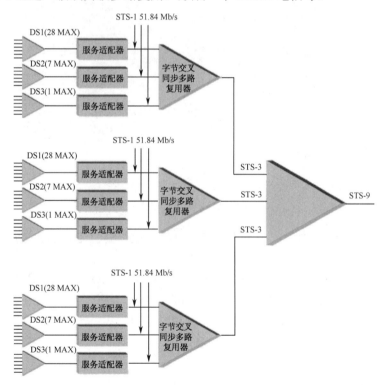

图 6.14　SONET/SDH 同步多路复用

STS 多路复用是在字节交叉同步多路复用器上完成的。字节以使低速信号可见的格式相互交叉。接着再实现从电信号到光信号（即 OC-N 信号）的转换。

多个 STS-1 帧能被多路复用在一起，形成更高速的信号。

SONET/SDH 帧格式

STS 和 STM 的帧结构不同，在此只讨论 STS-1 帧结构。STS-1 帧格式如图 6.15 所示。该帧可以分成两部分：传输开销和 SPE。SPE 又分成两部分：STS POH 和净荷。净荷是在 SONET/SDH 网络上传输和路由的用户数据。净荷被多路复用而构成净荷包后，就可以不被中间结点解释而直接在 SONET 上传输和交换。因此，SONET/SDH 据说是服务独立或服务透明的。STS-1 净荷的传输能力可达到：

- 28 个 DS-1；
- 14 个 DS-1C；
- 7 个 DS-2；
- 1 个 DS-3；
- 21 个 CEPT1（E1 型信号）。

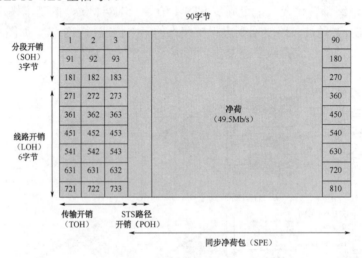

图 6.15 STS-1 帧格式

一个数据帧从字节 1 开始，从左到右一字节一字节地传输，直至传输完字节 810。整个帧的传输需要 125 μs。

一帧中的每一分段对应着 STS-1 帧的特定"头"。LOH 与 SOH 组合成为传输开销（TOH）。图 6.16 示出了 SONET/SDH 网络的分段、线路和路径部分。每一部分都加入了开销，以便简化多路复用和减少电路维护。从头至尾都带着路径层开销。其中转发器又叫作再生器。

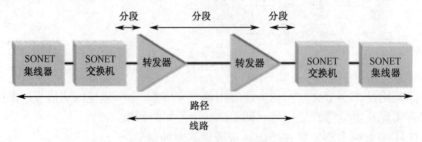

图 6.16 SONET/SDH 配置示例

SONET/SDH 也定义了 STS-1 子层，称之为虚拟分支（VT）。表 6.4 所示定义了 4 种 VT

速率。VT 可看作以 SONET/SDH 为基础的系统输入。

表 6.4 VT 速率

类型	传输	VT 速率/（Mb/s）
VT1.5	1 个 DS-1	1.728
VT2	1 个 CEPT1	2.304
VT3	1 个 DS1C	3.456
VT6	1 个 DS-2	6.912

在一个 STS-1 帧中，每一条 VT 占据一列数字。在 STS-1 帧内，许多 VT 组能混合在一起，形成一个 STS-1 净荷，如图 6.17 所示。

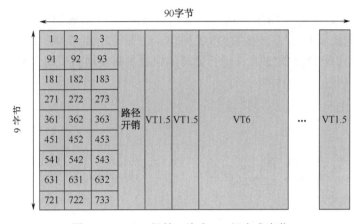

图 6.17 STS-1 组帧：许多 VT 混合成净荷

同步是数字通信的关键技术之一。SONET VT 需要时钟信号用于数据流同步。同步与异步多路复用技术是将 DS1 信号组合成为更高速率数据流的两种主要方法。SONET/SDH 使用同步多路复用技术。为了更好理解 SONET/SDH 的同步多路复用系统，先考虑异步多路复用技术。异步多路复用器将 DS1 组合成为 DS2，然后再组合成为 DS3。由于参考时钟在各个电路间可变，多路复用技术必须允许这种改变。异步多路复用通过使用称之为"位填充"的方法来实现。为了访问各个 DS 信号，接收机必须首先解复用，并删去填充的位等。SONET/SDH 同步多路复用技术将 DS VT 组合成为 STS-1 SPE。因为多路复用是同步的，低速分支被复用在一起，并且在较高速率下可见。不需要对整个 STS-1 进行多路分解，就能把含有 DS-1 的 VT 单独抽取出来。

SONET/SDH 网络组件

在一个基于 SONET/SDH 的网络中，可能用到几种组件。一些较常见的组件有：
▶ 分插复用器（ADM）；
▶ 宽带 DCS（数字交叉连接交换机）；
▶ 宽波段 DCS；
▶ 端接多路复用器（TMUX）；

▶ 再生器。

一个分插复用器或多路分解器能将不同的输入多路复用成一个 OC-N 信号。它可用于终端站点或中间网络结点，可以像集线器那样配置，如图 6.18 所示。在一个分插点，只有那些需要存取的信号被分接或插入，其他通信流则继续直接通过，不需要特殊设备或额外处理。

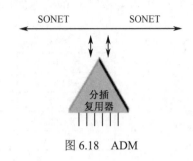

图 6.18 ADM

宽带 DCS 可以接收不同速率的光载波（OC），也可以访问 STS-1 信号，并在该层上进行交换。它最适合用于 SONET/SDH 集线器。SONET 宽带 DCS 如图 6.19 所示。交叉连接系统和分插复用器之间的一个主要区别，是交叉连接系统可以将更多的 STS-1 进行互连。

宽波段 DCS 类似于宽带 DCS 系统，只不过宽波段 DCS 系统的交换是在 VT 层完成的，如图 6.20 所示。宽波段 DCS 系统接收 DS-3 和 DS-1，只有所需的 VT 才被存取和交换，OC-N 信号保持不变，因而比宽带 DCS 允许进行更多的粒状多路复用/多路分解。宽波段 DCS 属于 PTE。

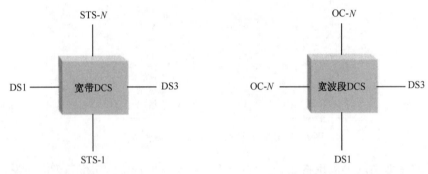

图 6.19 SONET 宽带 DCS　　　　图 6.20 SONET 宽波段 DCS

端接多路复用器（TMUX）是用来访问 SONET/SDH 网络的设备，如图 6.21 所示。TMUX 是一个路径终端设备（PTE），用作连接到 SONET/SDH 网络的接入点。

图 6.21 SONET/SDH 端接多路复用器

如果两个多路复用器之间的距离太长，在光纤中传输的信号有可能变得很弱，这时需要使用再生器。SONET/SDH 再生器如图 6.22 所示，它在设备之间的距离很长时用来放大 OC-N 光信号。再生器在接收到 STS-N 帧中将 SOH 替换掉，而对 LOH、POH 和净荷保持不动。因此，再生器属于 STE。

图 6.22 SONET/SDH 再生器

练习

1. 为什么选择 51.84 Mb/s 作为 SONET 的基本速率？
2. SDH 和 OC 之间的区别是什么？
3. 从计算机网络的角度来看，可将 SONET/SDH 归为 OSI 参考模型的哪一层？
4. 列出并简要描述 SONET/SDH 结构的 4 个协议层。
5. 按照 ITU-T 标准，传输速率为 622.080 Mb/s 的标准是（　　）。
    a. OC-3　　　　b. OC-12　　　　c. OC-48　　　　d. OC-192

【提示】无源光网络（PON）是 ITU 的 SG15 研究组在 G.983 建议《基于无源光网络的高速光纤接入系统》进行标准化的，该建议分为两部分：①OC-3，155.520 Mb/s 的对称业务；②上行 OC-3（155.520 Mb/s）、下行 OC-12（622.080 Mb/s）的不对称业务。参考答案是选项 b。

6. 按照同步光纤网（SONET）传输标准，OC-1 的数据速率为（　　）Mb/s。
    a. 51.84　　　b. 155.52　　　c. 466.96　　　d. 622.08

【提示】SONET 为光纤传输系统定义了同步传输的线路速率等级结构，其传输速率以 51.84 Mb/s 为基础，大约对应于 T3/E3 传输速率，此速率对电信号称为第 1 级同步传送信号即 STS-1。对光信号则称为第 1 级光载波即 OC-1。参考答案是选项 a。

补充练习

1. SONET/SDH 可支持哪些技术？有没有可能在 SONET/SDH 网络上承载语音会话？语音网络如何与 SONET/SDH 网络进行接口？IP 网络如何与 SONET/SDH 网络进行接口，采用什么设备？
2. 研究因特网主干网使用的物理层协议，并总结你的发现。

第六节　EPON/GPON

无源光网络（PON）是从 20 世纪 90 年代开始发展起来的技术。ITU（国际电信联盟）从有源光网络 APON（155 Mb/s）着手，推出 BPON（622 Mb/s），发展到了 GPON（2.5 Gb/s）。同时，在 21 世纪初，由于以太网技术的广泛应用，IEEE 也在以太网技术上发展了 EPON 技术。目前用于宽带接入的 PON 技术主要为 EPON 和 GPON。

本节主要讨论无源光网络（PON）中与 EPON/GPON 相关的物理层技术。

学习目标

▶ 了解 EPON/GPON 协议标准；
▶ 了解 EPON/GPON 控制协议栈结构。

关键知识点

▶ EPON/GPON 为很多应用提供了相对高速的连接。

EPON/GPON 标准简介

无源光网络（PON）的概念是英国电信公司的研究人员于 1987 年最早提出的。PON 是一种应用光纤的接入网，因为它从光线路终端（OLT）一直到光网络单元（ONU）之间没有任何使用电源的电子设备，所用的器件包括光纤、光分器等，都是无源器件，所以被称为"无源"光网络。PON 发展至今，有已经标准化的基于 ATM 的无源光网络（APON）及基于 IP 的无源光网络（如 EPON、GPON）等类型。

随着 IP 技术的不断完善，大多数运营商将 IP 技术作为主要承载技术，使得 ATM 完全退出了局域网。在这种背景下，出现了由国际电信联盟（ITU）/全业务接入网论坛（FSAN）负责制定替换 APON 的 GPON（千兆无源光网络）标准，以及由 IEEE 802.3ah 负责制定的 EPON（以太网无源光网络）标准。目前，PON 规范主要为 EPON 和 GPON。

IEEE 802.3ah

自 2000 年起，IEEE 成立了第一英里以太网（EFM）任务组，致力于研究使用以太网实现广域网接入，包括三种物理层：铜缆以太网（EoVDSL），750 m 距离内传输速率达到 10 Mb/s；点到点光纤以太网，10 km 距离内传输速率达到 1 000 Mb/s；点到多点光纤以太网，10 km 距离内传输速率达到 1 000 Mb/s。2001 年，该任务组成立了第一英里以太网联盟（EFMA），相继推出了系列标准。

2004 年 6 月，IEEE 802.3 EFM 工作组发布了 IEEE 802.3ah 标准（2005 年被并入 IEEE 802.3-2005 标准），即以太网无源光网络（EPON）标准。在该标准中将以太网和 PON 技术相结合，在无源光网络体系架构的基础上，定义了一种新的、应用于 EPON 系统的物理层（主要是光接口）规范和扩展的以太网数据链路层协议，以实现在点到多点的 PON 中以太网帧的 TDM 接入。

在物理层，IEEE 802.3-2005 规定采用单纤波分复用技术（下行 1490 nm，上行 1310 nm）实现单纤双向传输，同时定义了 1000 BASE-PX-10 U/D 和 1000 BASE-PX-20 U/D 两种 PON 光接口，分别支持 10 km 和 20 km 的最大距离传输。在物理编码子层，EPON 系统继承了千兆以太网的原有标准，采用 8B/10B 线路编码和标准的上下行对称 1 Gb/s 数据速率（线路速率为 1.25 Gb/s）。

EPON 的 MAC 层采用 IEEE 802.3 的 CSMA/CD，而其余主要参考 ITU-T G.983。EPON 开发了支持点到多点（P2MP）网络中多点 MAC 控制协议（Multi-Point Control Protocol，MPCP）。MPCP 主要处理 ONU 的发现和注册，多个 ONU 之间上行传输资源的分配、动态带宽分配（Dynamic Bandwidth Allocation，DBA），统计复用的 ONU 本地拥塞状态的汇报等。这使得它可以像 APON 那样，下行采用广播，而上行使用 TDMA。在下行时，OLT 为已经注册的 ONU 分配逻辑链路标识（LLID），ONU 只接收与自己 LLID 相符的下行数据帧。上行时，ONU 只在 OLT 分配的时间窗口才能发送数据。EPON 使用 CSMA/CD 进行数据帧封装，这使得它可以支持变长的数据帧，而不是 ATM 那样只能发送固定大小的信元。此外，EPON 还定义了一种 OAM（操作、管理和维护）机制，以实现必要的操作、管理和维护功能。

IEEE 802.3ah 协议主要用于以太网"最后一公里"上的设备管理和链路管理。EPON 具有如下技术特点：

- 以太网是承载 IP 业务的最佳载体；
- 维护简单，容易扩展，易于升级；
- EPON 设备成熟可用，EPON 在亚洲已经铺设了数百万线，第三代商用芯片已经推出，相关光模块、芯片价格都有大幅下降，达到了规模商用水平，能够满足近期宽带业务的要求；
- EPON 协议简单且实现成本低，设备成本低，在城域接入网需要最合适的技术，而不是最好的技术；
- 适合我国实际，2008 年始我国大力发展 EPON 技术；
- 更适合未来，IP 承载所有业务，以太网承载 IP 业务。

IEEE 802.3av

在 IEEE 802.3ah 定义的 EPON 中，EPON 上行和下行可达 1.25 Gb/s，由于物理编码子层采用 8B/10B 编码，因此可以实现 1 Gb/s 的数据传输速率。虽然这个性能看起来已经挺好，但随着 ITU-T GPON 标准的推出和不断进步，EPON 面临着巨大压力。在 2009 年，EFMA 推出了 IEEE 802.3av，即 10 Gb/s 以太网无源光网络（10G EPON）标准。10G EPON 是一个向后兼容 IEEE 802.3ah 标准的 EPON，支持更高效的 64B/66B 编码。

10G EPON 定义了上下行对称（PR-type）和不对称（PRX-type）两种架构，前者上行和下行都可达 10 Gb/s，后者上行 1.25 Gb/s、下行 10 Gb/s。GPON 具有如下技术特点：

- 是面向电信运营的接入网；
- 带宽高，下行线路速率为 2.488 Gb/s，上行线路速率为 1.244 Gb/s；
- 传输效率高，下行为 94%（实际带宽达 2.4 Gb/s）上行为 93%（实际带宽达 1.1 Gb/s）；
- 业务支持全，G.984.x 标准严格定义了支持电信级全业务（语音、数据和视频）；
- 管理能力强，具有丰富的功能，在帧结构预留了充分的 OAM 域，并制定了 OMCI 标准；
- 服务品质高，多种 QoS 等级，可严格保证业务的带宽和延迟要求；
- 综合成本低、传输距离远、分光比高，有效分摊 OLT 成本，降低用户接入成本。

PON 技术标准的进一步发展

EPON 是基于千兆以太网的无源光网络，继承了以太网的低成本和易用性以及光网络的高带宽，是 FTTH 中性价比最高的一种。EPON 的产业联盟从 EPON 的核心芯片、光模块到系统，产业链已经成熟。而 GPON 在技术上略具优势，它能支持多种速率等级，可支持上下行不对称速率，与 EPON 只能支持对称 1 Gb/s 单一速率相比，GPON 光器件选择余地更大，而在总效率和等效系统成本方面也有相当大的优势。

目前，10G EPON 尚未大规模商用，但 10 Gb/s 以上速率的 PON 技术是近几年 ITU-T 和全业务接入网论坛（FSAN）研究的重点和热点。XG-PON1 的相关技术标准已经趋于成熟，XG-PON1 之后的 NG-PON2 标准框架也已基本完成。向多波长扩展是新技术研究的重点，FSAN 已经明确 TWDM-PON 是未来 NG-PON2 的技术选择，但在 ITU-T SG15 中规范多种技术的 G.multi 标准也已基本完成，这说明有关多波长扩展的多个技术流派之争尚未结束。

EPON/10G EPON 控制协议栈

PON 的复杂性在于信号处理技术。在下行方向，交换机发出的信号是广播式发送给所有用户。在上行方向，各 ONU 必须采用某种多址接入协议如时分多路访问（TDMA）协议才能完成共享传输通道信息访问。

万兆以太网的物理（PHY）层规范和所支持的光学部件部分在 IEEE 802.3ae 中定义。在以太网标准中，光学部件部分被称为物理介质关联（Physical Media Dependent，PMD）接口。图 6.23 示出了对称结构 10G EPON 的多点 MAC 控制协议栈与 OSI 协议栈的对应关系。它的物理层包括 4 个服务子层，从下至上分别是物理介质关联（PMD）子层、物理介质附属（PMA）子层、前向纠错（FEC）子层和物理编码（PCS）子层。

- PMD 子层是 LAN CSMA/CD 分层模型中物理层的最低层，其功能是支持在 PMA 子层和传输介质（光纤）之间通过介质相关接口（MDI）交换串行化的符号代码位。
- PMA 子层提供了 PMD 子层与上层之间的串行化服务接口。
- FEC 子层提供前向纠错服务。
- PCS 子层位于协调子层（Reconciliation Sublayer，RS）和 FEC 子层之间，负责将以太网 MAC 层功能映射到物理层。PCS 子层和 RS 通过万兆介质独立接口（XGMII）通信。如果是 1.25 Gb/s 的 EPON 通信，就使用介质独立接口（GMII）。

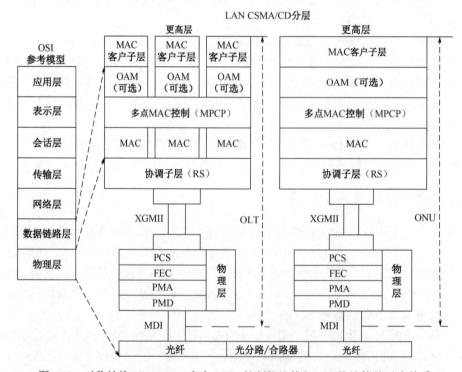

图 6.23 对称结构 10G EPON 多点 MAC 控制协议栈与 OSI 协议栈的对应关系

10G EPON 技术向后兼容，支持高效的 64B/66B 编码，使得 10G EPON 与 EPON（1 Gb/s）的光网络单元 ONU 可以共存于一个光配线网中，这样可以在持续提升接入宽带的同时，最大限度地保护运营商的投资。

GPON

2002 年，FSAN 提出了千兆无源光网络（GPON）的概念，在此后几年内，GPON 被 ITU-T 接纳并发展为 G.984.x 系列标准。目前，已有 G.984.1～G.984.7 几个标准。GPON 的参考模型结构如图 6.24 所示。其中，UNI 是用户网络接口，IF pon 为 PON 专用接口，SNI 是业务结点接口。ODN 是基于 PON 设备的 FTTH 光缆网络，其作用是为 OLT 和 ONU 之间提供光传输通道，主要的无源光元件有：单模光纤和光缆、无源分路元件又称无源光分路器（POS）、无源光衰减器、光纤配线架（ODF）、光缆交接箱、分支接头盒、分纤盒、用户智能终端等。

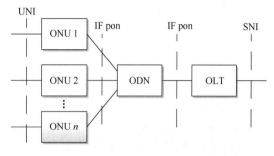

图 6.24　GPON 的参考模型

ODN 的配置通常为点到多点方式，即多个 ONU 通过 ODN 与一个 OLT 相连。这样，多个 ONU 可以共享同一光传输介质和光电器件，从而节约了成本。点到点配置，即一个 ONU 与一个 OLT 相连的形式可以看作上述点到多点方式的特例或子集，此时不需要光分路器。纯粹点到点连接方式的 ODN 又称为无源光网络（PON），PON 也可以看作 ODN 的子集。

GPON 沿用了 APON 的许多成果，即采用 WDM 模式进行数据传输（上行数据使用 1310 nm 波长，下行数据使用 1490 nm 波长），并使用 1550 nm 波长来支持视频传输等业务，采用下行广播/上行 TDMA 模式、动态带宽分配、测距、保护倒换等。它的帧传输频率与 TDM 一样，都是 8 000 帧/秒，这使得 GPON 在支持 TDM 业务方面更具有优势。

EPON 以兼容以太网技术为目的，是 IEEE 802.3 协议在光接入网上的延续，充分继承了以太网价格低、协议灵活、技术成熟等优势，具有广泛的市场和良好的兼容性。而 GPON 定位于电信业面向多业务、具备 QoS 保证的全业务接入的需求，努力寻求一种最佳的、支持全业务的、效率最高的解决方案，提出"对全部协议开放地进行完全彻底的重新考虑"。

练习

1. IEEE 802.3ah 定义了一系列全双工的 MDI 接口，分别是（　　）。
    a. 单模光纤 P2P 模式　　　　　　b. 单模光纤 P2MP 模式
    c. 市话铜缆模式　　　　　　　　d. 用户驻地网铜缆模式

【提示】参考答案：此题是多选题，选项 a、b、c 和 d 均正确。

2. 工作组以太网用于接入网环境时，需要特别解决的问题有（　　）。
    a. 以太网远端馈电　　　b. 接入端口的控制
    c. 用户间的隔离　　　　d. MAC 层的机制

【提示】　参考答案：此题是多选题，选项 a、b 和 c 均正确。

3. 下列属于 GPON 关键技术的是（　　）。
    a. 测距技术　　　　　　b. 光模块突发控制　　　　　c. 下行 AES 加密

  d. GPON 保护   e. 上行动态带宽分配

【提示】 参考答案：此题是多选题，选项 a、b、c 和 d 都正确。

4. 以下对 GPON 系统传输机制描述正确的是（ ）。

  a. 下行广播，上行 CSMA/CD b. 下行广播，上行 TDMA
  c. 上行广播，下行 CSMA/CD d. 上行广播，下行 TDMA

【提示】参考答案：选项 b。

5. 1:16 的光分器，光功率损耗约为（ ）dB。

  a. 9   b. 12   c. 15   d. 18

【提示】参考答案是选项 b。

6. 每个 GPON 口下最多只能注册（ ）个 ONU。

  a. 32   b. 64   c. 128   d. 只要光功率允许就可以无限多个

【提示】参考答案是选项 c。

7. 在 GPON 网络中 OLT 发光波长是（ ）。

  a. 1310   b. 1490   c. 1550   d. 1590

【提示】参考答案是选项 b。

8. GPON 网络覆盖范围是（ ）km。

  a. 1   b. 5   c. 20   d. 100

【提示】参考答案是选项 c。

9. 以下哪项不是 GPON 分光比？（ ）

  a. 1:2   b. 1:5   c. 1:8   d. 1:64

【提示】参考答案是选项 b。

10. GPON 下行速率最高可达（ ）。

  a. 2.5 Gb/s b. 622 Mb/s c. 100 Mb/s d. 155 Mb/s

【提示】参考答案是选项 a。

11. 在 GPON 中上行数据流使用的（ ）技术。

  a. 时分多址 b. 波分复用 c. 频分复用

【提示】参考答案是选项 a。

12. 简述 IEEE 802.3ah 的应用模式。

【提示】用于接入主干线路，采用 P2P 光纤；用于分散的用户驻地网的接入，采用 P2MP 光纤；用于对称业务的接入，采用 P2P 市话铜线（SHDSL）；用于用户驻地网内部互连，采用 P2P 市话铜缆（VDSL）。

13. 简述光接入网的基本组成结构，以及各自的功能。

【提示】光网络单元（ONU），提供用户到接入网的接口和用户业务适配功能；光分配网（ODN），为 OLT 和 OUN 之间提供光传输技术，完成光信号功率的分配及光信号的分、复接功能；光线路终端（OLT），提供与中心局设备的接口，分离不同的业务。

14. APON 与 EPON 的主要的区别是什么？

【提示】EPON 和 APON 最主要的区别是帧结构和分组大小：EPON 分组长度可变，64～1518 B；APON 分组长度固定，53 B。

15. 请简述 DBA（Dynamically Bandwidth Assignment）的概念及作用。

【提示】DBA（动态带宽分配）是一种能在微秒或毫秒级的时间间隔内完成对上行带宽的

动态分配的机制。DBA 的作用：可以提高 PON 端口的上行线路带宽利用率；可以在 PON 口上增加更多的用户；用户可以享受到更高带宽的服务，特别是那些对带宽突变比较大的业务。

补充练习

调研 ITU-T 关于 PON 技术标准的发展现状，了解 GPON、XG-PON1 和 NGPON2 相关标准的制定情况。

第七节 卫星通信

卫星通信是宇宙无线通信的形式之一，它利用人造地球卫星作为中继站转发无线电波，在两个或多个地球站（又称地面站）之间进行通信。因此，卫星通信常常用于广域信息交换，特别是国家与国家之间的通信。在卫星通信系统中，比较典型的是卫星小数据站或称个人地球站，即众所周知的甚小口径地球站（VSAT）。

学习目标

- 了解 VSAT 技术最适于做什么；
- 掌握 VSAT 技术的优缺点。

关键知识点

- VSAT 技术为很多应用提供了相对高速的连接。

卫星通信关键技术

卫星通信具有覆盖范围广、受地理环境因素影响小等特点，从而使其成为当前通信领域中迅速发展的研究方向和现代信息交换强有力的手段之一。目前，新一代卫星通信网络正朝着更高速率、更大带宽的方向发展，并与地面通信网络联合组成全球无缝覆盖的信息交换网络。

卫星通信的关键是抛物面天线的设计。抛物面天线的形状意味着来自远方卫星的电磁能量将被反射至一个焦点。通过瞄准一个卫星的抛物面并在焦点处放一个探测器，就可确保收到强的信号。为了最大化接收信号，早期的卫星通信使用地球站，在地球站上装备直径超过 3 m 的大抛物面天线。随着 VSAT 技术的问世，一个重大变化就是抛物面天线的半径缩至 3 m 以下。典型 VSAT 的小口径天线直径小于 1 m。由于具有高可靠性、多样性和灵活性等特点，VSAT 技术可以作为其他通信方案节省成本的替代方案。

卫星频率范围

卫星通信是指利用人造地球卫星作为中继站转发无线电波，在两个或多个地球站之间进行的通信。它是微波通信和航天技术基础上发展起来的一门新兴的无线通信技术。在卫星传输中使用 3 种频率范围，包括：

- C 波段——上行链路频率为 6 GHz，下行链路频率为 4 GHz。
- Ku 波段——上行链路频率为 14 GHz，下行链路频率为 11 GHz。

▶ Ka 波段——上行链路频率为 30 GHz，下行链路频率为 20 GHz。由于 Ka 波段的频率较高，波长较短，所以用于这类系统的天线较小，也较便宜。

卫星的上行链路与下行链路频率不同，是为了防止相对高功率发射信号干扰低功率接收信号。如果较强的发射信号与接收信号共用同一频率，强信号将覆盖弱信号，从而破坏所携带信息。

卫星轨道

现在的商用通信卫星占用的是地球同步轨道，其轨道周期和地球表面某一点的周期是相等的。因此，卫星看起来是在地球上方的一个固定点上。卫星距离赤道地面的距离为 35 800 km。卫星的运行速度是 11 070 km/h。

到同步轨道的距离是卫星通信的主要限制。通过卫星链路进行传输的无线电信号的速度与光速一样（300 000 km/s）。在此速度下，一个信号从地面到达卫星或从卫星传回地面约需要 125 ms（即 1/8 s）。在使用卫星信道时，这 250 ms 的信号传输延迟是固有的，它相当于用地面链路传输信号延迟的好几倍。

通信卫星带宽

卫星可以提供与其他传输介质一样大或者更大的带宽。试想，单个彩电频道就占用 6 MHz 带宽。一般通信卫星上每个转发器（接收和重发信号的设备）可以提供 36 MHz 的带宽。一个典型的通信卫星带有 12 个或 24 个转发器，总带宽为 432 MHz 或 864 MHz。大多数卫星的每个 36 MHz 转发器只能容纳一个电视频道。这是由于 6 MHz 电视信号位于视频基带，用 18～27 MHz 的峰值频偏对传输载波进行频率调制。

卫星通信协议

卫星电路的特性对某些数据通信协议的效率甚至实用性的影响很大。其中两个很重要的因素是卫星信道固有的 250 ms 传输延迟和信道上较高的噪声。在这两个因素中，传输延迟的影响更大一些。

"滑动窗口"协议（如 X.25）运行在多种数据块还未处理和确认的情况下，不终止发送方的发送。最好的卫星传输协议是位串行（bit-serial）协议，如高级数据链路控制（HDLC）协议和 IBM 的同步数据链路控制（SDLC）协议。在这些协议中，传输单元是一个可变的帧，通常它们的长度很长。每帧都需要有从接收方发送过来的正确接收的确认信息。但是发送方可以持续地发送帧，直至达到每个帧中包含的计数器的门限值。

这个计数器定义了一个帧窗口（或模数），它随着每帧的传输而增加，代表了发送方在等待接收方传过来的确认前可以传输的帧的最大数目。这个最大数目等于窗口大小的值减去 1，大多数滑动窗口使用的窗口大小为 8。一个三位窗口（模为 8）的工作站可以连续发出 7 个未得到确认的数据帧。如果发送这些数据所需的时间少于卫星延迟时间的两倍（或者 0.48 s），发送方就会控制数据流量，信道上的有效数据速率就会降低。

在卫星通信中，最实用的帧窗口长度是 7 位（模为 128）。使用这种窗口的站点可以在收到确认信息前连续发送 127 帧。随着模值的增加，实际占用卫星信道传输的时间会同传输延迟成正比地增加。换句话说，信道的利用率是随帧窗口的增加而增加的。

在高层协议（如 X.25 定义的分组协议）中，传输延迟有同样的效果。这样的协议有一个与底层协议的帧窗口类似的分组窗口。以分组层协议为例,其延迟效应是相似的,但延迟加倍,因为高层分组可以包含大量的帧。

目前所有的数据通信协议都是通过重发被破坏的帧来解决传输中的错误的,即称作自动重发请求(ARQ)的协议。通过 ARQ,发送站会存储发送出去的每个帧,直到该站点接收到从接收站发送回来的对该帧的肯定确认。如果它在预定的时间段内没有收到肯定确认,它就自动重发该帧。有些协议只需要重发未确认的帧就可以了,另一些协议则要求把未确认的帧和从发送出去到超过重发时限之前的所有帧都重发,还有的协议要求重发包含有未被确认的帧的整个数据块。

由于存在卫星传输延迟,有些协议的窗口在确认信息还未到达发送站之前就会出现超时错误。因此这种协议不能用于卫星信道。对任何 ARQ 协议来说,等待确认的时间必须足够长,以足够容纳在卫星信道上所需的双向传输延迟。

卫星信道的固有噪声的影响,加重了 ARQ 协议的延迟问题,这是因为每个传输过程都必须增加至少一个双向延迟,在这段时间内,电路必须保持空闲状态。如果只用 ARQ 技术处理错误,则卫星电路的效率就会大大降低。因此,为了减少重发的次数,需要增加一级附加的错误保护。

幸运的是,在卫星信道上出现的噪声仅仅是一种随机的"白"噪声。(在地面上的电缆和微波信道中,大多数噪声是由传输数据过程中的偶然事件引起的。因此,如果有一位数据受到破坏,它周围的几位数据都有可能被相同的"线路干扰"破坏。)在卫星信道中,每一数据位出错的可能性同其他位出错的可能性是没有关系的。这种偶然性使得只要用统计的方式就可以很容易地纠正卫星传输错误。

大多数的卫星传输系统在前向纠错(FEC)中使用了一些统计技术。FEC 在移相键控(PSK)级和协议所需的帧编码或字符编码之间,又增加了一级数据编码。这个附加的编码增加了数据流的冗余信息,接收器可以在不需要重发的情况下就可以从该数据流中提取出原始数据,哪怕是原始数据被噪声改变了。在使用 FEC 的情况下,误码率可达 10^{-7}。换句话说,1 比特数据在接收时发生错误的概率是 1000 万(10^7)分之一。这种技术用于卫星数据传输已成为大势所趋,它将具有固有噪声的传输介质转变成利于数据传输的无噪声介质。

量子通信卫星

量子通信卫星就是通过卫星连接地面光纤量子通信网络,从而形成天地一体化的量子通信网络。量子通信卫星具有保密性超强(目前理论上不能破解)、量子传态等特点,是世界通信发展的方向。

量子通信是指利用量子纠缠效应进行信息传递的一种新型的通信方式。量子通信是近 20 年发展起来的新型交叉学科,是量子论和信息论相结合的新的研究领域。量子通信主要涉及:
- 量子密码通信;
- 量子远程传态;
- 量子密集编码等。

近年来,量子通信已逐步从理论走向实验,并向实用化发展。高效安全的信息传输日益受到人们的关注。基于量子力学的基本原理,并因此成为国际上量子物理和信息科学的研究热点。为构建天地一体化的量子保密通信与科学实验体系,我国于 2016 年 8 月 16 日 1 时 40

分成功将世界首颗量子科学实验卫星"墨子号"发射升空。"墨子号"卫星的成功发射和在轨运行，不仅将助力我国广域量子通信网络的构建，服务国家信息安全，还将开展对量子力学基本问题的空间尺度实验检验，加深人类对量子力学自身的理解。

卫星通信的特点

卫星通信具有不同于其他通信技术的特有属性。其中一些属性使得卫星对于某些特定的应用来说，更实际、更具有吸引力。卫星通信的优点包括：

- ▶ 大带宽——卫星信号的频率很高，能够承载大量的数据。
- ▶ 低差错率——在数字卫星信号中的比特错误几乎只是偶尔发生。因此，卫星系统用于检错和纠错，既有效又可靠。

卫星的某些缺点使其对于其他一些应用来说，不实用或不可用。这些缺点包括：

- ▶ 信号延迟——从地面到地球同步轨道上的一个卫星之间的遥远距离，意味着任何一路信号在卫星链路上传输，都有一个固有的传输延迟，大约是 250 ms（1/4 s）。这种延迟在语音通信中能够感觉到，并使得使用数据通信协议的卫星效率极低，因而这些协议不适用于卫星链路。
- ▶ 地球站规模——由于在一些频带范围内，卫星信号功率较低，再加上信号必须跨越很远的距离，因此在地面接收站产生的信号极弱。这些因素将会使地球站的天线直径很大，安装很复杂，除非在适当的位置使用新的、更大功率的卫星。
- ▶ 安全性——所有卫星信号都是以广播的形式传输的，因此只有在信号加密后，才有可能消除这种不安全性。一个卫星覆盖范围内的地面接收站只要适当地调整频率，就可以接收到这个卫星传输的任何信号。
- ▶ 干扰——Ku 波段或 Ka 波段的卫星信号很容易受坏天气的影响，特别是雨天和雾天。坏天气对 K 波段的干扰是偶发性的和不可预测的，它的持续时间是几分钟到几小时。而工作在 C 波段的卫星网络易受地球上的微波信号的干扰。地球微波对 C 波段的干扰限制了地球站在一些大的城市区域的设置，而这些大城市正是用户集中的地方。

卫星通信系统的上述利弊在很大程度上影响了专用网络对卫星系统的采用和选择。对卫星网络有需求的那些用户（例如，那些在地理上站点分散的网络和要求很大带宽的网络），将会对卫星通信比地面网络相对经济的特点感兴趣。

练习

1. GPRS 使用的网络设施有（　　）。
    a. GGSN　　　　b. AP　　　　c. PDSN　　　　d. 基站
    【提示】参考答案：此题是多选题，选项 a、d 正确。
2. 叠加在 GSM 网络上的 GPRS 网络结点是（　　）。
    a. GGSN　　　　b. SGSN　　　　c. MSC　　　　d. PSTN
    【提示】参考答案：此题是多选题，选项 a、b 正确。
3. 符合 3G 技术特点的有（　　）。
    a. 采用分组交换技术　　　　b. 适用于多媒体业务

  c. 需要视距传输   d. 混合采用电路交换和分组交换技术

【提示】参考答案：此题是多选题，选项 a、b 正确。

4. GPRS 使用的网络设施有（ ）。

  a. GGSN   b. AP   c. PDSN   d. 基站

【提示】参考答案：此题是多选题，选项 a、d 正确。

5. 卫星和 VSAT 技术在因特网连接中起什么作用？

补充练习

1. 基于 EPON/GPON，给出一个 FTTH 接入网方案。
2. 利用互联网，调查研究卫星通信系统的应用及发展现状。

本 章 小 结

  本章介绍了通过广域网传输信息时使用的一些物理层协议。当确定有关广域网的技术时，通常要在可用性、价格和性能之间进行折中。当选择一种广域网技术来满足给定的电信要求时，所使用的线路将决定广域网连接的有效选择。本章讨论的技术代表了许多用于广域网的点到点连接技术。

  根据电信公司所提供的服务，选定服务时常常要综合考虑服务成本和电信公司提供的带宽。一般而言，带宽越宽，服务费用就越高。例如，使用调制解调器和拨号网络要比使用 T1 服务便宜得多。但是 T1 所提供的带宽可能是拨号方案带宽的 50 倍（30kb/s 与 1.5 Mb/s）。

  接入技术为个体用户或小型企业机构提供了他们与互联网的连接。有多种接入技术可供选择，包括拨号连接、无线接入（使用射频或者卫星）和有线接入技术。目前流行的接入技术是 xDSL、HFC 和光纤接入网。随着互联网的发展，用户对网络速度的追求越来越高，光纤接入已经成为必然的趋势。其中，无源光网络（PON）中的 EPON、GPON 以其传输速率高、传输距离远、支持多种业务、QoS 和 OAM 能力强等优势成为主流技术。值得关注的是，IEEE 的 EPON 与 ITU-T 的 GPON 仍然在激烈竞争，两家都推出了 10 Gb/s 级别的 PON 标准，前者推出了 IEEE 802.3av，后者推出了 G.987.x 系列标准。G.987.x 系列标准（包括通用 OMCI 标准 G.988）被称为 10G GPON 或者 10GPON。

  与 GPON 相比，10G GPON 在传输速率、差分传输距离、分路比、光功率预算以及传输距离等方面都有明显提高。非对称模式 10G GPON 的传输速率，下行为 10 Gb/s，上行为 2.5 Gb/s；对称模式 10G GPON 的下行和上行传输速率都是 10 Gb/s。GPON 的差分传输距离最大可达 20 km，而 10G GPON 的差分传输距离最大可达 40 km。GPON 的分路比为 1:16、1:36 或者 1:64，而 10G GPON 可达 1:128 甚至更高。10G GPON 还提供了上行加密、下行组播加密等新的可选安全保障措施。10G GPON 继续保持了对 10G EPON 的优势，使得目前市场上 EPON 成为主流 PON 技术，并成为替代 xDSL 的主要解决方案。

  在点到点服务和交换服务中都使用这些技术。就像在下一章将要看到的那样，数据链路层协议使用这些物理层协议通过单一链路传输信息。例如，运行在 T1 上的帧中继是很常见的。

小测验

1. VSAT 是一种什么样的设备？（   ）
   a. 提供对卫星的连接 b. 提供对微波系统的连接
   c. 提供对 PBX 的连接 d. 提供对本地环路的连接
2. 部分 T1 线路是（   ）。
   a. 64 kb/s 信道 b. 58 kb/s 信道 c. T1 信道 d. T3 信道
3. 数字数据服务（DDS）使用下列哪种设备？（   ）
   a. 卫星通信设备 b. 数字调制解调器
   c. 模拟调制解调器 d. Codec
4. DTE 的特点是（   ）。
   a. 网络中的终端设备或结点 b. 高速交换机
   c. 由电话公司维护的通信设备 d. DSU/CSU
5. T1 等同于（   ）。
   a. DS-0 b. ISDN 基速率 c. DS-1 d. E1
6. 通过 T1 信道传输数据的速率通常为 56 kb/s 的原因是（   ）。
   a. T1 信道的一部分用于传输语音通信的带内控制信号
   b. 56 kb/s 是通过 T1 进行数据通信的最高理论速率
   c. T1 只能以 56 kb/s 速率传输信息 d. 这是使用 T1 信道的最有效方式
7. 下列哪个是光纤技术？（   ）
   a. T3 b. T1 c. SONET d. 以太网
8. 多路复用器用来（   ）。
   a. 将低速输入信号映射成高速输出信号 b. 将模拟信号转换为数字信号
   c. 将高速输入信号映射成低速输出信号 d. 将数字信号转换为模拟信号
   e. 以上都不对
9. SONET/SDH 的基本构建块是（   ）。
   a. STS-1 b. 51.84 Mb/s c. 48 kb/s d. 64 kb/s e. a 和 b 都对
10. STS 信号和 OC 信号之间的主要区别是（   ）。
    a. 一个数字的，另一个是模拟的 b. 一个是低速的，另一个是高速的
    c. 一个是电子的，另一个是光的 d. 一个是二进制的，另一个是八进制的
11. STS 净荷可以传输（   ）。
    a. 28 路 DS-1 b. 1 路 DS-3 c. 28 路 T1 d. 1 路 T3 e. 以上都对
12. 以下哪 3 项是 CSU 的功能？（   ）
    a. 阻抗匹配 b. 保持激活 c. 再生 d. 回送
13. 编码信号中包含正电压、零和负电压，称之为（   ）。
    a. B8XS b. AMI c. DXI d. ESF
14. 以下哪 2 项是双极破坏点（BPV）的例子？（   ）
    a. 0000001 b. 011（第一个"1"为 +5 V，第二个"1"为 -5 V）
    c. 000101（"1"均为 +5 V） d. 10001（"1"均为 -5 V）

15. GPON 的三大优势是什么？（　　）
  a. 更远的传输距离：采用光纤传输，接入层的覆盖半径 20 km
  b. 更高的带宽：对每用户下行 2.5 Gb/s、上行 1.25 Gb/s
  c. 更高的带宽：对每用户下行 1.25 Gb/s、上行 1.25 Gb/s
  d. 分光特性
16. T1 载波每个信道的数据速率为 (1)　　，T1 信道的总数据速率为 (2)　　。
  （1）a. 32 kb/s b. 56 kb/s c. 64 kb/s d. 96 kb/s
  （2）a. 1.544 Mb/s b. 6.312 Mb/s c. 2.048 Mb/s d. 4.096 Mb/s

【提示】在电信数字通信系统中广泛使用脉冲编码调制（PCM）技术。模拟电话的带宽为 4 kHz，根据奈奎斯特定理，编解码器（Coder-decoder）采样频率需要达到每秒 8 000 次，编码解码器每次采样就生成一个 8 比特的数字信息。因此，一个模拟电话信道在数字化后对应一个 64 kb/s 的数字信道，这种信道称为"DS0"（Digital Signal 0，数字信号 0）。

  T1 是 T 载波通信系统的基础，也称为"一次群"。它由 24 个 DS0 信道多路复用组成，每秒 8 000 帧。在一帧中为每个信道依次分配 8 比特，每帧还需要 1 比特用于分帧控制。因此 T1 的帧大小为 24×8+1=193（比特），数据速率为 193×8000=1.544（Mb/s）。

  参考答案：(1) 选项 c；(2) 选项 a。

17. HFC 接入网采用（　　）传输介质接入住宅小区。
  a. 同轴电缆 b. 光纤 c. 5 类双绞线 d. 无线介质

【提示】HFC 是将光缆敷设到小区，然后通过光电转换结点，利用有线电视 CATV 的总线式同轴电缆连接到用户，提供综合电信业务的技术。这种方式可以充分利用 CATV 原有的网络。参考答案是选项 b。

18. 按照美国制定的光纤通信标准 SONET，OC-48 的线路速率是（　　）Mb/s。
  a. 41.84 b. 622.08 c. 2 488.32 d. 9 953.28

【提示】根据常用 SONET/SDH 传输速率（参见表 6.3）。参考答案是选项 c。

第七章 数据链路层广域网协议

广域网（WAN）的数据链路层协议的主要功能是封装用户数据（净荷），以便在广域网传输介质上传输。这些协议定义的数据链路特征有：物理地址、错误检测、排序、流量控制和网络层协议标记。一般来说，所用的封装协议依赖于所采用的广域网技术、通信设备和协议需要支持的服务。例如，如果用户订购了租用线路，那么可能包括的协议有 HDLC（高级数据链路控制）、SLIP（单行线路互联网协议）、PPP（点到点协议）等。

数据链路访问和控制的许多概念都是计算机网络的重要内容。ISO 和 ITU-T（原 CCITT）在数据链路层协议的标准制定方面做了大量工作，各大公司也形成了自己的标准。数据链路层协议是为收发对等实体间保持一致而制定的，也是为了顺利完成对网络层的服务。数据链路层协议可划分为"面向字符"和"面向比特"两种类型。前者以字符为传输的基本单位，用 10 个专用字符控制传输过程；后者以比特作为传输的基本单位，其传输速率较高，广泛应用于公共数据网。HDLC 就是一种应用很广的面向比特的数据链路控制协议。

本章首先讨论数据链路控制机制，包括滑动窗口协议、停止等待协议；然后介绍广域网环境下常用的一些协议（包括 HDLC、SLIP 和 PPP），以及连接到因特网在链路层可能要用到的协议，如 xDSL（x 数字用户线）、HFC（混合光纤同轴电缆）网络、EPON（以太网无源光网络）和 GPON（千兆无源光网络）等。

第一节 数据链路控制

物理层为数据链路层提供了一组虚拟的比特管道。那么，在这样的比特管道上如何形成一条可靠的业务通道为上层提供可靠的服务呢？也就是说，为了在 DTE 与网络之间或 DTE 与 DTE 之间有效、可靠地传输数据信息，必须在数据链路层对数据信息的传输进行控制。

为了在数据链路层形成一条可靠的业务通道，需要解决许多问题。首先要解决如何标识高层送下来的数据块（分组）的起止位置；然后要解决如何发现传输中的比特错误；最后要解决当发现错误后，如何消除这些错误。数据链路层的基本功能就是解决这些问题。

学习目标

- 掌握广域网数据链路方法，以及数据链路层的基本功能和协议；
- 了解电路交换网络与分组交换（又称包交换）网络的区别。

关键知识点

- 数据链路层报头用于通过链路传输广域网帧。

数据链路层的功能

数据链路层位于 OSI 参考模型的第 2 层，介于物理层和网络层之间，旨在实现网络上两个相邻结点之间的无差错传输。为了完成在不太可靠的物理链路上实现可靠的数据帧传输任务，数据链路层需要具备以下具体功能：

1. 组帧（Framing）

数据链路层将来自网络层的比特流划分成易处理的数据单元——帧。一个帧中包括地址信息、控制信息、数据和校验信息几部分。由帧头和帧尾来标识帧的开始和结束，而且包含帧序号。当出现传输差错时，只需将有差错的帧重传即可，避免了将全部数据都进行重传，因此也称为帧控制或帧同步。帧结构由数据链路层协议规定。

2. 流量控制（Flow Control）

如果接收结点接收数据的速率小于发送结点发送的速率，数据链路层就会采用流量控制机制，以避免接收结点缓冲区溢出。

3. 差错控制（Error Control）

差错控制实际指的是差错检错及纠错。数据链路层采用了一定的纠错编码技术进行差错检测，对接收正确的帧进行认可，对接收有差错的帧要求发送端重传，以确保可靠的传输。数据链路层也采用了一定的机制来防止重复帧。差错控制通常在一个帧的结束处增加一个尾部来处理。

4. 链路访问控制（Link Access Control）

当两个以上的结点连接到同一条链路上时，数据链路协议必须能决定在任意时刻由哪一个结点来获取对链路的控制权。介质访问控制（MAC）协议定义了帧在链路上传输的规则。对于点到点链路，MAC 协议比较简单或者不存在；对于多结点共享广播链路，MAC 协议用来协调多个结点的帧的传输，属于多址访问问题。

5. 物理寻址

在一条点到点直达的链路上不存在寻址问题。在多点连接的情况下，发送结点必须保证数据信息能正确地送到接收结点，而接收结点也应该知道发送结点是哪一个结点。如果一个帧是发给网络中不同系统的，数据链路层需要在帧的头部添加发送结点的物理地址（源地址）与接收结点的物理地址（目的地址）。如果该帧要发往发送结点网络以外的系统，接收结点的地址就是连接一个网络到下一个网络的设备地址。

6. 数据链路管理

当数据链路两端的结点进行通信时，需要根据具体情况配置数据链路层，使之能为网络层提供不同多种类型的服务。一般，可将数据链路层提供的服务分为三类：
- ▶ 面向连接的确认服务（Acknowledged Connection-Oriented Service）；
- ▶ 无连接确认服务（Acknowledged Connectionless Service）；
- ▶ 无连接不确认服务（Unacknowledged Connectionless Service）。

面向连接的确认服务可提供无差错的、有序的分组传输。这包含三个阶段：首先是建立一条数据链路，每个网络层都有一个服务访问点（SAP），通过它可以访问数据链路层；然后进行数据传输，也就是将分组封装在数据链路帧中并通过物理层传输；最后在通信结束后拆除连接，释放原来分配给该连接的变量和缓冲区。目前在大多数广域网中，通信子网的数据链路层一般采用面向连接的确认服务。数据链路层也可提供无连接的服务，它与第一种服务的不同之处在于它不需要在帧传输之前建立数据链路，也不需要在帧传输结束后释放数据链路。这类服务主要用于不可靠的传输信道，如无线通信系统。

数据链路控制机制

在讨论数据链路机制时，需要考虑两大因素：一是当数据信息在信道上传输时，可能会出现差错；二是发送端与接收端的操作很难做到准确同步，有可能会造成数据信息丢失。下面由简单到复杂，介绍滑动窗口机制以及三个典型的数据链路协议，即停止等待式 ARQ 协议、后退 N 帧式 ARQ 协议和选择重传式 ARQ 协议，以实现发送端、接收端之间的可靠传输。

滑动窗口机制

滑动窗口是数据链路控制的一个重要机制。滑动窗口机制在发送端和接收端分别设置发送窗口和接收窗口。发送窗口和接收窗口在数据传输过程中受控地向前滑动，从而控制数据的传输。

1. 发送窗口和接收窗口

发送窗口是指发送端允许连续发送帧的序列表，即在任何时刻，发送过程保持与允许发送的帧相对应的一组序列号。发送窗口的大小（宽度）规定了发送端在未得到应答的情况下，允许发送的数据单元数。换言之，窗口中能容纳的逻辑数据单元数，就是该窗口的大小。发送窗口用来对发送端进行流量控制。

接收窗口是指接收端允许接收帧的序列表。接收窗口用来控制接收端应该接收哪些数据帧，只有到达的数据帧的序号落在接收窗口之内时才可以被接收，否则将被丢弃。一般，当接收端收到一个有序且无差错的数据帧后，接收窗口向前滑动，准备接收下一帧，并向发送端发出一个确认信息（ACK）。为了提高效率，接收端可以采用累计确认或捎带确认。捎带确认是在双向数据传输的情况下，将 ACK 放在自己的数据帧的帧头字段中捎带过去。

当发送端接收到接收端的 ACK 后，发送窗口才能向前滑动，滑动的长度取决于接收端确认的序号。向前滑动后，又有新的帧落入发送窗口，可以被发送，而被确认正确收到的帧落在窗口的后边。发送窗口和接收窗口的序号的上下界不一定相同，甚至大小也可以不同。发送端窗口内的序列号代表了那些已经被发送，但是还没有被确认的帧，或者那些可以被发送的帧。

可见，接收端的 ACK 作为授权发送端发送数据帧的凭证，接收端通过确认控制发送端发送窗口向前滑动。接收端可以根据自己的接收能力来控制 ACK 的发送，从而实现对传输流量的控制。另外，由于滑动窗口中使用了确认机制，因此也兼有差错控制的功能。

2. 窗口滑动过程

在滑动窗口机制中，每一个要发送的帧都要赋予一个序列号，其范围从 0 到某一个值。如果在帧中用以表达序列号的字段长度为 n，则序列号的最大值为 2^n-1。例如，若在帧中序列号为 3，即 $n=3$，则编号可以从 0 至 7 中进行选择。序列号是循环使用的，当前帧的序号已达到最大编号（即 2^n-1）时，下一个待发送的帧序列号将重新为 0，此后再依次递增。

在发送端，要维持一个发送窗口。如果发送窗口的大小为 W，则表明已经发送出去但仍未得到确认的帧总数不能超过 W。在发送窗口内所保持着的一组序列号，对应于允许发送的帧，并形象地称这些帧落在发送窗口内。显然，在初始状态下，发送窗口内允许发送的帧的个

数为 W，而每发出一帧，允许发送的帧数就减 1。一般情况下，窗口的下限对应当前已经发送出去但未被确认的最后一帧，一旦该帧的确认帧到达后，发送窗口的下限和上限各加 1，相当于窗口向前滑动一个位置，同时当前允许发送的帧数加 1。若发送窗口内已经有 W 个没有得到确认的帧，则不允许再发送新帧，需要发送的帧必须等待接收端传来的确认帧并使窗口向前滑动，直至其序列号落入发送窗口内才能被发送。

在接收端则要维持一个接收窗口。在接收窗口中也保持着一组序列号，并对应着允许接收的帧，只有发送序列号落在窗口内的帧才能被接收，落在窗口之外的帧将被丢弃。下面以图 7.1 为例，具体说明滑动窗口机制。假设发送序号用 3 bit 来编码，即发送序号可有 0～7 的 8 个不同的序号。又假设发送窗口大小为 2，接收窗口的大小为 1。

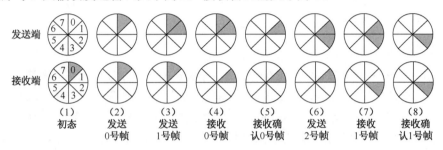

图 7.1　滑动窗口工作过程示意

滑动窗口工作过程如下：

（1）初始状态：发送端没有帧发出，发送窗口前后沿相重合；接收端 0 号窗口打开，等待接收 0 号帧。

（2）发送端打开 0 号窗口，表示已发出 0 号帧但尚未确认返回信息。此时接收窗口状态不变。

（3）发送端打开 0、1 号窗口，表示 0、1 号帧均在等待确认之列。至此，发送端打开的窗口数已达规定限度，在未收到新的确认返回帧之前，发送端将暂停发送新的数据帧。接收窗口此时状态仍未变。

（4）接收端已收到 0 号帧，0 号窗口关闭，1 号窗口打开，表示准备接收 1 号帧。此时发送窗口状态不变。

（5）发送端收到接收端发来的 0 号帧确认返回信息，关闭 0 号窗口，表示从重传表中删除 0 号帧。此时接收窗口状态仍不变。

（6）发送端继续发送 2 号帧，2 号窗口打开，表示 2 号帧也纳入待确认之列。至此，发送端打开的窗口又已达规定限度，在未收到新的确认返回帧之前，发送端将暂停发送新的数据帧，此时接收窗口状态仍不变。

（7）接收端已收到 1 号帧，1 号窗口关闭，2 号窗口打开，表示准备接收 2 号帧。此时发送窗口状态不变。

（8）发送端收到接收端发来的 1 号帧收毕的确认信息，关闭 1 号窗口，表示从重传表中删除 1 号帧。此时接收窗口状态仍不变。

通过以上示例分析可以看出，发送窗口是随接收窗口的滑动而滑动的，只有在接收窗口向前滑动时，发送窗口才有可能向前滑动。接收窗口如果不向前滑动，发送端就不能发送更多的帧（最多只能发送 W 帧）。由于在数据传输过程中收、发窗口在不断滑动，所以称为滑动窗口。

3. 滑动窗口机制的主要功能

滑动窗口机制具有集确认、差错控制、流量控制为一体的良好性能，使得它广泛应用于数据链路层，其主要功能如下：
- ▶ 在不可靠链路上可靠地传输帧，这是滑动窗口机制的核心功能；
- ▶ 用于保持帧的传输顺序（缓存错序到达的帧）；
- ▶ 支持流量控制，这是一种由接收端控制发送端，使其降低速度的反馈机制。

自动请求重传

数据链路层的链路控制方法主要是自动请求重传（ARQ）。ARQ 综合滑动窗口机制和确认重传机制，进行流量控制和差错控制，实现了可靠传输。

1. 停止等待式 ARQ 协议

采用单工或半双工通信方式的停止等待式（Stop and Wait）ARQ 协议是一种基本的数据链路控制协议，其核心思想是：发送端每发送一帧数据信息后，必须停下来等待接收端返回确认信息后才能继续操作下去。停止等待式 ARQ 协议就是由于操作过程中停止等待的特点而得名的。

停止等待式 ARQ 协议的工作方式是：发送端首先向接收端发送一个数据帧，然后停止发送并等待接收端对这一帧数据的应答；收到正确的确认信息后，再发送下一帧数据。如果在超时时间内没有收到应答信息，发送端就会重传此数据帧，并再次停止发送以等待应答。具有简单流量控制的停止等待式控制协议的传输过程如图 7.2 所示。

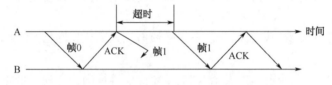

图 7.2　停止等待式控制协议的传输过程

图 7.2 描述的是单工停止等待控制方式，即当数据帧丢失时，停止等待式协议如何使用确认（Acknowledgement，ACK）帧和超时机制对帧进行重传。确认帧是协议传输给它的对等实体的一个小控制帧，告知对等实体已收到刚才的帧。发送端收到一个 ACK 帧，表明帧传输成功。如果发送端在合理的一段时间后未收到 ACK 帧，那么它重传（Retransmit）原始帧。

在图 7.2 中，进程 A 向进程 B 传输数据帧。注意，进程 A 在发送数据帧的同时将启动数据帧定时器（I-frame Timer），该定时器将在超时后自动中止；所设定的超时时间要大于 A 收到相应 ACK 帧所需的时间。停止等待式 ARQ 协议的工作过程如下：

（1）进程 A 向进程 B 发送帧 0，同时启动定时器，然后停止发送并等待 B 的 ACK 帧。

（2）B 在正确收到帧 0 后向进程 A 返回 ACK 帧。

（3）A 正确收到来自 B 的 ACK 帧，知道 B 已正确接收到帧 0。

（4）进程 A 继续发送帧 1，同时重新启动定时器。

（5）帧 1 在传送过程中出错。这可能是进程 B 对其进行 CRC 校验时发现错误，也有可能是帧 1 由于不完整而未被接收。总而言之，进程 B 没有收到正确的帧 1，因此将不做任何应答。

（6）定时器超时，进程 A 重新发送帧 1。

停止等待式 ARQ 协议按照这种方式继续传送帧 1，直到帧 1 被正确接收，且发送端 A 收到 ACK 帧。然后，协议开始传送后续的数据帧。

可见在停止等待式 ARQ 协议中，接收端可以控制发送端的发送速率。需要说明的是，接收端反馈到发送端的 ACK 帧是一个无任何数据的帧，相当于一段延时标志。

2. 后退 N 帧式 ARQ 协议

为提高停止等待式 ARQ 协议的效率，可以允许发送端发送完一帧后，不必停下来等待对方的应答，而是按照帧编号的顺序连续发送若干帧。如果在发送过程中，收到接收端发送来的确认帧，可以继续发送，因此也把这种控制方式称为连续 ARQ 协议。若收到对其中某一帧的否认帧或者当发送端发送了 N 帧后，发现这 N 帧的前一帧在计时器超时后仍未返回其确认信息，则该帧被判为出错或丢失，此时发送端就不得不重新发送出错帧及其后的 N 帧。这种方法称为后退 N 帧式 ARQ，也是"后退 N（Go Back N）帧"名称的由来。因为对接收端来说，由于这一帧出错，就不能以正常的序号向它的高层递交数据，对其后发送来的 N 帧也不能接收而必须丢弃。

后退 N 帧式 ARQ 协议的工作过程如图 7.3 所示。图中假定发送完 8 号帧后，发现 2 号帧的 ACK2 在计时器超时后还未收到，则发送端只能退回从 2 号帧开始重传。

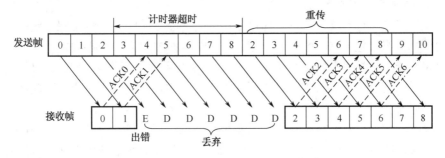

图 7.3　后退 N 帧式 ARQ 协议的工作过程

从后退 N 帧式 ARQ 协议的工作过程可以看出：如果某一帧没有被正确确认，则该帧以及后面的所有数据帧都要被重传，即一旦出差错，发送端就要后退 N 帧，然后开始重传。可见，未被确认帧的数目越多，需要重传的帧也就越多，占用的时间和开销也会增加，数据传输效率较低。为了提高传输效率，通过引入滑动窗口机制进行流量控制。

3. 选择重传式 ARQ 协议

当信道差错率较高时，后退 N 帧式 ARQ 协议会显得效率很低，因为它需要将已经传输到目的端的帧重传一遍，这显然是一种浪费。为了进一步提高信道利用率并减少重传次数，另一种效率更高的策略是当接收端发现某帧出错后，其后继续送来的正确帧虽然不能立即递交给接收端的高层，但接收端仍可接收下来，暂存在一个缓冲区中，同时要求发送端重新传输出错的那一帧。一旦收到重新传输来的帧以后，就可以与原已存于缓冲区中的其余帧一并按正确的顺序递交给高层。这种方法称为选择重传式 ARQ。

选择重传式 ARQ 协议的工作过程如图 7.4 所示。图中 2 号帧的否认返回信息 NAK2 要求发送端选择重传 2 号帧。显然，选择重传减少了浪费，但要求接收端有足够大的缓冲区空间。

选择重传式 ARQ 协议的关键是当某个数据帧出错时，不需要重传后面所有的帧，但需要接收端用一个缓冲区来存放未按顺序正确收到的数据帧。即凡是在一定范围内到达的帧，即使未按顺序收到，也要接收下来。这个范围用接收窗口表示。由于选择重传式 ARQ 协议的接收窗口

W_R 大于 1,可见后退 N 帧式 ARQ 协议是选择重传式 ARQ 协议接收窗口等于 1 时的特例。

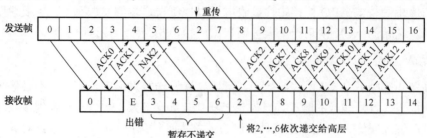

图 7.4 选择重传式 ARQ 协议的工作过程

对于选择重传式 ARQ 协议,若用 n 位二进制码进行编号,则发送窗口 $W_S \leq 2^N-1$;接收窗口 W_R 不应该大于发送窗口,因此 $1 < W_R \leq 2^N-1$。

可靠的广域网

广域网联网通常分成如下两种方式:

- 分组交换(又称包交换)——通过端结点之间建立的路径传输带有完整的地址和数据的信息分组(包)。每个分组到达目的设备所采取的路径可能不同。
- 电路交换——类似于电话呼叫,在建立电路之后就不需要进一步的连接协议了。进行会话时只有极少的寻址开销。由于在多点网络中可能有多个站点,因此还需要一定数量的寻址信息。

由于没有建立连接,分组交换网络是无连接的。而信息分组从一个结点传送到另一个结点,一个分组在到达其目的结点之前可能要经过很多结点,同样,两个结点之间可以同时传送很多分组。IP 是分组交换网络的一个例子。

注意,分组交换网络仍然需要数据链路层协议和物理层协议在连接到链路设备之间传输信息。底层协议可以是无连接的,也可以是面向连接的。

电路交换网络在两个结点之间建立物理连接,通过其他结点或主机等中间点"交换",数据包在结点间传输。电路交换网络类似于语音电话系统,这种连接通常称为虚拟电路。虚拟电路为数据建立了在连接过程中不会改变的单一路由,因此是面向连接的。帧中继协议是电路交换网络的例子。

在早期数据通信中,所有网络都是电路交换网络,现在一些网络仍然还采用电路交换技术。对于广域网络来说,其重点已经转向分组交换,因为它允许更多的结点在单一网络中互联。利用分组交换,需要的通信信道更少(由于有很多用户共享信道),而且网络互联更简单。因特网是一个很好的大型分组交换网络的例子。

练习

1. 数据链路层协议的基本功能是什么?
2. 描述电路交换网络与分组交换网络之间的主要差别。
3. 若数据链路的帧序号占用 2 比特,则发送方最大窗口应为(   )。

    a. 2   b. 3   c. 4   d. 5

【提示】参考答案是选项 b。

4. 接收窗口和发送窗口都等于 1 的协议是（   ）。
  a. 停止等待式协议   b. 连续 ARQ 协议
  c. PPP 协议   d. 选择重传式 ARQ 协议

【提示】参考答案是选项 a。

5. 在数据链路层中，滑动窗口的作用是（   ）。
  a. 流量控制   b. 拥塞控制   c. 路由控制   d. 差错控制

【提示】参考答案是选项 a。

6. 若数据链路的帧序号占用 4 比特，则发送方最大窗口应为（   ）。
  a. 13   b. 14   c. 15   d. 16

【提示】参考答案是选项 c。

7. 若数据链路的帧序号占用 3 比特，则发送方最大窗口应为（   ）。
  a. 6   b. 7   c. 8   d. 9

【提示】参考答案是选项 b。

8. 对于选择重传式 ARQ 协议，如果帧编号字段为 k 位，则窗口大小为（   ）。
  a. $W \leq 2^k - 1$ b. $W \leq 2^{k-1}$ c. $W = 2^k$ d. $W < 2^{k-1}$

【提示】如果帧编号字段为 k 位，对于选择重传式 ARQ 协议，发送窗口大小为 $W \leq 2^{k-1}$；对于后退 N 帧式 ARQ 协议，则窗口大小为 $W \leq 2^k - 1$。参考答案是选项 b。

补充练习

1. 一串数据 10101110111110111011001 使用 CRC 校验方式，已知校验使用的二进制数为 110101，生成多项式是什么？发送序列是什么？要有计算过程。

2. 一串数据 10110101111110111001 使用 CRC 校验方式，已知校验使用的二进制数为 1110101，生成多项式是什么？发送序列是什么？要有计算过程。

3. 在 HDLC 协议中，如果发送窗口大小为 8，请找出一种情况，使得在此情况下协议不能正确工作，并说明原因。

第二节   HDLC 协议

20 世纪 70 年代初期，IBM 研制了同步链路控制协议（SDLC），并提交给美国国家标准协会（ANSI）和国际标准化组织（ISO）。ANSI 对它进行修改后形成高级数据通信控制协议（ADCCP），使它成为美国标准。ISO 把它修改成了高级数据链路控制（HDLC）协议，称为链路接入规程（LAP），并把它作为 X.25 协议的一部分，继而又修改为平衡型链路接入规程（LAPB）。这几种协议的原理相同，差别不大。

HDLC 是广域网联网中最常用的一种数据链路层协议。HDLC 及其子集提供了通过物理链路传输信息的机制。SDLC 和 LAPB 均是 HDLC 的一个子集。

学习目标

▶ 了解通过广域网链路进行基本的 HDLC 通信的方法；

▶ 掌握 HDLC 帧格式和功能。

关键知识点

▶ HDLC 为通过物理链路传输比特流提供信息。

HDLC 基本概念

HDLC 是最常用的一个数据链路层协议。在 HDLC 中，定义了主站、从站和组合站 3 种类型的连接站。

▶ 主站——发送命令并接收响应（又叫作主结点），主要功能是控制整个数据链路。这种配置常见于 IBM 主机。主站可进一步描述为轮询环境。

▶ 从站——接收命令并发送响应（又叫作从结点）。从站在主站控制下操作，例如，通过远程线路与 IBM 主机通信。

▶ 组合站——发送或接收命令和响应，具有主站和从站双重功能。组合站常见于平衡配置，如 X.25 协议集中的 LAPB，其中通信都是对等的。

各种通信站之间可以组成不同结构的数据链路，可按照它们的特点分成平衡型链路结构和非平衡型链路结构两种类型。其中，平衡型链路结构有两种组织方法：一种是通信双方中的每一方均由主站和从站叠合组成，且主、从站间配对通信，称为对称结构；另一种方法是通信的每一方均为组合站，且两组合站具有同等能力，称为平衡结构。非平衡链路结构也有两种组成方法。其中一种方法是链路的一端为主站，另一端是从站，称为点到点式；另一种组成方法是链路一端为主站，另一端为从站，称为点到多点式。对称结构实质上是连接两个独立的点到点式非平衡型链路的逻辑结构，这种结构中有两条独立的主站到从站的通路，但它们复用同一条链路。无论哪种链路结构，站点之间均以帧为单位传输数据或状态的包含信息，其方式具有"行为-应答"的特点。HDLC 非平衡配置如图 7.5 所示，其中定义了主站和从站。HDLC 平衡配置如图 7.6 所示，其中定义了组合站。

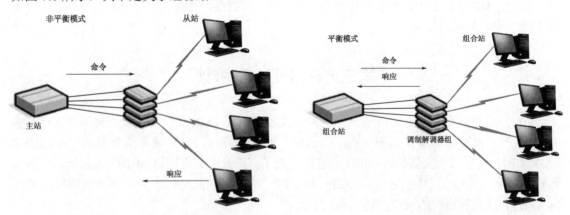

图 7.5　HDLC 非平衡配置　　　　　图 7.6　HDLC 平衡配置

操作模式是指通信站点之间数据传输的模式。HDLC 有正常响应模式（NRM）、异步响应模式（ARM）和异步平衡模式（ABM）3 种操作模式。HDLC 的链路配置和操作模式如表 7.1 所示。

表 7.1　HDLC 链路配置和操作模式

链路配置	操作模式	说明
非平衡配置（点到多点链路，由一个主站和一个或多个从站组成）	正常响应模式（NRM）	只有主站能够启动数据传输
	异步响应模式（ARM）	无须主站明确指示即可启动数据传输，主站只负责控制线路
平衡配置（点到点链路，由两个组合站组成）	异步平衡模式（ABM）	任何一个组合站都无须经过另一个组合站的允许即可启动数据传输

HDLC 帧格式

HDLC 的帧格式如图 7.7 所示，通过两台通信设备之间给定的物理链路，可以用这些帧进行通信。

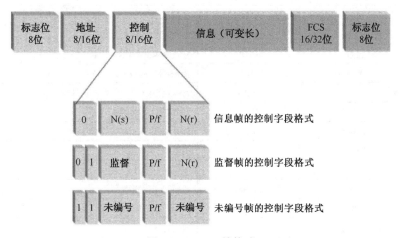

图 7.7　HDLC 帧格式

HDLC 帧中包括了以下字段：

- 标志位——1 字节（8 位）。头部的标志位字段用于比特流同步。每帧都以十六进制的"7E"标志位字段开始。只有标志位才在一行中有 6 位设置。如果一个字符需要传输 6 位或更多连续位，用零位插入或"比特填充"技术确保数据字符不会与标志位混淆。在继续将帧向更高层传输之前，接收器删除此零位。尾部的标志位字段用来表示帧的结束，可以开始下一帧。
- 地址——1 字节或 2 字节（可以根据需要进行倍数扩充）。地址字段用于标识从站地址（如果是非平衡配置的话），在点到多点链路中使用。
- 控制——1 字节或 2 字节。控制字段用来标识帧类型（监督或信息），并包含跟踪发送和接收的帧以进行应答和流控制的计数器。控制字段格式描述如下：
  — 帧 ID（1 位或 2 位）；
  — 0，信息（I）帧（站间的信息传输）；
  — 10，监督（S）帧（轮询、数据应答和控制）；
  — 11，未编号（U）帧（轮询、检测、站初始化和控制）；
  — 监督、未编号或发送序列号（NS）（2 位或 3 位），根据帧的长度和用途的不同而不同；
- P/F（1 位），表示主站的轮询或从站的最后一帧；
- 接收序列号（NR）(3 位)，被信息帧和监督帧用来应答正确接收的帧数，对于未编号帧来说，接收序列号是确定未编号帧用途的未编号修正函数（UMF）的一部分。

▶ 信息（I）字段——可变长度（变长）。如果有数据，则信息字段包含数据。尽管有些应用可以传输更大的帧，但是对于大多数 HDLC 站来说，该字段通常不大于 256 字节或 512 字节。

▶ 帧校验序列（FCS）——2 字节。FCS 字段包含确保数据完整性的校验和。

表 7.2 示出了 HDLC 中使用的各种命令。

表 7.2 HDLC 命令

字段类型	名 称	功 能
信息	I	交换用户数据（来自网络层的数据）
监督	RR	接收器准备就绪-肯定应答
监督	RNR	接收器未准备就绪-肯定应答
监督	REJ	拒绝-否定应答，返回 N 帧
监督	SREJ	选择性拒绝-否定应答，选择性转发
未编号	DISC	断开连接-终止连接
未编号	DM	断开模式-从站断开连接
未编号	FRMR	丢弃帧
未编号	RSET	复位
未编号	SABM	设置异步平衡模式
未编号	SARM	设置异步响应模式
未编号	SIM	设置初始化模式
未编号	SNRM	设置正常响应模式
未编号	TEST	测试
未编号	UA	未编号应答
未编号	RIM	请求初始化模式
未编号	RD	请求断开连接
未编号	UI	未编号信息
未编号	UP	未编号查询
未编号	XID	互换标识

典型的 SDLC 会话（非平衡配置）将使用以下命令与响应序列进行连接和传输信息：

▶ 主站用未编号帧发送设置正常响应模式（SNRM）命令；

▶ 从站返回未编号应答（UA）命令。

▶ 主站发出一个监督帧，初始化接收器就绪（RR）命令，并将 P/F 位置为 1，开始轮询从站信息。

▶ 从站发送信息帧，每发送一帧后就增加控制字段发送序列号（NS）；主站用信息帧做出响应。

▶ 主站发送一个监督帧，通过 NR 设置接收帧数，以应答最后一帧。然后主站发送未编号断开连接（DISC）命令帧。
▶ 从站用 UA 进行响应，有时其后还跟随一个断开模式（DM）帧。
关于命令和响应序列的描述如图 7.8 所示。

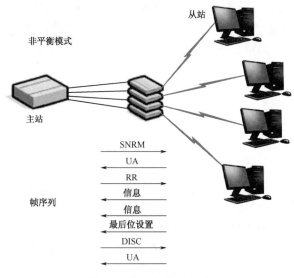

图 7.8　非平衡传输序列

典型问题解析

【例 7-1】HDLC 是一种（ 1 ），采用（ 2 ）作为帧定界符。
（1）a. 面向比特的同步链路控制协议　　　b. 面向字节计数的同步链路控制协议
　　　c. 面向字符的同步链路控制协议　　　d. 异步链路控制协议
（2）a. 10000001　　b. 01111110　　c. 10101010　　d. 10101011

【解析】数据链路控制协议分为面向字符和面向比特的两种协议。其中，前者以字符为传输的基本单位，并用一些专用字符控制传输过程，因此数据中不可出现控制字符对应的二进制代码；后者以比特作为传输的基本单位，其传输效率高，通过 0 比特填充和删除计数可以实现透明传输。HDLC 的帧结构由 6 个字段组成，以两端的标志位字段 F 作为帧的边界。在信息字段前面的 3 个字段（F、A 和 C）组成帧头，信息字段后面的两个字段（FCS 和 P）组成帧尾。帧边界标识字段通过采用一种特殊的位模式 01111110 填充，用于标识帧的边界。同一个标识既可以作为前一帧的结束标识，也可以作为后以帧的开始标识。如果帧中间的信息位出现边界标识符，则使用 0 比特填充和删除技术解决：发送方扫描数据序列，一旦发现有 5 个连续的 1，则在后面插入一个 0；接收方进行类似的扫描，一旦发现连续的 5 个 1，则删除之后的第一个 0，从而实现透明传输。参考答案：(1) 选项 a；(2) 选项 b。

【例 7-2】关于 HDLC 协议的帧控制顺序，下面的描述中正确的是（　　）。
　　a. 如果接收器收到一个正确的信息帧（I），并且发送序列号落在接收窗口内，则发回确认帧
　　b. 信息帧（I）和管理帧（S）的控制字段都包含发送序列号
　　c. 如果信息帧（I）的控制字段是 8 位，则发送顺序号的取值范围是 0～127

d. 发送器每发送一个信息帧（I），就把窗口向前滑动一格

【解析】HDLC 协议使用的是捎带确认，而不是专门发送确认帧，在信息控制字段中，用第 2、3、4 比特作为发送序列号，用第 6、7、8 比特作为接收序列号，用来表示接收方期望接收的下一帧序号，其含义表明前面的帧都已经正常接收，因此选项 a 不正确；在管理帧（S）（即监督帧）的帧控制字段中没有发送序列号，选项 b 也不正确；在信息帧控制字段中，只有第 2、3、4 比特作为发送顺序号，只能表示 0~7，选项 c 也不正确。参考答案是选项 d。

练习

1. 比较 HDLC 的非平衡配置和平衡配置。
2. 列出 3 种 HDLC 帧格式。
3. 发送什么监督命令表示一个站不希望其他站给它发送信息？
4. HDLC 协议中，一串数据 01111011111101111110，经过位插入（也叫位填充）之后应该是（   ）。

【提示】参考答案：括号内填写 011110111110011111010。

5. 若 HDLC 帧数据段中出现比特串"11110100111110101000111111011"，则比特填充后的输出为（   ）。

【提示】参考答案：括号内填写 111101001111101010001111101011。

6. HDLC 协议中，若监控帧采用 SREJ 进行应答，表明采用的差错控制机制为（   ）。
    a. 后退 N 帧式 ARQ   b. 选择重传式 ARQ   c. 停止等待式 ARQ   d. 慢启动

【提示】在 HDLC 协议中，如果监控帧中采用 SREJ 应答，表明差错控制机制为选择重传。参考答案是选项 b。

补充练习

找出含有下列协议信息的 3 个网站，并对所找到的信息进行归纳总结。
    a. HDLC   b. SDLC   c. LAPB   d. LAPD

第三节　SLIP 和 PPP

SLIP（串行线路互联网协议）和 PPP（点到点协议）是串行线路上最常用的两个链路层通信协议。它们为在点到点链路上直接相连的两个设备之间提供一种传输分组（数据报）的方法。SLIP 和 PPP 被广泛用于将家庭或公司用户通过 ISP 方式连接到因特网。

学习目标
- 了解 SLIP 与 PPP 的区别；
- 掌握 SLIP 和 PPP 的基本概念。

关键知识点
- 用 SLIP 和 PPP 通过串行链路传输 IP 分组（IP 数据报）。

SLIP

SLIP 可以追溯到 20 世纪 80 年代初，最早应用于伯克利软件分配（BSD）4.2 UNIX。它是一种简单的通过 RS-232 接口串行线路进行异步传输的 IP 分组封装。图 7.9 示出了其中一种典型连接。连接在因特网上的家庭或小型公司用户通常使用调制解调器通过 ISP 接入因特网服务。在用户计算机上，将 IP 分组放入 SLIP（或 PPP）帧，并发送给调制解调器。调制解调器通过电话网络将信息传输给 ISP 调制解调器。ISP 调制解调器连接到一台路由器，获取由用户生成的原 IP 分组，并通过因特网将其发送到正确的目的结点。

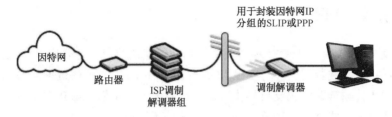

图 7.9　SLIP 典型连接

图 7.10 示出了如何将 IP 分组插入由两个十六进制的 "C0" 字符构成的 SLIP 帧。

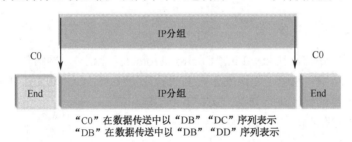

图 7.10　SLIP 帧

用到的唯一的控制符是十六进制的 "C0"。这是一个限定 SLIP 帧端点（End）的专用字符。如果 "C0" 是实际数据，就用 SLIP "Esc" 字符 "DB" 在数据中隐藏该字符。如果数据中出现一个 "C0"，就将它用一个双字节序列 "DB" "DC" 来表示；如果数据中出现 SLIP "Esc" 字符本身（即 "DB"），就用 "DB" "DD" 序列表示。

SLIP 存在的缺点是：由于在 SLIP 中无法互换 IP 地址信息，每一端都要知道另一端的 IP 地址。由于没有可以用来将数据指向一个协议栈的"类型"段，如果要用它来传输 IP 分组，只能用于将信息直接传送到特定的网络层栈。最后，在有噪声的电话线路上没有校验数据来进行差错检测，这意味着更高层要负责进行差错检测和恢复。

压缩的 SLIP

由于 SLIP 通常在速度相对较慢的串行线路上运行，并且常常用于 Telnet 等应用，因而专门指定了一个压缩版本，叫作压缩的 SLIP（CSLIP）（RFC 1144）。Telnet 是一种交互式应用，当每次只发送几字节时其效率可能极低。例如，如果只发送 TCP/IP 会话中的 3 个字符，需要传输 43 字节（每个 IP 报头和 TCP 报头都是 20 字节）。使用 CSLIP 后，40 字节的报头开销可以缩减为 3～5 字节，IP 地址、TCP 段指示器、服务类型（ToS）标志都不必发送，如图 7.11 所示。

图 7.11　压缩的 SLIP

点到点协议（PPP）

点到点协议（PPP）是位于 OSI 参考模型数据链路层的协议，主要用来通过拨号或专线方式建立点到点连接以发送数据。它代替 SLIP 并解决了 SLIP 中的一些效率问题。PPP 既支持同步（面向字符的）传输链路，也支持异步（面向比特的）传输链路。PPP 不仅为 IP 数据包定义了帧结构，还定义了线路质量的管理和测试方法、选项协商功能等。

PPP 在 RFC 1661、RFC 1662 和 RFC 1663 中进行了描述，它是独立的协议，不限于 IP 分组的传输。

PPP 的协议层次

PPP 主要包括链路控制协议（Link Control Protocol，LCP）、网络控制协议族（Network Control Protocols，NCP）和用于网络安全方面的验证协议族（PAP 和 CHAP）三部分。其中，NCP 主要负责与上层的协议进行协商，LCP 用于创建和维护链路；PAP（口令验证协议）是两次握手验证协议，口令以明文传递，被验证方首先发起验证请求；CHAP（握手鉴权协议）是三次握手验证协议，不发送口令，验证方首先发起验证请求（也就是挑战信息），其安全性比 PAP 高。PPP 是一个多层协议，其协议层次如图 7.12 所示。

在网络层，由 NCP 为不同的协议提供服务接口。当 LCP 将链路建立好之后，PPP 要根据不同用户的需要，配置上层协议所需的环境。针对上层不同的协议类型，它会使用不同的 NCP 组件。例如，对于 IP，提供 IPCP 接口；对于 IPX（互联网分组交换协议），提供 IPXCP 接口；对于 AppleTalk，提供 ATCP 接口等。这里的 NCP 相当于以太网数据链路层的 LLC 子层。

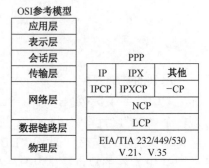

图 7.12　PPP 的协议层次

在数据链路层，PPP 通过 LCP 进行链路管理，包括为用户发起呼叫以建立链路、在建立链路时协商参数选择、在通信过程中随时测试线路、当线路空闲时释放链路等。这相当于以太网数据链路层的 MAC 子层。

PPP 支持各种类型的硬件，包括 EIA/TIA 232、EIA/TIA 449、EIA/TIA 530、V.35、V.21 等。只要是点到点类型的线路，都可以运行 PPP。

PPP 会话过程

一次完整的 PPP 会话过程包括链路建立阶段、链路质量确定阶段、网络层控制协议阶段和链路终止阶段四个阶段。

（1）链路建立阶段：PPP 通信双方用链路控制协议交换配置信息，一旦配置信息交换成功，链路即宣告建立。配置信息通常都使用默认值，只有不依赖于网络控制协议的配置选项才在此时由链路控制协议配置。值得注意的是，在链路建立的过程中，任何非链路控制协议的包都会被没有任何通告地丢弃。

（2）链路质量确定阶段：这个阶段在某些文献中也称为链路认证阶段。链路控制协议负责测试链路的质量是否能承载网络层的协议。在这个阶段中，链路质量测试是 PPP 提供的一个可选项，也可不执行。同时，如果用户选择了验证协议，验证的过程将在这个阶段完成。

（3）网络层控制协议阶段：PPP 会话双方完成上述两个阶段的操作后，开始使用相应的网络层控制协议配置网络层的协议，如 IP、IPX 等。

（4）链路终止阶段：链路控制协议用交换链路终止包的方法终止链路。引起链路终止的原因很多：载波丢失、认证失败、链路质量失败、空闲周期定时器期满或管理员关闭链路等。

PPP 中的验证机制

在 PPP 中验证过程为可选项。在连接建立后进行连接者身份验证，目的是防止有人在未经授权的情况下成功连接，从而导致泄密。PPP 支持两种验证协议：

（1）口令验证协议（PAP）：PAP 的原理是由发起连接的一端反复向认证端发送用户名/口令，直到认证端响应，以验证确认信息或者拒绝信息。

（2）握手鉴权协议（CHAP）：CHAP 用三次握手的方法周期性地检验对端的结点。其原理是：认证端向对端发送"挑战"信息；对端接到"挑战"信息后用指定的算法计算出应答信息发送给认证端；认证端比较应答信息是否正确，从而判断验证的过程是否成功。如果使用 CHAP，认证端在连接的过程中每隔一段时间就会发出一个新的"挑战"信息，以确认对端连接是否经过授权。

PAP 和 CHAP 的共同特点是简单，适用于低速率链路。但简单的协议通常有其不足，最突出的缺点是安全性较差。PAP 的用户名/口令以明文传送，容易被窃取；若一次验证没通过，PAP 并不能阻止对端不断地发送验证信息，因而容易遭到强制攻击。CHAP 的优点在于密钥不在网络中传送，不会被窃听。由于使用三次握手的方法，发起连接的一方如果没有收到"挑战"信息就不能进行验证，因此在某种程度上 CHAP 不容易被强制攻击；但 CHAP 中的密钥必须以明文形式存在，不允许被加密，因而安全性无法得到保障。密钥的保管和分发也是 CHAP 的一个难点，在大型网络中通常需要专门的服务器来管理密钥。

PPP 帧格式

PPP 为串行链路上传输的分组（数据报）定义了一种封装方法。PPP 帧的格式类似于前面提到的 HDLC 帧结构。根据 PPP 帧携带的是数据还是控制信息，可以将它分成 3 种格式。第一种是 PPP 信息帧，如图 7.13 所示。

PPP 信息帧各字段如下：

- 标志位——1 字节。头部的标志位字段用于同步比特流；尾部的标志位字段表示帧的结束，可以开始下一帧。标志位字段规定为 0x7E（0111 1110）。
- 地址——1 字节。地址字段通常为 0xFF（1111 1111）。
- 控制——1 字节。控制字段设置成 0x03（0000 0011）。
- 协议——2 字节。协议字段用来说明帧的格式和 PPP 帧的用途。对于 TCP/IP，该字段的值为 0x0021（0000 0000 0010 0001）。
- 信息——可变。信息字段包含可能由 IP 等网络层报头打头的数据。
- FCS——2 字节。FCS 段用来确保数据完整。

图 7.13　PPP 信息帧

PPP 帧的第二种格式是链路控制帧。链路控制协议（LCP）可以用来指定特定的数据链路选择方案，例如在异步链路上要释放哪些字符。也可以通过协商，不发送标志位或地址字节，将协议字段由 2 字节减少为 1 字节，以便更有效地利用线路。该协议字段的值为 0xC021（1100 0000 0010 0001），表示链路控制协议。图 7.14 示出了一个 PPP 链路控制帧。

图 7.14　PPP 链路控制帧

出于与上述相同的原因，为了在 SLIP 应用中跳过控制符"C0"，必须特别考虑通过 PPP 链路发送作为数据的标志位字符。

在同步链路中，这个操作由硬件采用零位插入技术或"比特填充"技术来实现。在异步链路中，如果一个标志位字符作为数据出现，则按照 2 字节的"7D""5E"序列发送。换句话说，通过发送"Esc"字符"7D"加上补足第 6 位的字符"5E"，先发送要跳过的字符。补足第 6 位的"7E"标志位字符等价于"5E"。"Esc"字符作为"7D""5D"发送。另外，ASCII 控制符（任何小于"20"的值）都按照相同方式传输。例如，让 PC 的扬声器发出蜂鸣声的 BEL 字符用十六进制表示成"07"，可以作为 2 字节序列"7D""27"发送（同样，第 6 位是补足的）。

PPP 帧的第三种格式是网络控制帧，它是用来协商使用报头压缩等问题的。图 7.15 示出了一个用于此目的的帧。其协议也可以用来动态地协商链路每一端的 IP 地址。对于 NCP，协议字段的值为 0x8021（1000 0000 0010 0001），表示网络控制协议。

图 7.15　PPP 网络控制帧

练习

1. 无论 SLIP，还是 PPP，都是（　　）协议。
　　a．物理层　　　b．数据链路层　　　c．网络层　　　d．传输层

【提示】参考答案是选项 b。

2. 在 PPP 报头中，代表 LCP 协议的 protocol 域是（   ）。
   a. 8021　　　　　b. C021　　　　　c. 0021　　　　　d. C023

【提示】参考答案是选项 b。

3. 在 PPP 协商过程中，AUTHENTICATE 阶段位于（   ）阶段之后。
   a. ESTABLISH　　b. DEAD　　　　c. TERMINATE　　d. NETWORK

【提示】参考答案是选项 a。

4. 在 PPP 中，CODE 字段等于 9 的 LCP 报文代表什么含义？（   ）
   a. Echo-Request　　　　　　　　b. Echo-Reply
   c. Terminate-Request　　　　　　d. Terminate-Ack

【提示】参考答案是选项 a。

5. 在完整的 PPP 帧格式中，以下（   ）字段是必需的。
   a. FCS　　　　　b. Flag　　　　　c. Protocol　　　　d. Address

【提示】参考答案：此题是多选题，选项 a、b、c、d 都正确。

6. 对于下面的协议，找出其支持的特性：
   a．PPP　　　　　　　——减小 TCP 头的大小
   b．CSLIP　　　　　　——动态地协商 IP 地址
   c．SLIP　　　　　　——每次只能承载一种高层协议
   　　　　　　　　　　——其帧类似于 HDLC 帧
   　　　　　　　　　　——不提供校验和
   　　　　　　　　　　——既支持异步链路，也支持同步链路

补充练习

1. 查找有关本节所介绍主题的其他信息。从 RFC 中找出进一步描述下面这些协议的技术细节：
   a．PPP　　　　b．SLIP　　　　c．CSLIP
2. PPP 的哪些特性比 SLIP 能提供更具活力的服务？

第四节　连接到因特网

在广域网联网中经常用到数据链路层的广域网协议以及相关的概念。移动宽带技术也称为无线广域网（WWAN）技术，它通过便携设备提供无线高速因特网访问。任何位置，只要具有可用于移动因特网连接的蜂窝移动通信网络（即移动电话服务），使用移动宽带均可将它连接到因特网。本节将讨论这些概念的应用方法。

学习目标

▶ 了解数据链路层协议和物理层协议是如何协同工作的；
▶ 了解连接到因特网可能用到的数据链路层协议及其帧封装方式；
▶ 掌握将移动宽带连接到因特网的方法。

关键知识点

▶ 通过广域网传输信息需要很多数据链路层协议和物理层协议。

连接到因特网可能用到的协议

为了说明在一个网络中使用了多少种物理层协议和数据链路层协议,并解释在网络中如何使用面向连接和无连接两种协议,下面考虑图 7.16 所示的因特网连接。

如果一个用户正在访问一个远程 Web 站点,可能会用到图 7.16 中的协议。在客户机工作站上,按照因特网方式向一台远程 Web 服务器发送 IP 分组(IP 数据报)。如果要将此信息从信源(客户机)传输到信宿(服务器),可能要用到很多不同的协议。注意,在网络层及其以上的层中,协议栈实质上是相同的。在更低的层中,每条链路可能需要不同的物理层、数据链路层协议,如图 7.16 所示。

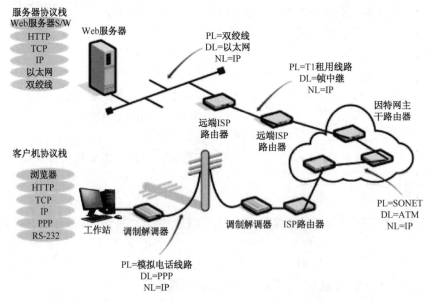

图 7.16 因特网连接

工作站首先通过一条模拟电话线路发送 IP 分组。为了做到这一点,将 IP 分组放入一个 PPP 帧,并传输到 ISP 的一台路由器。路由器收到 IP 分组后,将其封装在另一个数据链路层协议(如 ATM)之中。在本示例中,ATM(异步转移模式)在物理层用光纤技术(SONET)通过光纤链路传输信息。

信息(IP 分组)通过因特网主干网进行路由,直到它到达远端的 ISP,Web 服务器在那里接入到因特网。在本示例中,目的网络利用数据链路层的帧中继和物理层的 T1 连接到因特网。IP 分组通过帧中继链路到达连接在 Web 服务器所属的局域网中的一台路由器。

图 7.16 所示的目的网络是一个用双绞线组建的以太网。路由器收到 IP 分组后,将其放入以太网帧,并发送到 Web 服务器。然后,由 Web 服务器处理 IP 分组、TCP 消息和 HTTP Web 页请求等,并做出应答。

DSL 封装

通过 ADSL 方式上网的计算机大都是通过以太网（Ethernet）网卡与因特网相连接的，同样使用的还是普通的 TCP/IP 方式，并没有附加新的协议。另外，调制解调器的拨号上网，使用的是点到点协议（PPP）。PPP 具有用户认证及通知 IP 地址的功能。DSL 链路如何封装 IP 分组呢？基本方法是：首先生成一个基本的 DSL 帧作为物理层，但是 IP 分组并不直接放进这些帧中。IP 分组先被放在 PPP 帧的净荷中，随后 PPP 被封装到以太网帧中（这就是基于以太网的 PPP，或者称作 PPPoE），最后将以太网帧放到 DSL 帧中，并发送给 DSLAM。

PPPoE 的工作流程

PPPoE 的工作流程包含发现和会话两个阶段。发现阶段是无状态的，目的是获得 PPPoE 终结端（在局端的 ADSL 设备上）的以太网 MAC 地址，并建立一个唯一的 PPPoE SESSION-ID。发现阶段结束后，就进入标准的 PPP 会话阶段。当一个主机想开始一个 PPPoE 会话时，它必须首先进入发现阶段，以识别局端的以太网 MAC 地址，并建立一个 PPPoE SESSION-ID。在发现阶段，基于网络的拓扑，主机可以发现多个接入集中器，然后允许用户选择一个。当发现阶段成功完成后，主机和选择的接入集中器都有了它们在以太网上建立 PPP 连接的信息。直到 PPP 会话建立，发现阶段一直保持无状态的客户机/服务器（Client/Server）模式。一旦 PPP 会话建立，主机和接入集中器都必须为 PPP 虚接口分配资源。

PPPoE 帧格式

PPPoE（PPP over Ethernet）是在以太网络中转播 PPP 帧信息的技术，尤其适用于 ADSL 等方式。对应于 PPPoE 协议工作的两个阶段，PPPoE 帧格式也包括两种：发现阶段的以太网帧中的类型字段值为 0x8863；会话阶段的以太网帧中的类型字段值为 0x8864。两种帧格式均已得到 IEEE 的认可。PPPoE 分组帧结构如图 7.17 所示。

4 bit	4 bit	8 bit	16 bit	16 bit	
VER	TYPE	CODE	SESSION-ID	LENGTH	数据域 （净荷域）

图 7.17 PPPoE 分组帧结构

PPPoE 分组中的版本（VER）字段和类型（TYPE）字段长度均为 4 比特（bit），在当前版本 PPPoE 建议中这两个字段值都固定为 0x1。

代码（CODE）字段长度为 8 比特，根据 Discovery 和 PPP Session 两阶段中各种数据包的不同功能而值不同。在 PPP 会话阶段 CODE 字段值为 0x00，发现阶段中的各步骤中的各种数据分组格式进行定义。

版本标识号码（SESSION_ID）字段长度为 16 比特，在一个给定的 PPP 会话过程中它的值是固定不变的，其中值 0xffffff 为保留值，不使用。

长度（LENGTH）字段为 16 比特，指示 PPPoE 有效长度，不包括以太网或 PPPoE 头的长度。发现阶段 PPPoE 净荷可以为空或由多个标记（Tag）组成，每个标记都是 TLV（类型－长度－值）的结构；PPP 会话阶段 PPPoE 净荷为标准的 PPP 分组。

数据域有时也称为净荷域，在 PPPoE 的不同阶段该域内的数据内容会有很大的不同。在 PPPoE 的发现阶段，该域内会填充一些标记（Tag）；而在 PPPoE 的会话阶段，该域则携带的是 PPP 的报文。

基于 SONET/SDH 的分组封装

SONET/SDH 帧不仅是以太网帧或者 PPP 帧的替代品，而且像 T1 和 E1 这样的 SONET/SDH 帧，由于携带无结构的比特信息（如数字语音电话），不适合用于直接对分组进行封装。以 IP 为例，分组需要先放在一个 PPP 帧中，即一种典型的类似 HDLC 的高级链路控制 PPP 帧，该帧的头固定字段可用于标示其携带的是 IP 分组。PPP 帧采用 0x7E 作为定界符，之后放入 SONET/SDH 帧的净荷字段。

EPON 的数据链路层

数据链路层是 EPON 最重要的一层，它控制对物理传输介质的访问。由图 6.23 对称结构 10G EPON 多点 MAC 控制协议栈与 OSI 协议栈的对应关系可知，EPON 的数据链路层包括 OAM（Operation，Administration and Management，操作、管理和维护）子层、多点 MAC 控制子层和介质访问控制（Media Access Control，MAC）子层 3 个子层。

OAM 子层

OAM 子层给网络管理员提供了一套网络稳健性监测、链路错误定位和出错状况分析的方法。

多点 MAC 控制子层

多点 MAC 控制子层的核心部分是 MPCP（多点控制协议）。MPCP 被 IEEE 802.3ah 定义在 MAC 控制子层上，主要用来完成 ONU（光网络单元）的自动发现和注册、ONU 的动态测距、ONU 的带宽管理以及 OLT（光线路终端）的上行接入时间窗口。

MPCP 是 MAC 控制子层的一种双向消息协议，它使用消息、状态机和时钟来控制点到多点拓扑结构的访问。一个点到多点的 PON 结构由一个 OLT 和多个 ONU 组成，该结构中的每个 ONU 包含一个 MPCP 实例，用于和位于 OLT 的 MPCP 实例进行通信。MPCP 负责仲裁多个 ONU 的数据传输，它指定了实现点到多点的 PON 结构中上行信道资源的无碰撞分配的机制。MPCP 不涉及任何具体的带宽分配算法，但提供了一个实现 EPON 中各种带宽分配算法的框架。

MPCP 在 MAC 控制子层上实现，在原有 IEEE 802.3 以太网帧的基础上进行了改进，重新定义并引入了 5 种长度为 64 字节（B）的 MPCP 控制帧（MPCPDU）。MPCP 控制帧结构如图 7.18 所示，具体说明如下：

- ▶ 前导码：包括 1 bit 的模式位（用来标记是 P2P 模式还是广播方式），以及 LLID（逻辑链路标记）。
- ▶ 目的地址（DA）：指 MAC-Control 多播地址，或 MPCP 控制帧要到达的目的端口的 MAC 地址。
- ▶ 源地址（SA）：指 MPCP 控制帧发送的源端口 MAC 地址。

- 操作码：不同于一般的以太网帧，MPCP 控制帧的类型字段为 88-08，区分不同的 MPCP 消息的工作由操作码字段来负责，且不同的消息所起的作用不同。5 种 MPCP 消息的操作码及其作用如表 7.3 所示。

6 B	6 B	2 B	2 B	4 B	40 B	4 B
前导码	目的地址	源地址	类型=88-08	操作码	时间戳	数据域	FCS

图 7.18 MPCP 控制帧结构

表 7.3 MPCP 消息操作码及其作用

操作码（十六进制）	MPCP 消息	作用
00-02	GATE	要求接收方在功能参数表明时刻和时间段内发送帧
00-03	REPORT	表明由功能参数指示的接收方等待发送的请求
00-04	REDISTER-REG	通过由功能参数指示的 GATE 发送过程所用的协议来识别站点的请求
00-05	REGISTER	自动发现和注册
00-06	REGISTER-ACK	将站点的确认信息通知接收方，用于 GATE 发送过程

- 时间戳：在发送 MPCP 控制帧时，利用时间戳传递当前的时间信息，即本地时间寄存器的值。
- 数据域：用于 MPCP 控制帧的内容填充；如果未使用，则填充为 0。
- FCS：帧校验序列。

对应 MPCP 的 5 种控制帧，分别用于初始化模式和正常模式两种工作模式。

- GATE 帧（OLT 发出）：允许接收到 GATE 帧的 ONU 立即或者在指定时间段内发送数据。
- REPORT 帧（ONU 发出）：向 OLT 报告 ONU 的状态，包括该 ONU 同步于哪一个时间戳，以及是否有数据需要发送。
- REDISTER-REG 帧（ONU 发出）：在注册规程处理过程中请求注册。
- REGISTER 帧（OLT 发出）：在注册规程处理过程中通知 ONU 已经识别了注册请求。
- REGISTER-ACK 帧（ONU 发出）：在注册规程处理过程中表示注册确认。

在初始化模式下，通过 REGISTER、REDISTER-REG 和 REGISTER-ACK 三种控制帧来识别是否有新的 ONU 加入；如果有，就给它注册分配地址，同时实现测距和同步等相关功能。

在正常模式下，通过 GATE 帧和 REPORT 帧完成带宽分配，ONU 通过发送 REPORT 帧向 OLT 报告队列情况并请求分配带宽，OLT 向 ONU 发送 GATE 帧应答授权带宽。

MPCP 定义了点到多点光网络的 MAC 控制操作，支持多个 MAC 接口和客户端接口；多点 MAC 控制子层取代了 MAC 控制子层，以延伸支持多客户端和附加 MAC 控制功能；在一个 MAC 业务接口和一个客户端接口之间有紧密的映射关系，每次仅一个 MAC 接口与一个客户端接口用来进行信号传输。

MAC 子层

由于 PON 系统在上行方向共享传输介质，不同 ONU 发送的信息在 OLT 处有可能发生冲突，所以必须进行介质访问控制（MAC）。MAC 子层将上层通信发送的数据封装到以太网的帧结构中，并决定数据的安排、发送和接收。

EPON 帧结构

EPON 是基于以太网的无源光网络（PON），OLT 和 ONU 之间采用以太网封装，传输的是以太网帧结构。在 EPON 中，根据 IEEE 802.3 协议，EPON 传送的是可变长度的数据包，最长可为 1518 个字节。图 7.19 示出了 IEEE 802.3 的以太网 MAC 帧格式与 EFMA 定义的 EPON 帧格式的对比。通过该图可以看出，EPON 帧与 IEEE 802.3 的以太网 MAC 帧兼容，并在以太网 MAC 帧中加入了时间戳、LLID 等信息。ONU 根据以太网 MAC 帧中的逻辑链路标识（Logical Link Identifier, LLID）确认数据包的归属。EFMA 对原有 MAC 帧结构所做的部分修改，就是将原 IEEE 802.3 帧中前导码和帧定界符（SFD）修改为 LLID 定界符（SLD）、LLID 以及 8 位循环冗余校验（CRC）码，以便使 EPON 中的 ONU 可以通过 LLID 进行数据包的识别。

EPON 还提供了一种可选的 OAM 功能，诸如远端故障指示和远端环回控制等管理链路的运行机制，用于管理、测试和诊断已激活 OAM 功能的链路。此外，IEEE 802.3-2005 还定义了特定的机构扩展机制，以实现对 OAM 功能的扩展，用于其他链路层或高层应用的远程管理和控制。

以太网MAC帧格式

7 B	1 B	6 B	6 B	2 B	46～1500 B	不定	4 B
前导码	帧定界符	目的地址	源地址	长度/类型	数据域	填充	FCS

EFMA定义的EPON帧格式

5 B	2 B	1 B	6 B	6 B	2B	2 B	4 B	46～1500 B	不定	4 B
SLD	LLID	CRC码	目的地址	源地址	长度/类型	MAC 操作码	时间戳	数据域	填充	FCS

图 7.19 以太网 MAC 帧格式与 EPON 帧格式对比

GPON 的数据链路层

GPON（千兆无源光网络）作为一种电信级的技术标准，起源于 1995 年开始逐渐形成的 ATM PON 技术。因此，GPON 是基于 ATM、GEM（GPON 封装方式）封装的。GPON 能够同时承载 ATM 信元和 GEM 帧，有很好的提供服务等级、支持 QoS 保证和全业务接入的能力。

GPON 协议栈模型

GPON 协议栈参考模型如图 7.20 所示。GPON 由控制/管理（C/M）平面和用户（U）平面组成。C/M 平面管理用户数据流，完成安全加密等 OAM 功能；U 平面完成用户数据流的传输。U 平面分为物理介质相关层（PMD）、GPON 传输汇聚层（GTC 层）和高层，其中 GTC 层又进一步细分为 GTC 成帧子层和 GTC 适配子层，高层的用户数据和控制/管理信息通过 GTC 适配子层进行封装。

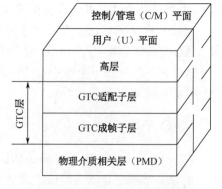

图 7.20 GPON 协议栈参考模型

1. C/M 平面的协议栈

GTC 层的控制/管理（C/M）平面包括三部分：内嵌的 OAM（Operations, Administration and Maintenance）块、PLOAM（Physical Layer OAM）和 OMCI（ONU Management and Control Interface）。内嵌的 OAM 和 PLOAM 管理物理介质相关层和 GTC 层，OMCI 提供对高层（与承载业务相关）的统一管理。

内嵌的 OAM 通道功能包括：上行带宽授权、密钥切换指示和 DBA 信息报告。由于采用 OAM 信息直接映射到帧中的相应域，保证了控制信息的传送与处理的实时性。

PLOAM 通道功能包括：传送物理层和 TC（传输汇聚）层中不通过 OAM 信道传送的所有信息，而通过消息交互方式实现，因此其实时性低于嵌入 OAM 通道的低时延通道。

OMCI 通道用来管理高层定义的业务，包括 ONU 的可实现的功能集、T-CONT 业务种类与数量、QoS 参数协商等参数，是实现 GPON 网络集中业务管理的信令传输通道，通过 ATM 的 PV/PC 或 GEM 封装，其实时性最低，处理层次高，并保证了开放性、可扩展性。

2. U 平面协议栈

对于 PMD 层而言，GPON 的传输网络可以是任何类型，如 SDH/SONET 和 ITU-T 的 G.709；GPON 的用户信号也可以有多种类型，可以是基于分组的 IP/PPP 或者以太网的 MAC 帧，也可以是连续的比特数据。由于 GPON 的线路速率是 8 kb/s 的倍数，因此可以在它上面传送 TDM 业务，并且它支持对称和非对称的线路速率。

GPON 的技术特征主要体现在 GTC 层。GTC 层由 GTC 成帧子层（GTC Framing Sub-layer）和 GTC 适配子层（GTC Adaptation Sub-layer）组成，参见图 7.20。GTC 成帧子层完成 GTC 帧的封装，以及光分配网（ODN）的传输、测距、带宽分配等功能。GTC 适配子层提供协议数据单元（PDU）与高层实体的接口。它包括 ATM 适配和 GEM 适配两种适配方式，即在传输过程中 GPON 可以用 ATM 模式，也可以用 GEM 模式，也可以共同使用这两种模式，具体使用哪种模式在 GPON 初始化时进行选择。图 7.21 所示清晰地解释了 GPON 的 ATM、GEM 在 U 平面中的两种传输模式。

（1）ATM 传输模式。在下行方向，信元被封装在 ATM 块中传输到 ONU。GTC 成帧子层对信元进行解压，然后 ATM TC 适配器根据信元内携带的 VPI 和 VCI 信息进行过滤，使符合要求的信元到达相应的客户端。在上行方向，ATM 流通过一个或多个 T-CONT 进行传输，每一个 T-CONT 只和一个或多个 ATM 流（或者 GEM 流）相关，因此在复用时不会产生错误。当 OLT 端接收到相关的由 Alloc-ID 定义的 T-CONT 以后，信元通过 ATM TC 适配器，然后到达 ATM 客户端。

（2）GEM 传输模式。在上行方向，GEM 帧被封装在 GEM 块中传输到 ONU。GTC 成帧子层对 GEM 帧进行解压，然后 GEM TC 适配器根据 GEM 帧头中的 Port-ID 进行过滤，使含有正确 Port-ID 的 GEM 帧到达 GEM 客户端。在下行方向，GEM 传输模式和 ATM 传输模式类似，不再叙述。虽然 GPON 可以使用 GEM 和 ATM 两种传输模式，但是 GEM 是针对 GPON 制定的传输模式，它可以实现多种数据的简单、高效的适配封装，将变长或者定长的数据分组进行统一的适配处理，并提供端口复用功能，提供和 ATM 一样的面向连接的通信。

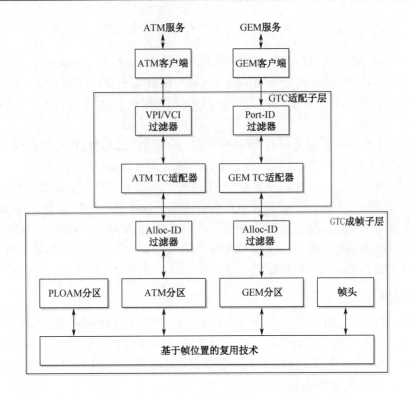

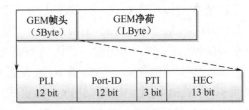

图 7.21 U 平面的协议栈

GPON 的封装技术

GPON 的技术特点是在数据链路层借鉴了 ITU-T 定义的通用成帧规程（Generic Framing Procedure，GFP）技术，扩展支持 GEM 封装格式，将任何类型和任何速率的业务经过重组后由 PON 传输，而且 GEM 帧头包含帧长度指示字节，可用于可变长度数据包的传递，提高了传输效率，因此能更简单、通用、高效地支持全业务。

1. GEM 帧格式

GPON 封装方式（G-PON Encapsulation Mode，GEM）是一种在 GPON 上封装数据的方式。GEM 可以实现多种数据的简单、高效的适配封装，将变长或者定长的数据分片后进行统一的适配处理，并提供端口复用功能，提供与 ATM 同样的面向连接的通信。GEM 帧由 5 字节（Byte）的帧头和 L 字节的净荷组成。GEM 帧头由净荷长度指示（PLI）、Port-ID、净荷类型指示（PTI）和帧头差错检验（HEC）等组成，如图 7.22 所示。

由于 GEM 块是连续传输的，所以 PLI 可以视作一个指针，用来指示并找到下一个 GEM 帧头。PLI 占用 12 bit，净荷最大长度是 4 095 字节（B）。如果用户数据帧长大于 4 095 字节，则必须拆分成小于 4 095 字节的碎片。

Port-ID（12 bit）用来标识 PON 中 4 096 个不同的业务流，以实现多端口复用功能。每个 Port-ID 包含一个用户传送流。

3 bit 的 PTI，其最高位指示 GEM 帧是否为 OAM 信息，次高位指示用户数据是否发生拥塞，最低位指示在分片机制中是否为帧的末尾。例如，PTI 编码含义为：000 表示是用户数据碎片，不是帧尾；001 表示用户数据段，是帧尾；100 表示 GEM OAM，不是帧尾；101 表示 GEM OAM，是帧尾。

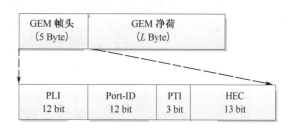

图 7.22 GEM 帧结构

HEC 占用 13 bit，提供 GEM 帧头的检错和纠错功能。

2. 用户数据分片

由于用户数据帧的长度是随机的，如果用户数据帧的长度超过 GEM 协议规定的净荷长度，就要采用 GEM 的分片机制。GEM 的分片机制把超过长度限制的用户数据帧分割成若干分割块（碎片），并且在每个块的前面都插入一个 GEM 帧头。注意分片操作在上下行方向都可能发生。GEM 帧头中 PTI 的最低位就用于此目的。每个用户数据帧可以分为多个碎片，每个碎片之前附加一个帧头，PTI 域指示该碎片是否为用户帧的帧尾。

单从帧结构的角度来看，GEM 与其他数据业务的成帧方法类似。但 GEM 是嵌入 PON 部分中的，也就是在 ONU 和 OLT 两个 PON 口之间才能被识别，它独立于 OLT 的 SNI 类型或 ONU 的 UNI 类型。

3. GPON 数据帧的封装

G.984.3 定义的将以太网数据包映射到 GEM 帧的帧结构如图 7.23 所示，每一个以太网数据包被封装入 GEM 帧。以太网数据包封装到 GEM 帧中，会丢弃前缀和同步位，即 GEM 帧中不包含以太网的前导码、SFD 字节。以太网数据包的分片可以跨越多个 GEM 帧。

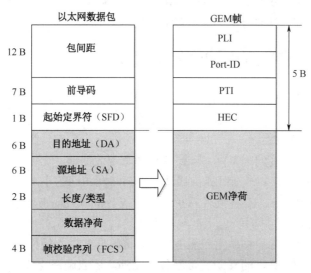

图 7.23 将以太网数据包封装入 GEM 帧

GEM 利用变长的帧封装 TDM 业务。图 7.24 示出了 G.984.3 定义的从 TDM 到 GEM 的封装结构。

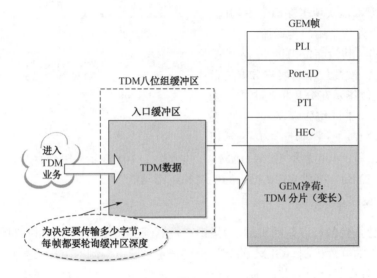

图 7.24　从 TDM 到 GEM 的封装结构

从以上两种封装例子可以看出，GPON 对多业务的支持是先天性的，优于 EPON。先将数据封装到 GEM 帧，然后将 GEM 帧封装到 GPON 帧中。

GEM 封装从 GFP 演化而来。GFP 是一种通用的适用于多种业务的数据链路层规程，ITU 将它定义为 G.7041。在 GPON 中对 GFP 做了少许修改，在 GFP 帧的头部引入了 Port-ID，用于支持多端口复用；还引入了 Frag（Fragment）分段指示（PTI 字段），以提高系统的有效带宽。GFP 只支持面向变长数据的数据处理模式，而不支持面向数据块的数据透明处理模式。

GPON 具有强大的多业务承载能力。GPON 的 TC 层本质上是同步的，使用了标准的 8 kHz（125 μm）定长帧，这使 GPON 可以支持端到端的定时和其他准同步业务，特别是可以直接支持 TDM 业务（就是所谓的 NativeTDM），GPON 对 TDM 业务具备"天然"的支持。就对多业务的支持而言，GPON 的 TC 层要比 EPON 的 MPCP 强大得多。

利用移动宽带连接到因特网的配置操作

目前，大多数 3G 和 4G 移动电话和移动网络均已经提供移动宽带服务。使用移动宽带连接到因特网（Internet），即使用户从一个地方换到另一个地方，也可以保持与因特网的连接，因此受到了广大用户的青睐。

若要使用移动宽带连接到因特网，需要有移动宽带数据卡，安装了正确的驱动程序，并订购了移动宽带服务。数据卡是一个可提供移动宽带因特网访问的小卡片或小型设备。可拆卸数据卡可以是 PC 卡、USB 卡、USB 硬件保护装置，或 Express Card；数据卡也可以是嵌入式便携式计算机模块。

获得上述这些必要设备和移动宽带服务之后，将数据卡插入便携式计算机，并要确保激活用户身份模块（SIM）和 SIM 的移动宽带服务。此外，还应确保无线开关（如果有）已打开。无线开关通常位于便携式计算机的正面或侧面。然后，按照以下步骤进行配置操作。

1. 第一次设置移动宽带连接

单击并打开"连接到网络",用鼠标右键单击移动宽带网络,然后单击"连接";如果出现提示信息,按要求输入访问点名称(APN)或访问字符串、用户名和密码(可能在设备或移动宽带服务附带的信息中有这些内容);更改所有想要更改的自动连接设置,然后单击"继续"按钮。

2. 更改移动宽带连接配置文件属性(APN、访问字符串、用户名、密码和自动连接设置)

单击并打开"连接到网络",用鼠标右键单击移动宽带网络,再单击"属性",然后单击"配置文件"选项卡。注意:如果"配置文件"选项卡不可用,参照"第一次设置移动宽带连接"的步骤。输入访问点名称(APN)或访问字符串、用户名和密码(可以在设备或移动宽带服务附带的信息中找到这些内容)。

在"自动连接"下,选择以下选项之一:
- 始终自动连接;
- 除非正在漫游,否则自动连接;
- 从不自动连接。

如果计算机已通过局域网(LAN)连接到因特网,并且希望防止 Windows 自动建立连接,请选中"仅当没有其他备用因特网连接可用时自动连接"复选框。

最后,单击"确定"按钮。

3. 更改移动宽带连接漫游属性(网络选择)

单击并打开"连接到网络",用鼠标右键单击移动宽带网络,再单击"属性",然后单击"漫游"选项卡(仅当正在漫游时,"漫游"选项卡才可用)。若要允许 Windows 自动选择网络,则选择"自动选择(推荐)"。若要指定网络,则从列表中选择网络名称,然后单击"注册"。注意:如果移动宽带连接管理器无法连接到所指定的网络,它将自动还原为"自动选择"。

4. 使用移动宽带连接到因特网

单击并打开"连接到网络";单击移动宽带网络的名称,然后单击"连接";键入移动宽带 PIN(如有必要),然后按 Enter 键。

5. 断开移动宽带因特网连接

单击并打开"连接到网络";单击移动宽带网络的名称,然后单击"断开"按钮即可。

练习

1. PPPoE 包含哪两个阶段?
    a. 发现阶段和验证阶段   b. 发现阶段和会话阶段
    c. 验证阶段和会话阶段   d. 验证阶段和拆链阶段

【提示】参考答案是选项 b。

2. PON 技术下行信号 OLT 选择使用( )方式进行发送,ONU 有选择性地接收。
    a. 单播   b. 广播   c. 组播   d. 多播

【提示】参考答案是选项 b。

3. 画一张网络图，显示两个局域网是如何使用 HDLC 协议通过卫星网络连接到一起的，并显示客户机协议栈、服务器协议栈、广域网数据链路协议和物理层协议等。

4. 接入因特网（Internet）的方式有多种，下面关于接入方式的描述中不正确的是（　　）。

  a. 以终端方式入网，不需要 IP 地址
  b. 通过 PPP 拨号方式接入，需要有固定的 IP 地址
  c. 通过代理服务器接入多台主机可以共享 1 个 IP 地址
  d. 通过局域网接入可以有固定的 IP 地址，也可以用动态分配的 IP 地址

【提示】本题考查对用户接入 Internet 的常见方式的了解。由于终端仅仅共享同一台主机的信息，所以不需要单独的 IP 地址。通过代理服务器接入的方式，可以使多台主机共享代理服务器的 IP 地址；通过局域网方式接入可以获得固定的 IP 地址，也可以是动态分配的方式。这个问题其实可以从平时设置网卡的 IP 地址的界面看到，可以自动获得，也可以指定 IP 地址。使用 PPP 拨号方式也可以使用动态分配的方式获得 IP，如常见的通过电话线拨号等。参考答案是选项 b。

补充练习

  研究你所在的机构如何与因特网连接，在局域网和广域网方面使用哪种物理层协议和数据链路层协议。确定这些协议是无连接的还是面向连接的。

本 章 小 结

  在广域网中，信息是利用不同类型的物理层协议和数据链路层协议传输的。数据链路层主要有组帧、流量控制、差错控制、链路访问控制、物理寻址以及链路管理等功能。一些数据链路层协议是面向连接的，而另外一些是无连接的。例如，以太网是无连接的局域网协议，而帧中继是面向连接的广域网协议。无连接的协议和面向连接的协议可用在网络的不同部分，但单一 Web 页请求可以通过由二者共同构成的网络进行传输。

  伴随着接入网技术的"铜退光进"，无源光网络（PON）已经成为连接到因特网的主要方式。PON 提供点到多点的光纤接入。光网络接入的两大技术 EPON 和 GPON，各有千秋，互有竞争，互有补充，互有借鉴。

  作为 EPON 与普通以太网的最大区别是：EPON 在 MAC 层以太网数据帧头中，增加了 64 字节的多点控制协议（MPCP）来实现 EPON 系统中的带宽分配、带宽轮询、自动发现和测距等工作。MPCP 既不能说是 ONU 的一种调度算法，也称不上是一种特定的带宽分配算法，只能说是一种能使不同带宽分配算法得以实现的机制。也就是说，MPCP 在 OLT 和 ONU 之间定义了一种用来调度数据的有效发送和接收的机制。该机制在系统工作的过程中，一个时刻只允许一个 ONU 被授权在上行方向进行发送工作，至于发送的时间、各个 ONU 的拥塞报告由位于高层的 OLT 负责管理，这使得 EPON 系统内各个 ONU 的带宽分配得到极大的优化。

  GPON 基于全新的传输汇聚（TC）层。TC 层能够完成对高层多样性业务的适配，定义了 ATM 封装和 GFP 封装，可以选择二者之一进行业务封装。鉴于目前 ATM 应用已被淘汰，应用广泛的是支持 GFP 封装的 GPON。

  本章介绍了数据链路控制机制和广域网中的一些常用协议。

小测验

1. 当信息在网络中从信源传输到信宿时,物理层保持不变。判断对错。
2. 当信息在网络中从信源传输到信宿时,数据链路层保持不变。判断对错。
3. SDLC 是 HDLC 协议的子集。判断对错。
4. 在通信比特流中,用"Esc"字符来提供数据的透明度。判断对错。
5. SLIP 是比 PPP 更有效的协议。判断对错。
6. "无连接"这个术语只适用于 OSI 参考模型的第 2 层和第 3 层。判断对错。
7. 分组(包)交换网络和电路交换网络之间最主要的区别是:(   )
    a. 电路交换网络是点到点连接
    b. 分组交换网络处理数据包(分组),而电路交换网络处理线路
    c. 数据包通过分组交换网络传输的路径一般是相同的,而数据包通过电路交换网络的路径从来都不一样
    d. 数据包通过分组交换网络的路径可以是不同的,而对于会话长度来说,通过电路交换网络的路径总是相同的
8. 物理层协议的目的是:(   )
    a. 将信息传送到正确进程   b. 将数据包传输到终端结点
    c. 将帧传送到下一个结点   d. 通过物理链路传输比特流
9. 数据链路层协议的目的是:(   )
    a. 将信息传送到正确的进程   b. 将数据包传送到终端结点
    c. 将帧传送到下一个结点   d. 通过物理链路传输比特流
10. GPON 下行波长是(   ),上行波长是(   )。
    a. 1310 nm   b. 1550 nm   c. 850 nm   d. 1490 nm
11. 下列哪些属于 GPON 可提供的业务?(   )
    a. IPTV   b. E1   c. 数据业务   d. 语音业务
12. 关于 PON 的定义,说法正确的是(   )。
    a. 无源光网络(Passive Optical Network)
    b. 是一种基于 P2P 拓扑的技术   c. 支持高带宽、远距离传输
    d. 是一种应用于接入网,局端设备(OLT)与多个用户端设备(ONU/ONT)之间通过由无源的光缆、光分/合路器等组成的光分配网(ODN)连接的网络
13. 解释缩略语 OLT、ONU、ODN 分别为(   )。
    a. 光网络单元   b. 光分配网   c. 网络单元   d. 光线路终端
14. 若与某用户通过卫星链路通信时传输延迟为 270 ms,假设数据速率为 64 kb/s,帧长为 4 000 bit,若采用停等流控协议通信,则最大链路利用率为(1);若采用后退 N 帧 ARQ 协议通信,发送窗口为 8,则最大链路利用率可以达到(2)。
    (1) a. 0.104   b. 0.116   c. 0.188   d. 0.231
    (2) a. 0.416   b. 0.464   c. 0.752   d. 0.832

【提示】停等协议可以看作滑动窗口协议的特例,即发送窗口和接收窗口都是 1。在停等协议的控制下,其发送数据的方式为在 T 时间内(数据的发送时间及两倍的端到端的延迟时

间之和），满负荷的数据传输应该为 64 000 ×T bit，而实际的有效数据为 4 000 bit，所以链路的最大利用率为 4 000/（4 000+64 000×0.54）=0.104。

后退 N 帧的 ARQ 具有"推倒重来"的特征，所以称其为"回退 N 步 ARQ 协议"。即当出现差错必须重传时要向后回退 N 帧，然后开始重传。其发送窗口为 8，而 8×4 000/64 000<2×0.270。也就是说，可以发送 8×4000 bit，所以最大利用率为 0.104×8=0.832。

参考答案：（1）选项 a；（2）选项 d。

第八章 高层广域网协议

广域网通信系统一般基于公用的面向连接的服务。无连接服务（如 IP）不需要为通信会话建立路径。许多数据网络都是这样的：数据包在任何时间通过任何可用的路径从一端传到另一端；在连接的另一端，数据包经过重组，以恢复原始信息。数据包可以通过各种不同的路由而在不同的时间到达，这并不表示其他应用（如语音传输）可以容许这样的时间延迟。当运营商网络的核心主干网速度提高时，延迟就不再是问题了。

对于广域网联网，网络与网络之间传输信息的趋势是：在数据链路层是面向连接的服务，在网络层是无连接的服务。本章将介绍通常用来在广域范围内传输信息的面向连接的交换服务，包括 X.25、帧中继（FR）、多协议标签交换（MPLS），以及软件定义广域网（SD-WAN），并讨论广域网（WAN）技术如何支持并实现通信融合，将语音、视频和数据等通过相同的物理网络进行传输。

第一节 X.25

X.25 是最早的面向连接的网络层协议，在广域网中常用于实现包（分组）或流量的交换。通常情况下，X.25 网络（不管是公用网还是专用网）大都建立在公用电话网的租用线路设施之上。它使用的是网络层地址（电话号码），使得交换机可以通过多条路径来路由流量。虽然电话公司都推出了 X.25 服务，但从它所展现的性能来看，这种技术的代价非常昂贵。目前，X.25 已经被速度更快的广域网技术所取代。但是，理解 X.25 协议和服务，将有助于理解帧中继等分组交换网络协议，因为它们都是建立在 X.25 协议基础之上的。

学习目标

- ▶ 了解 X.25 协议是如何通过广域网传送数据的；
- ▶ 熟悉 X.25 各协议层的名称及其功能；
- ▶ 了解包装拆器（PAD）的作用。

关键知识点

- ▶ 许多高速分组交换（又称包交换）网络都是基于 X.25 协议的。

X.25 服务

X.25 协议是一个历史最悠久的广域网数据传输协议，它是国际电信联盟（ITU）公布的用于连接数据终端至分组交换数据网络的推荐标准。X.25 标准包含物理层、数据链路层和分组层 3 个协议，分别对应开放系统互连（OSI）参考模型的低 3 层。X.25 是一个面向连接的接口，采用虚电路传递各个数据分组至网络上的适当终点处，它提供以下两类服务：

- ▶ 永久虚电路（PVC）——X.25 的这类服务等价于租用线路，只要网络建立起来，PVC

就被静态地定义好并一直有效。但是,其中可以共享物理链路的虚电路不止 1 条,这一点与租用线路是不同的。

▶ 虚拟连接——X.25 的这类服务等价于拨号连接。网络在一条虚电路上建立连接,传送包(或称分组),直到数据传送完毕,而后释放此连接。

ITU 建议的 X.121 定义了在 X.25 网络上给设备分配地址的一个系统。X.121 系统类似于用于语音电话网络的编号方案。世界上任何地方的任何一个 X.25 用户都可由一个网络层地址唯一地标识,这个网络层地址包括世界区、国家、网络和单个用户的代码。因此,任何两个 X.25 用户,只要都在同一个网络或互联的网络内,就可以进行 X.25 通信。

X.25 协议

由于 X.25 是在个人计算机流行之前发明的,很多早期的 X.25 网络设计都用来连接 ASCII 终端和远程分时计算机。当用户在键盘中输入数据时,X.25 网络接口捕捉按键,并放在 X.25 包(或称 X.25 分组)中,然后通过网络传输分组。类似地,当运行在远程计算机的一个程序输出显示时,计算机把输出传递给 X.25 网络接口,再把信息放到 X.25 包中,并传到用户屏幕上。

X.25 接口位于 OSI 参考模型的第 3 层。X.25 定义了它自己的 3 层协议栈,如图 8.1 所示。X.25 标准早于 OSI 参考模型,其第一个版本于 1976 年发布。OSI 参考模型采用 X.25 第 3 层作为面向连接的网络层协议。

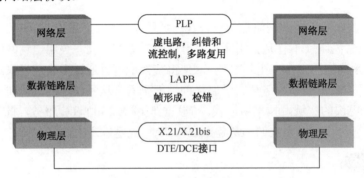

图 8.1　X.25 协议栈

X.25 标准本身并没有提供协议栈所有 3 层的完全定义,但是可以参照其他标准。例如,X.75 是对两个不同的 X.25 网络之间的接口进行定义的标准,几乎与 X.25 等同。X.25 协议栈由以下协议组成:

▶ 第 3 层——分组层协议(PLP);
▶ 第 2 层——平衡型链路接入规程(LAPB);
▶ 第 1 层——X.21 和 X.21bis。

PLP

PLP 工作在 OSI 参考模型的网络层,它管理网络中任何地方的数据通信设备(DCE)和数据终端设备(DTE)之间的连接。PLP 接收来自一个传输层进程的数据,将此数据分成许多包(分组),经这些包分配一个网络层地址,并负责将它们无差错地传送到目的结点。PLP 可建立起虚电路,并通过虚电路路由包。由于许多条虚电路可以共享一条链路,因而 PLP 也可以进行包的多路复用。

LAPB

LAPB 工作在 OSI 参考模型的第 2 层（数据链路层），可通过一条链路提供全双工点到点的无差错帧传送。这些帧将包传送到工作于第 3 层的进程或将包从工作于第 3 层的进程传送出去。

LAPB 是高级数据链路控制（HDLC）标准的一个子集。之所以 LAPB 是"平衡"的，是因为其标准除去了 HDLC 标准中与多点、非平衡操作有关的部分。

X.21 和 X.21bis

X.21 工作于 OSI 参考模型的物理层。X.21 是根据 RS-232（V.24）标准来定义 DTE/DCE 接口的，只不过 X.21 是为提供到数字网络（如 ISDN）的接口而设计的。由于在 X.25 开发时数字网络一般不太有效，因而又定义了 X.21bis（实质上是 RS-232）作为一个过渡性的标准。

包装拆器（PAD）

对于一个通过 X.25 网络来发送数据的应用来说，其网络结点必须带有 X.21 或 X.21bis 接口，而且其执行的进程是为传输层提供 LAPB 和 X.25 PLP 服务的。但当 X.25 被开发出来时，许多设备（如字处理器或"哑"终端）都没有这些构件。

为使这些设备能连接到公用 X.25 网络上，ITU-T 开发了一组标准，以提供对那些不能执行 X.25 各层协议的终端和 DTE 的访问。这些标准包括 X.3、X.28 和 X.29，通常称为交互式终端接口（ITI）标准。

总的来说，ITI 标准定义了一个"黑匣子"或包装拆器（Packet Assembler/Disassembly，PAD）。PAD 从异步 DTE（如一台 PC）接收字节流，将这些字节流"组装"成 X.25 包，并将 X.25 包发送到 X.25 网络上。PAD 概念示意图如图 8.2 所示。

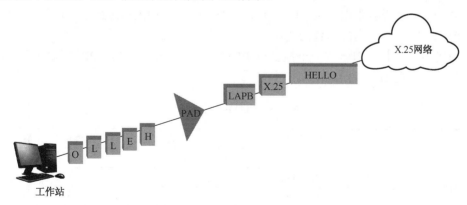

图 8.2　PAD 概念示意图

对于 DTE 设备来说，PAD 看起来就像一个调制解调器（Modem）。意思是说，除了常规异步通信所需的软硬件之外，无须将专门的软硬件添加到 DTE 设备。另外，有了用 Modem 建立的点到点链路，就可以将 DTE 设备连接到 PAD。单个 PAD 可为几台 DTE 设备提供服务，它尽可能将来自多台 DTE 设备的数据放到一个包中，从而执行集中器的功能。

PLP

PLP 使用数据包、控制包两类包，其格式如图 8.3 所示。

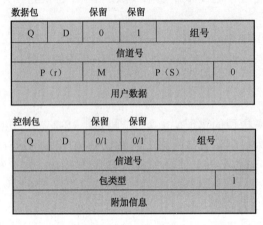

图 8.3　PLP 包格式

PLP 数据包、控制包中各字段含义如下：

- Q 位——区分控制信息和用户数据信息。当 Q 位被置为 1 时，表示该包为用户数据；当 Q 位被置为 0 时，则表示该包为控制包。
- D 位——表示端到端的包确认。
- 保留位——紧随 Q 位和 D 位之后的 2 位，目前不用。
- 组号——包含逻辑信道组号。
- 信道号——标识逻辑信道号。信道号和组号一起构成包地址。
- P（r）——包含要发送的下一个包的序列号。
- M 位——"更多数据"位。M 位被置位时，表示有相关的附加包正在传送之中。
- P（s）——包含所发送包的值。
- 包类型——标识包含在一个控制包中的命令或指令。X.25/LAPB 协议中可用的 PLP 控制包类型如表 8.1 所示。

表 8.1　PLP 控制包类型

	DCE 到 DTE	DTE 到 DCE	控制字段的值
呼叫建立和清除	入呼叫	呼叫请求	0 0 0 0 1 0 1 1
	呼叫连接		0 0 0 0 1 1 1 1
	清除显示		0 0 0 1 0 0 1 1
	DCE 清除确认		0 0 0 1 0 0 1 1
数据和中断	DCE 数据		X X X X X X X 1
	DCE 中断		0 0 1 0 0 0 1 1
	确认		0 0 0 1 0 0 1 1

续表

	DCE 到 DTE	DTE 到 DCE	控制字段的值
流控制和复位	DCE RR（模 8）	DTE RR（模 8）	X X X 0 0 0 0 1
	DCE RR（模 128）	DTE RR（模 128）	0 0 0 0 0 0 0 1
	DCE RNR（模 8）	DTE RR（模 8）	X X X 0 0 1 0 1
	DCE RR（模 128）	DTE RR（模 128）	0 0 0 0 0 1 0 1
	复位显示	复位显示	0 0 0 1 1 0 1 1
	DCE 复位确认	DTE 复位确认	0 0 0 1 1 1 1 1
重新启动	重启显示	重启请求	1 1 1 1 1 0 1 1
	DCE 重启确认	DTE 重启确认	1 1 1 1 1 1 1 1

控制包用来建立、引导和终止一段 X.25 会话。图 8.4 示出了建立 X.25 连接和发送数据所需的一个典型的包（分组）交换序列。

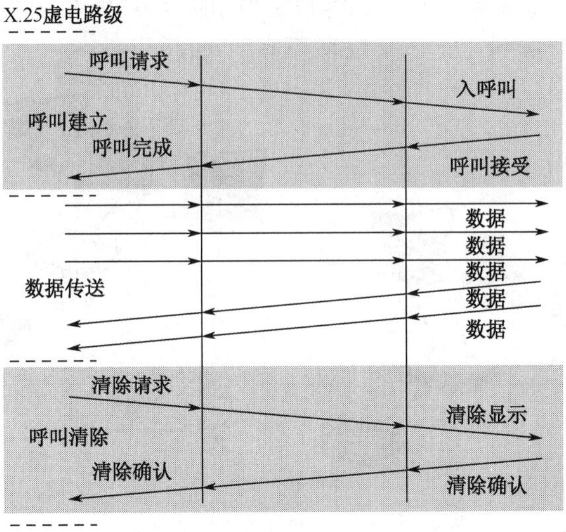

图 8.4　X.25 包交换序列

开销和性能的局限性

如今，X.25 网络已被更快的包/信元交换网络（如帧中继）所取代。这是因为 X.25 网络具有以下局限性：

- ▶ 吞吐量低——X.25 网络至多能够支持 DS0 带宽。
- ▶ 开销大——由于 X.25 的 PLP 负责包的无差错传递，因而虚电路中的每个结点，连同接收结点中的传输层进程，都必须对所接收到的每个包进行确认。除了每个"真正的"数据包通过网络往返传送外，几个确认包也必须经过相同的路经往返传送。其结果是，有效吞吐量远远低于组成网络的物理链路的额定容量。
- ▶ 功能多余——当公用电话网速率较低且大部分为模拟网时，X.25 的开销是合理的，1976 年 X.25 首次投入使用时就是这样。然而，今天的数字网络是越来越基于光纤的，可靠得多，拥有足够大的带宽，因而拥塞不太可能发生。结果，位于第 3 层的流控制不再需要了,错误恢复留给较高层去完成,这些较高层在任何事件中都要进行错误恢复。

典型问题解析

【例 8-1】在 X.25 网络中,(　　)是网络层协议。
　　a.LAPB　　　　b.X.21　　　　c.X.25 PLP　　　　d.MHS

【解析】选项 a 的 LAPB 是 X.25 的数据链路层协议,帧中继使用 LAPD。选项 b 的 X.21 用于定义主机与网络之间物理、电气、功能以及过程特性,是 X.25 的物理层协议。选项 d 的 MHS(消息处理系统)是信息处理服务,是 OSI 参考模型的应用层协议。而 X.25 PLP 是 X.25 的网络层协议。参考答案是选项 c。

练习

根据图 8.5 所示,描述从客户机 A 到客户机 B 和从客户机 B 到客户机 A 的信息流动。说明在每台设备中和通过广域网(WAN)时所用到的协议。

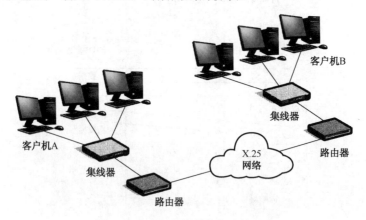

图 8.5　客户机之间的信息流动示意

补充练习

根据图 8.4 所示,X.25 包通过广域网往返传输时画出这些包。假定 IP 包(IP 分组)正在由 X.25 包进行传送,请指出哪些 X.25 包将承载 IP 包,而哪些分组是控制包。

第二节　帧　中　继

帧中继(FR)是在用户与网络接口之间提供用户信息流的双向传送,保持其顺序不变,并对用户信息流进行统计复用的一种承载业务。使用"帧"这个术语,是因为帧中继实现了多条虚电路(或端点)的数据帧的异步多路复用。帧中继可以有效地处理突发性数据,当数据业务量为突发性数据时,帧中继具有动态分配的功能,它允许用户的数据速率在一定范围内变化;但它不适于对延迟较敏感的应用(如音频、视频),因为无法保证可靠提交。帧中继的速率可达 64 kb/s~2 Mb/s,当参与通信的各方多于两个时,使用帧中继是一种较好的解决方案。大多数本地运营商和长途运营商都提供帧中继服务。

学习目标

- ▶ 了解帧中继的基本操作；
- ▶ 了解帧中继如何使用虚电路在网络上传输数据，并画出一个包括高层的帧中继帧；
- ▶ 掌握帧中继使用的协议报头格式；
- ▶ 了解帧中继在企业网络中的典型应用，以及公用帧中继网络、专用帧中继网络和混合帧中继网络之间的差别。

关键知识点

- ▶ 帧中继最初是用来在广域网上传输数据的，帧中继帧包含网络地址；
- ▶ 企业网可采用各种方式应用帧中继。

帧中继的概念

帧中继（FR）技术是在分组（包）交换技术充分发展，数字与光纤传输线路逐渐替代已有的模拟线路，用户端应用日益智能化的条件下诞生和发展起来的。在 20 世纪 80 年代后期，许多网络应用迫切需要增加分组交换服务的速率，然而，X.25 网络的体系结构并不适合高速交换。1984 年，CCITT（ITU-T 前身）开始分组交换技术的改造升级，提出帧中继技术，对应的标准为 CCITT Q.922。1989 年至 1992 年，ITU-T 制定了多项帧中继标准，在随后的 1993 年至 1996 年的研究期间又进行了修改和补充，形成了帧中继 ITU-T 标准。在我国的帧中继技术规范中，规定采用 ITU-T 标准。

帧中继标准定义了企业网络与分组交换网络之间的接口。帧中继网络以帧为单位传输用户信息。帧中继工作在 OSI 参考模型的最低两层，即物理层和数据链路层。从物理层上讲，帧中继设备是一个连接到 3 条或更多条高速链路的设备，并在它们之间路由数据流，如图 8.6 所示。在该图中假设帧中继网络已经建好虚电路（VC）。VC1 从多路复用器 A 到多路复用器 C，VC2 从多路复用器 A 到多路复用器 D，VC3 从多路复用器 A 到多路复用器 E。所有这些电路都从帧中继设备 B 通过。

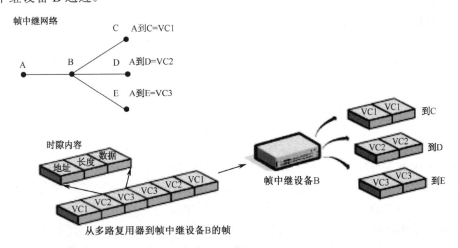

图 8.6　帧中继

接下来,假设所有 3 条电路上的数据都流入多路复用器 A,则多路复用器 A 把它们分割成帧,帧中存储着数据、地址和长度信息。(图中经过了简化,其所有的数据长度都相同。)

帧从 A 传送到 B,B 必须对此帧进行多路分解,分成若干帧发送到 C、D 和 E。

图 8.7 所示是另外一种类似的帧中继网络。这里,路由器支持帧中继网络。虚电路 1(VC1)可以是从路由器 1 到路由器 C 的通路,VC2 可以是从路由器 1 到路由器 D 的通路,VC3 可以是路由器 2 到路由器 E 的通路。

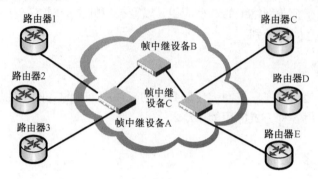

图 8.7 帧中继网络

帧中继有如下几个主要特点:
- 按照 ITU-T 的定义,帧中继可以提供 T1 或 E1 带宽。然而,现在的帧中继服务提供商都在承诺提供 T3 带宽。
- 帧中继最终的目的是进行数据传输,而不是进行语音、视频或其他对时间敏感的信息的传输。
- 仅提供面向连接的服务。帧中继网络不提供全连接模式的数据链路服务。虽然帧中继是面向连接的,但它不提供端到端检错或纠错功能;它可以使一帧通过网络,也可以使其不通过网络。它的地址字段和 CRC 字段相对于每个接口来说都是本地的,每帧在通过网络设备后都被网络改变。
- 能检测到传输错误,但是不能纠正这些错误(帧被丢弃)。DLC(数据链路连接)级的发送方并不知道该帧被丢弃;因为人们假定物理链路是可靠的,帧中继设备出错率很低。
- 帧中继速度比 X.25 要快,因为它只需将帧传递到下一个帧中继设备,而且网络不执行纠错的功能。

当前,大部分电信公司都提供帧中继服务。由于其帧的长度是可变的,帧中继不适用于语音和视频业务。

对于帧中继,需要理解几个重要的术语。其中两个是承诺信息速率(CIR)和承诺最大信息帧长度(CBS)。CIR 是对特定服务所承诺的平均数据传输速率,CBS 是指在一段时间间隔内传输的比特数。

在购买帧中继设备时,CIR 和 CBS 是两个很重要的考虑因素。CIR 和 CBS 的关系是:时间 t = CBS/CIR。例如,当 CIR 为 256kb/s,CBS 为 512kb 时,表示在任意给定的 2s 时间内,网络将传送 512 kb 数据,此速率是对于拥塞周期而言的。

在负载较小的网络中,网络的实际吞吐量将比 CBS 大,这就是 EBS(超最大信息帧长度)。与 EBS 相对应的是超信息速率(EIR),即在给定的时间内所允许的超数据速率。其他帧中继环境中常见的重要术语有：
- ▶ 帧中继接入设备（FRAD）——一种提供帧中继网络接入的设备。在局域网中，它通常是路由器。
- ▶ 用户-网络接口（UNI）——规定了帧中继网络设备和终端用户设备之间的信令和管理功能。
- ▶ 网络-网络接口（NNI）——规定了两个帧中继网络之间的信令和管理功能。

帧中继协议

帧中继是综合业务数字网（ISDN）的一个产物，最初用来提供高速率的分组（包）交换数据传输业务。帧中继协议在第 2 层实现，没有专门的物理层接口（可以使用 X.25、V.35、G.703 和 G.704 等接口协议）。在其上可以承载 IP 数据包，而其他协议（甚至远程网桥协议）都可以在帧中继上透明传输。在此从技术原理的角度讨论帧中继，主要考察有效带宽的分配和虚电路在帧中继网络中的创建。

永久电路和虚电路

在帧中继网络中，各种应用可共享有效带宽，激活状态的应用在其他设备没有发送或接收信息时，可以在任何时刻访问网络。当出现问题时，帧中继可以重新路由通信流，因为帧中继交换机有得到网络状况、对此状况进行说明和采取正确行动的智能和能力。一般的专用线路没有这个能力。

帧中继通过虚电路（VC）承载网络业务。虚电路（VC）通过 NNI 从一个网络终端映射到另一个网络终端。每条 VC 轮换使用端口连接设备的整个容量来收发数据，其轮换周期取决于每条 VC 的承诺信息速率（CIR）。当一个端口上的数据容量过大或分配到此端口的其他 VC 均处于空闲状态时，此端口的 VC 就会出现突发流量，使速率超过 CIR。这是帧中继与 TDM（时分复用）的另一个不同之处，如图 8.8 所示。

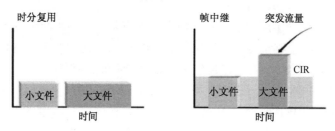

图 8.8 帧中继与时分复用对比

帧中继帧

帧中继帧基于 ISDN 数据链路层 LAPD（D 信道链路接入规程）帧格式，包含长度为 2 字节的报头字段、可变长度的信息字段、帧校验字段以及开始/终止标志位字段。报头信息包括用于数据链路连接标识符（DLCI）的 10 位。DLCI 的 10 位允许每个物理接口上有 1000 多个虚电路地址。剩余的位用于拥塞信息和其他控制功能。图 8.9 显示了帧中继的帧格式。

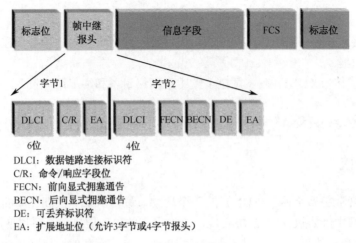

图 8.9 帧中继的帧格式

帧中继的一帧包含以下内容：
- 标志位——标识每帧的开始和终止。
- DLCI——用来标识一帧的虚电路。它是一个 10 位的地址，前 6 位来自帧中继报头的第一个 8 位字节的前 6 位，后 4 位来自帧中继报头的第二个 8 位字节的前 4 位。DLCI 标识了用户和网络之间的逻辑信道，但不能涵盖整个网络。
- 命令/响应（C/R）——C/R 位没有使用。
- 扩展地址位（EA）——EA 位可将地址从 10 位扩展到 12 位。EA 位不常用。
- 前向显式拥塞通告（FECN）——FECN 位用来告诉接收方：此帧通过网络时，曾经发生过拥塞。它是由网络而不是由用户设定的。
- 后向显式拥塞通告（BECN）——BECN 位用来表示相反方向的通信流可能发生过拥塞。
- 可丢弃（DE）位——DE 位用来为帧中继设备提示：在发生拥塞时，同其他没有设置 DE 位的帧相比，该帧可以被丢弃。
- 信息字段——包含了用户数据。其最大推荐净荷是 1 600 字节，最小推荐净荷是 1 字节。网络中的帧中继设备对帧信息字段的内容不予处理。监督（控制）位信息利用一个独立的 DLCI 通过网络，并且被认为是"频带外"信号。
- 帧校验序列（FCS）——用于校验接收到的帧是否有错。在每一帧的尾部，访问设备提供一个 FCS，以保证比特的完整性。出错的帧被丢弃。与 X.25 不同，帧中继端点设备能够知道帧被丢弃，并通过重新初始化传输来恢复该帧。

LAPD 的信息字段（I Field）长度是可变的。虽然从理论上讲 FCS 校验的最大完整性信息可达 4 096 字节，但实际上的完整性是由销售商规定的。帧中继规范规定，所有的网络都支持的"最小最大值"是 1 600 字节。信息字段包含了在帧中继网络的设备间传输的数据。用户数据可以包含用于访问设备的各种协议（如 PDU，即协议数据单元）。根据 IETF RFC 1490（一个规范信息字段内使用的协议的工业标准机制），信息字段也可以包括"多协议封装"。不管有没有多协议封装，信息字段内的协议信息对帧中继网络都是透明的。

帧中继使用报头位来指示网络拥塞。网络通过前向和后向显式拥塞通告（FECN 和 BECN）向被访问设备通告网络拥塞的情况。被访问设备负责在这种拥塞情况下限制数据的流量。为管理拥塞和保证公平，有丢弃位的帧都根据丢弃位做了标识。帧中继规范说明书提供了一个流量控制的方法，但不保证那些规范在设备上可以实现。这是一个由销售商规定的问题，它通常是销售商产品性能的主要差别，但它一般不会影响基本的帧中继网络的兼容性。

网络和访问设备可以传送具有唯一 DLCI 地址的特殊管理帧。这些帧监控状态链路，并反映它处于使用状态还是未使用状态。管理帧也传送关于永久虚电路（PVC）的当前状态和网络上任何 DLCI 变化的信息。本地管理接口（LMI）是提供 PVC 状态信息的协议。帧中继的最初规范并没有规定这种状态。后来，ANSI 和 CCITT 为 LMI 开发并协作推出了一种方法，即"官方"公认的数据链路控制管理接口（DLCMI）。

帧中继协议很简单。如果帧中继设备接收了无效的帧，不用通知发送方或接收方，丢弃即可。帧中继协议不支持对帧进行排序，并且在信息字段内不发送控制信息，只发送用户数据。帧中继设备不用在网络接收端对帧进行确认。

BECN 和 FECN 在帧中继网络中用来标识拥塞。图 8.10 示出了当设备 C 中发生拥塞时如何传输信息。设备 C 检测到设备 E 方向拥塞，就在帧中设置 FECN 位，设备 E 在必要时丢弃该帧以避免拥塞；设备 C 同时在帧中为设备 A 设置 BECN 位，设备 A 可以采取适当的行动来避免设备 C 与设备 E 之间的拥塞。

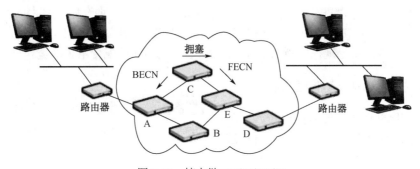

图 8.10 帧中继 BECN/FECN

帧中继寻址

帧中继连接是一种虚电路，称为数据链路连接（DLC）。在大多数帧中继设备和服务中，DLC 是永久虚电路（PVC），由连接的两端预先定义好。交换虚电路（SVC）也是在帧中继规范中定义的。最初为帧中继提供的服务是基于 PVC 的，这种趋势一直延续至今。PVC 已经并将继续为大部分现有的数据应用提供有效服务。但是，为满足新的应用，刺激互联通信，支持和实现 SVC 的厂商也在增加。

每个 DLC，无论是 PVC 还是 SVC，都有一个标识码 DLCI。与物理地址在以太网中的变化类似，DLCI 随着帧在段间的传输而变化。所以，要记住的是 DLCI 只在本地有意义，即帧中继连接的 DLCI 在本地和远程终端可能不同（通常是不同的）。因此，需要知道提供给帧中继网络的任何链路的本地 DLCI 和远程 DLCI。无论是通信公司还是专用网络，其中每个帧中继交换机内的路由表都负责把帧路由到正确的目的结点，在目的结点交替读出并分配帧内控制部分的 DLCI 值。

DLCI 是帧的一部分，用来标识终端设备与网络间的逻辑信道。由于 DLCI 仅标识网络的连接，所以映射两个正在通信的 DLCI 的任务就由网络设备来完成。图 8.11 示出了这种情况。

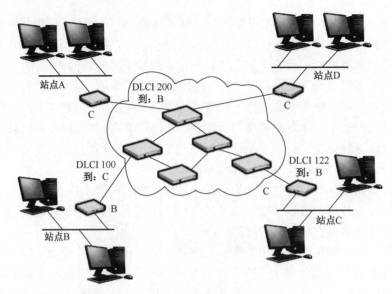

图 8.11 帧中继寻址

在图 8.11 中，DLCI 200 由帧中继网络从站点 A 路由到站点 B，而在站点 B 上的是 DLCI 100。所有从站点 A 上的 DLCI 200 发出的数据将出现在站点 B 的 DLCI 100 上。所有从站点 B 上的 DLCI 100 发出的数据将出现在站点 A 的 DLCI 200 上。DLCI 的配置不正确是一个常见的错误。

通过帧中继实现局域网互联

由于帧中继的速度和灵活性比较好，常用来在广域范围内传输局域网业务。将局域网连接到帧中继网络的设备，都要封装数据帧或者帧中继帧中的数据包，并将其在网络中传输，如图 8.12 所示。在网络的另一端，信息从帧中继帧中提取出来，并被传输到最终的目的结点。

图 8.12 帧中继封装

帧中继的实现

大部分机构采用的既不是纯粹的公用网络，也不是纯粹的专用网络体系结构，而是二者的结合——混合网络设计。这已成为一个大机构的工业化标准体系结构。因此，在设计和实现广域网时，同时评估公用电话交换网络服务和专用线路网络服务是非常重要的。

帧中继实现方案

从理论上讲，建立一个帧中继网络有如下 3 种方案：
- 专用网络解决方案；
- 使用公用设施的解决方案；
- 混合解决方案，既使用专用设备，又使用公用设施。

专用帧中继网络可以在没有公用设施的情况下构建，如图 8.13 所示。

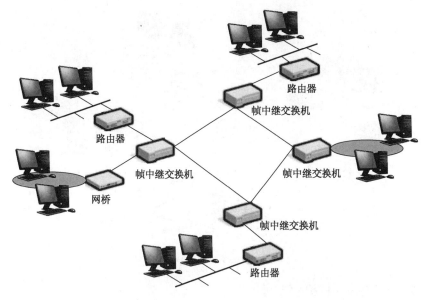

图 8.13　专用帧中继网络

另一种帧中继技术的实现方案是通过使用公用设施。其中帧中继交换机和帧中继主干网由远程通信服务提供商拥有和经营。用户看不到交换机和交换配置，看不到信息从源网到目的网所走的路径，也不需要管理网络。这种技术为每个特定站点提供了一条虚电路，并且只有该站点端的用户可以使用这条电路。这就是虚拟专用网（VPN）。图 8.14 中的网络云示意了这个概念。

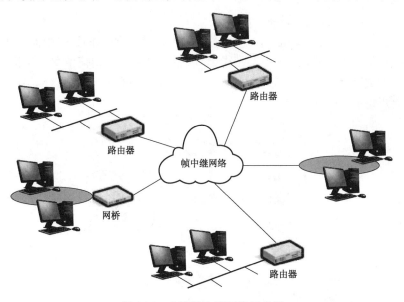

图 8.14　公用帧中继网络示意图

将专用设备和公用设施进行组合，就可以组成一个混合帧中继网络。具体采用公用网络、专用网络还是混合网络，要根据企业业务的具体应用来决定。对于那些想联网但又没有条件的特定地区来说，把公用设施和专用设备或其他技术结合起来可能是很必要的。图 8.15 示意了混合帧中继网络的概念。

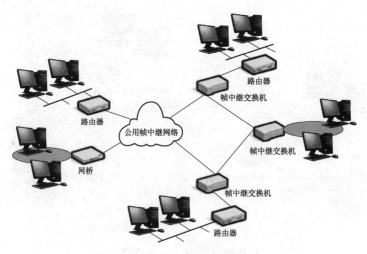

图 8.15 混合帧中继网络示意图

用户终端对帧中继网络的访问

用户终端可以通过多种方式访问帧中继网络。一般来说，PC 和工作站都使用帧中继网络，如许多语音和视频应用。用户终端包括：

- 个人计算机（PC）；
- 工作站；
- 控制器；
- PBX（专用小交换机）设备。

用户终端连接到有帧中继功能的 CPE（用户驻地设备，如网桥和路由器）。CPE 从网络中获取信息，并将信息放在帧中继帧中。帧中继帧通过 UNI 传输到帧中继交换机。UNI 连接是处于 CPE 和帧中继网络之间的。图 8.16 示出了多种可能的连接。帧中继网络中的帧中继交换机提供 NNI 上两端点之间的连接。

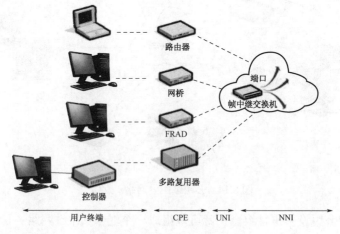

图 8.16 终端用户可能的连接

帧中继和专线网络

专用的点到点线路（如 T1）广泛用于计算机网络中各站点之间的连接。专用线路采用 TDM

技术，通过广域网进行数据通信。通常，专用线路用来满足网络连接的高峰数据流量的速率要求。

广域网的重点已经从专用网络转向了交换网络，原因是高质量的公用交换网络本身使交换技术具有很高的可靠性和效率。最新一代的公用网络服务（包括帧中继）使得这一趋势更加明显。

对帧中继的需求不断增长的一个原因是：与 T1 网络相比，帧中继网络的复杂度降低了。随着端点数量的增加，帧中继显得越来越有意义，如图 8.17 所示。

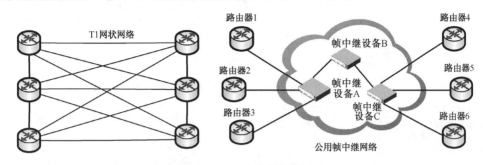

图 8.17　T1 网络和帧中继网络

值得注意的是，典型的帧中继实现是采用 T1 作为物理层服务的。也就是说，帧中继依靠基于 T1 的点到点服务。

公用帧中继服务

帧中继可提供高速率数据传输服务。其中源结点和目的结点之间使用租用线路进行通信，这些租用线路一般是部分 T1 或全 T1 连接。

为使数据传输到正确的目的地，帧中继帧中包含了寻址信息，网络利用该信息来保证通过服务提供商的交换机正确地路由数据。寻址实质上是让用户建立虚电路，在相同的访问链路上进行通信。

帧中继网络对网络管理者非常有诱惑力，部分原因在于它可利用公用数据网络，使得与机构自身复杂的网状拓扑广域网的维护有关的线路、设备和管理费用减到最少。这种节省费用的方法是可行的，因为设计、维护网状数据网络的重担落在了服务提供商的身上。

这种安排有很多优势。首先，它减轻了网络管理者管理整个基础设施的负担。其次，还减少了在网络中进行必要的改动所要花费的精力。

例如，如果网络管理者需要增加带宽或者增加网络接入点的数量，只要打几个电话给服务提供商，然后对中心站点上的路由器进行轻微的改动即可。当新的应用需要更高速率时，一般可以随时增加带宽。

第一个公用帧中继服务开始于 1991 年的美国。如今，在帧中继市场上已有许多服务提供商。图 8.18 示出了所提供的各种帧中继公用服务，其中包括：

- ▶ 基本帧中继传输；
- ▶ 多种访问方式选择；
- ▶ 用户网络管理；
- ▶ 因特网访问；
- ▶ 国际连接；
- ▶ 受控网络服务。

可以看到，使用帧中继网络的方式很多。用调制解调器进行拨号访问，对于流动工作人员、远程通信用户和临时网络用户来说是一个非常合适的选择。

图 8.18 帧中继公用服务

典型问题解析

【例 8-2】以下关于 X.25 网络的描述中，正确的是（　　）。

  a．X.25 的网络层提供无连接的服务

  b．X.25 网络丢失帧时，提供检查帧顺序号来重传丢失的帧

  c．X.25 网络使用 LAPD 作为传输控制协议

  d．X.25 网络采用多路复用技术，帧中的各个时槽被预先分配给不同的终端

【解析】X.25 提供面向连接的虚电路服务，选项 a 是错误的。X.25 不重传丢失的帧，而是采用后退 N 帧的 ARQ 协议，选项 b 也不正确。X.25 网络使用 LAPB，帧中继采用 LAPD，选项 c 也不正确。参考答案是选项 d。

【例 8-3】以下关于帧中继网络的叙述中，错误的是（　　）。

  a．帧中继提供面向连接的网络服务

  b．帧在传输过程中要进行流量控制

  c．既可以按需要提供带宽，也可以是突发式业务

  d．帧长可变，可以承载各种局域网的数据帧

【解析】帧中继（FR）向用户提供面向连接的通信服务。其中省略了帧编号、差错控制、流量控制、应答、监视等功能，把这些功能全部交给用户终端去完成，大大节省了交换机的开销，降低了时延，提高了信息吞吐量。参考答案是选项 b。

【例 8-4】下面关于帧中继网络的描述中，错误的是（　　）。

  a．用户的数据速率可以在一定的范围内变化

  b．既可以使用流式业务，又可以适应突发式业务

  c．帧中继网络可以提供永久虚电路和交换虚电路

  d．帧中继虚电路建立在 HDLC 协议之上

【解析】帧中继（FR）在第 2 层建立虚电路，用帧方式承载数据业务。帧中继的帧比 HDLC 操作简单：只做检错，不重传；只有拥塞控制，没有滑动窗口式的流控。帧中继协议是 LAPD，它为帧中继网络进行信令管理提供数据链路层支持。LAPD 与 X.25 的 LAPB 基本相同，但简单一些，省去了控制字段。参考答案是选项 d。

【例 8-5】在帧中继的地址格式中，表示虚电路标识的是（　　）。

  a．CIR   b．DLCI   c．LMI   d．VPI

【解析】CIR 的含义是承诺信息速率；LMI 的含义是本地管理接口，常用 LMI 封装的类型有 Cisco、Ansi 和 Q933a；VPI 是 ATM 的虚电路。参考答案是选项 b。

练习

1. 画图表示两个局域网，要求每个局域网包含 15 个用户和 2 个服务商，使用帧中继通过路由器连接起来。在图上标出下列设备所在的位置：
     a．FRAD b．NNI c．UNI d．ECS（云服务器）
2. CIR 的定义是：（ ）
     a．设备所承诺的平均数据传输速率 b．在某个给定的时间内能传输的位数
     c．在网络用户较少时所能实现的吞吐量 d．两个帧中继设备之间的信令和管理功能
3. 帧中继比较适合语音与视频应用。判断对错。
4. CIR 是实际的帧中继网络吞吐量。判断对错。
5. CBS 定义了在某个给定的时间内能传输的位数。判断对错。
6. 描述帧中继网络的基本工作过程。
7. 描述帧中继寻址原理。
8. 描述 BECN 和 FECN 的基本功能。
9. 画图表示协议栈和相应的封装 TCP/IP 数据包的帧中继帧。

补充练习

有分散在全国各地的 5 个地点。每个地点由路由器提供全国范围的局域网互联服务。每台路由器和一个地区（比如一个城市中的不同建筑物）内的许多局域网相连。假设通信流量是间断性的，但是有很高的峰值速率。根据通信流量的不同，用户拥有遍布全国的不同容量的点到点租用线路。

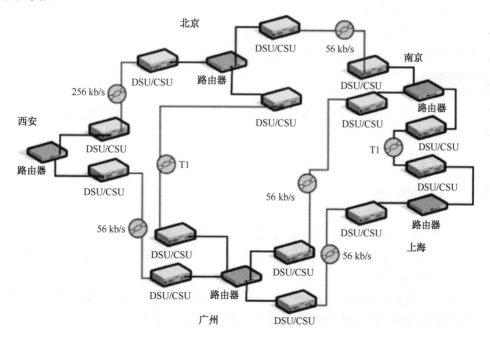

在上面的初始网络图中,非帧中继网络包括 5 台路由器、14 个 DSU/CSU、4 条 56 kb/s 租用线路、2 条 1.544 Mb/s 租用线路(T1)和 1 条 256 kb/s 租用线路(FT1)。路由器有 14 个路由端口,增加了路由器成本。另外,大多数路由器生产厂家路由器的性能和路由器的存储器容量结合起来。

如果深入分析该图,将会发现:
▶ 有 7 条租用线路用来改变容量和距离;
▶ 使用了 14 个 DSU/CSU;
▶ 使用了 14 个路由器端口。

试确定帧中继的实现需要哪些设备。画一张使用帧中继满足上述要求的图。

第三节 多协议标签交换(MPLS)

多协议标签交换(Multi-Protocol Label Switching,MPLS)是一种在开放的通信网络上利用标签引导数据高速、高效地传输的技术,是一种介于第 2 层和第 3 层之间的 2.5 层的连接机制。它的价值在于不是把 IP 加到分组交换网络(如 FR),而是把快速分组交换加到 IP 路由器网络中。其主要优点是减小了网络的复杂性,兼容已有的各种主流网络技术,能降低网络成本,在提供 IP 业务时确保服务质量(QoS)和安全性,具有流量工程(Traffic Engineering,TE)能力。此外,MPLS 还能解决虚拟专用网(VPN)扩展和维护成本等问题。

本节主要关注通用 MPLS 框架,有关标签分发协议(LDP)、CR-LDP 和 RSVP-TE 等内容可以参考相关文献。MPLS 的详细介绍可参考 RFC 3031(Multi-Protocol Label Switching Architecture)。

学习目标

▶ 了解 MPLS 的技术特点;
▶ 理解 MPLS 的体系结构、组件及工作原理;
▶ 掌握 MPLS 在传输网络中的实际应用。

关键知识点

▶ MPLS 的主要组成部分是标签边界路由器(LER)、标签交换路由器(LSR),以及在其中运行的标签分发协议(LDP);
▶ MPLS 是利用标签(Label)进行数据转发的。

MPLS 基本概念

多协议标签交换(MPLS)是一种用于快速分组交换和路由的技术。最初是为了提高转发速率而提出 MPLS 的,由其英文单词 Multi-Protocol Label Switching 可以了解其基本含义:

▶ Multi-Protocol(多协议)——MPLS 虽起源于 IPv4,但其核心技术可支持多种协议,如 IPv6、IPX(Internet Packet Exchange protocol,互联网分组交换协议)、CLNP(Connectionless Network Protocol,无连接网络协议)等。

- Label（标签）——标签是一种短的、等长的、易于处理的、不包含拓扑信息、只具有局部意义的信息内容。MPLS 基于标签进行分组（包）交换和转发。
- Switching（交换）——MPLS 为网络数据流提供了目的地址、路由地址、转发和交换等。针对 IP 业务，IP 分组（数据包）在进入 MPLS 网络时，入口的路由器分析 IP 分组的内容并且为这些 IP 分组选择合适的标签；然后，MPLS 网络中的所有结点都依据该标签转发 IP 分组；当该 IP 分组最终离开 MPLS 网络时，该标签被出口的边缘路由器弹出。

与传统 IP 路由方式相比，MPLS 在数据转发时，只在网络边缘分析 IP 报头，而不用在每一跳都分析 IP 报头，从而节约了处理时间。更特殊的是，MPLS 具有管理各种不同形式通信流的机制。

MPLS 发展由来

20 世纪末，网络技术迅速发展，互联网新的应用层出不穷，如语音传送、视频服务、多媒体信息传输等。迅猛增长的网络应用对数据传输承载技术提出了挑战。当时，在世界范围内存在两大核心网络技术：一个是计算机网络领域倡导的 IP 网络技术；另一个是电信领域推崇的帧中继（FR）和异步转移模式（ATM）技术。IP 网络技术的优点是具有灵活的路由体系，采用无连接的尽力而为的服务模式，适于非实时信息的传输。但传统的 IP 技术对时延、带宽等 QoS 无法保证，也不能满足语音、视频等实时信息的传输要求。FR、ATM 是宽带通信网的核心技术，是一种面向连接的传输技术，它综合了分组交换和电路交换的优点，具有良好的 QoS 保证，支持语音数据和图像通信；缺点是其连接建立信令过于复杂，路由灵活性、传输效率也不高。因此，非常迫切寻找一个"通用"网络框架，把 IP 与 FR、ATM 的优点结合起来，在满足新业务需求的同时，维持现有的技术成本。

随着网络规模的迅速增长，数据传输承载技术呈现出多样性的特点，如 ATM、FR、PPP 和 SDH 等。占有核心技术地位的 IP 路由技术及组网方式也已不适应网络的扩展和许多增值服务。因此，各种 IP 与 ATM 融合的技术都只能解决局部问题，这些技术虽然利用了 ATM 高速交换的特性，但要么没有充分利用 ATM 的 QoS 特性，要么过于复杂和标准不完善。例如，LANE（局域网仿真）只能应用于较小规模的网络，不能支持像因特网这样的大型网络。如何实现多种不同传输承载链路技术的网络互联互通，成为一个迫切需要解决的问题。为了解决这些问题，1997 年，以 Cisco 公司为主的若干公司提出了 MPLS 技术。

MPLS 属于集成模型技术，它基于标签交换的机制，在 ATM 层上直接承载 IP 业务。与重叠模型技术相比，它提高了业务的性能和网络效率。许多厂商都推出了标签交换技术产品。在商业利益的推动和厂商的积极参与下，IETF（因特网工程任务组）专门成立 MPLS 工作组，开发和制定了有关 MPLS 的标准。

MPLS 标准草案主要包括四部分：第一部分描述了 MPLS 的总体情况和术语；第二部分是标准草案的主体，描述了 MPLS 的标签格式、标签分配的属性、标签分发协议（LDP）的概念、标签编码以及路由选择机制和环路控制等内容；第三部分主要论述 MPLS 的某些应用；第四部分重点描述标签分发协议（LDP）。

MPLS 传输网络的基本构成

MPLS 是基于 TCP/IP 的互联网时代发展最为迅速的技术，并且已成为宽带骨干网中的一个根本性的重要技术。MPLS 传输网络是指由运行 MPLS 协议的交换结点构成的区域，其交换结点就是 MPLS 标签交换路由器。图 8.19 出意了 MPLS 传输网络的基本构成。按照交换结点在 MPLS 网络中所处位置的不同，将位于 MPLS 域边缘、连接其他用户网络的路由器称为标签边界路由器（Label Edge Router，LER）；将位于 MPLS 区域内部的路由器称为标签交换路由器（Label Switched Router，LSR）。区域内 LSR 之间使用 MPLS 协议通信，MPLS 区域的边缘由 LER 与传统 IP 技术进行适配。

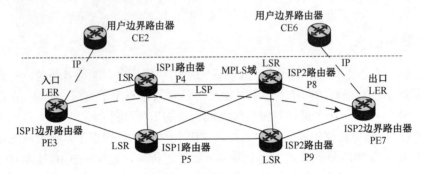

图 8.19 MPLS 传输网络构成示意图

LER、LSR 两类路由器的功能因其在网络中位置的不同而略有差异。LER 的作用是分析 IP 报头，用于决定相应的传送级别和标签交换路径（Label Switch Path，LSP）。IP 分组（数据包）进入 LER 时，LER 对其进行路由表的查找，确定通向目的地的链路，之后为每个路由建立一条 LSP，在数据包上加上一个本地标签交换路径识别符。LSR 可以看作实现了 MPLS 功能的交换机，只需沿着标签所确定的路径转发数据包即可，无须再查路由表。IP 分组在入口 LER 被压入标签后，沿着由一系列 LSR 构成的 LSP 传送，其中，入口 LER 被称为 Ingress，出口 LER 被称为 Egress，中间的结点 LSR 则是由控制单元和交换单元组成的路由结点（称为 Transit）。

MPLS 术语

为便于深入讨论 MPLS 技术，需要先了解一些与 MPLS 相关的术语。

▶ 转发等价类（FEC）——MPLS 作为一种分类转发技术，将具有相同转发处理方式的分组（数据包）归为一类，称为转发等价类（Forwarding Equivalence Class，FEC）。相同 FEC 的分组在 MPLS 传输网络中将获得完全相同的处理。

▶ 标签——标签是一个长度固定，仅具有本地意义的短标识符，用于唯一标识一个分组所属的 FEC。一个标签只能代表一个 FEC。

▶ 标签交换路径（LSP）——指一个转发等价类（FEC）在 MPLS 传输网络中经过的路径，即沿相同路径的单向连接。在一条 LSP 上，沿数据传送的方向，相邻的 LSR 分别称为上游 LSR 和下游 LSR。LSP 也称为隧道，但在 MPLS 中这个隧道被称为标签交换路径。

▶ 入口路由器——LSP 的起点，标签是在入口路由器中加到数据包上的。

- 出口路由器——LSP 的终点，标签是在出口路由器中从数据包上弹出的。
- 转接路由器或中间路由器——在入口路由器和出口路由器之间至少存在一个转接路由器。这个转接路由器交换标签，并用出去的标签值取代进来的标签值。
- 静态 LSP——通过手动设置的 LSP，类似于帧中继中的永久虚电路（PVC），难以迅速改变。
- 信令控制的 LSP——利用 MPLS 的信令控制协议设置的 LSP，类似于帧中继中的交换虚电路（SVC）。
- MPLS 域——在一个路由域中，所有 LSP 起始和终结的路由器的集合组成 MPLS 域。MPLS 域可以嵌套，也可以是路由域本身的一个子集（即所有路由器不必了解 MPLS，只有 LSP 上的路由器需要了解）。
- 压入、弹出标签和交换——压入就是给 IP 分组加上标签，或者给 MPLS 标签再加上一个标签。弹出标签就是指处理和拆掉分组（数据包）里的标签，或者其他 MPLS 标签。交换就是弹出标签之后再压入标签，即用一个标签替换已有的标签。多个标签可被同时压入或弹出。
- 倒数第二跳弹出（PHP）——许多交换路径都在边界路由器处结束。这个边界路由器不仅仅弹出和处理所有的标签，而且负责所有分组的寻址转发，包括来自服务提供商的数据包。为了减小边界路由器的负荷，在出口路由器的上一跳（即倒数第二跳）就需要将标签弹出，然后把分组转发到出口路由器。倒数第二跳弹出的是 LSP 的可选功能。一般情况下，LSP 仍然是在出口路由器处结束。
- 约束路径 LSP——通过信令协议建立的带有流量工程（TE）的 LSP，必须重视网络中 TE 的约束，如网络时延、安全等。流量工程是 MPLS 中很有特色的一个功能。
- IGP（内部网关协议）捷径——通常情况下，LSP 用于特殊的路由表，并且只能通过 BGP（边界网关协议）路由学习来获得。IGP 捷径允许 LSP 添加到主路由表中。该路由可被 OSPF（开放最短路径优先）或 IGP 获知。

MPLS 的工作过程

在上述基本概念的基础上，结合图 8.19，MPLS 的工作过程可分为以下 4 个步骤：
- 使用现有的路由协议，如 OSPF、IGRP 等，建立到达终点网络的连接；由标签分发协议（LDP）完成从标签到终点网络的映射，即在各个 LSR 中为有业务需求的转发等价类（FEC）建立路由表和标签信息表（Label Information Base，LIB）。
- 入口 LER 接收 IP 分组，完成第 3 层功能，判定 IP 分组所属的 FEC，并给 IP 分组加上标签，形成 MPLS 标签分组。
- 在 LSR 构成的网络中，LSR 根据 IP 分组上的标签以及标签转发表（Label Forwarding Information Base，LFIB）进行转发，不对标签分组进行任何第 3 层处理。
- 在 MPLS 出口 LER 弹出 IP 分组中的标签，继续进行后面的 IP 转发，将 IP 分组传送给终端用户。

由此可以看出，MPLS 并不是一种业务或者应用，它实际上是一种隧道技术，是一种将标签交换转发和网络层路由技术集于一身的路由与交换技术平台。这个平台不仅支持多种高层协议与业务，而且在一定程度上可以保证信息传输的安全性。

MPLS 的特点

目前，MPLS 仍然是广域网的主流技术，具有如下几个显著特点：
- ▶ MPLS 使用标签作为标识，通过路由表寻找下一跳，是一种基于拓扑的选路机制，适于高速中继。
- ▶ MPLS 网络的数据传输和路由计算分开，它是一种面向连接的传输技术，能够提供有效的 QoS 保证。
- ▶ MPLS 不但支持多种网络层技术，而且是一种与链路层无关的技术，它同时支持 X.25、帧中继、ATM、PPP、SDH 和 DWDM 等，保证了多种网络的互联互通，使得各种不同的网络传输技术统一在同一个 MPLS 平台上。
- ▶ MPLS 支持大规模层次化的网络拓扑结构，具有良好的网络扩展性。
- ▶ MPLS 的标签合并机制支持不同数据流的合并传输。
- ▶ MPLS 支持流量工程、服务类别（CoS）、QoS 和大规模的虚拟专用网（VPN）。

MPLS 的体系结构

MPLS 基于 IP 路由和控制协议，像一个介于 OSI（参考模型）第 3 层和第 2 层之间的"垫层"，利用第 2 层提供的数据链路层服务，为 IP 提供面向连接的服务。RFC3031 定义了 MPLS 的体系结构，如图 8.20 所示。MPLS 与帧中继等的链路层协议不同，其虚连接（即 LSP）建立在两个纯分组网络的结点上（如路由器），用其来运载分组流量。因此，MPLS 不限于任何特殊的链路层协议，而利用结点现有的路由机制决定转发路径，它本身包含一系列简单的核心机制。

图 8.20 MPLS 体系结构

MPLS 核心组件

在 MPLS 传输网络中，MPLS 结点的核心组件分为转发平面和控制平面两大类，如图 8.21 所示。

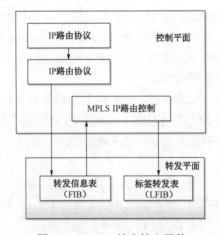

图 8.21 MPLS 结点核心组件

- 控制平面（Control Plane）——负责标签的分配、路由的选择、标签转发表的建立，以及标签交换路径的建立、拆除等工作。控制平面之间基于无连接服务，利用现有 IP 网络实现。
- 转发平面（Forwarding Plane）——也称为数据平面（Data Plane），是面向连接的，可以使用帧中继等第 2 层网络，使用短而定长的标签（Label）封装分组，依据标签转发表对收到的分组进行转发。对于 LSR，在转发平面只需进行标签分组的转发。对于 LER，在转发平面不仅需要进行标签分组的转发，也需要进行 IP 分组的转发，前者使用标签转发表（LFIB），后者使用传统的转发信息表（FIB）。

MPLS 标签结构

MPLS 使用的标签是一个长度固定、只具有本地意义的短标识符，用于唯一标识一个分组所属的转发等价类（FEC）。在某些情况下，例如要进行负载分担，对应一个 FEC 可能会有多个标签，但是一个标签只能代表一个 FEC。

RFC3032 定义了标签栈，MPLS 标签结构如图 8.22 所示。

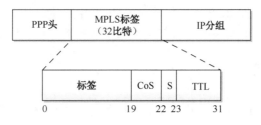

图 8.22　MPLS 标签结构

在图 8.22 中，显示的是一个第 2 层的 PPP 帧结构和第 3 层的 IP 分组结构。MPLS 标签共有 4 个域：

- 标签（Label）——标签值字段，20 比特，用于标识通过 MPLS 隧道的"流"中的分组。
- CoS（服务类别）——3 比特，协议中没有明确，通常用作服务等级。CoS 域常与 IP 的服务类型（ToS）相关联。
- S——1 比特，栈底标识。MPLS 支持标签的分层结构，即多层标签，S 值为 1 时表明为底层标签。正因为这个字段表明了 MPLS 的标签在理论上可以无限嵌套，从而提供无限的业务支持能力。这是 MPLS 的最大魅力所在。
- TTL——8 比特，与 IP 分组中的 TTL（Time To Live，存活时间）意义相同。这个值可以从 IP 分组中直接复制过来，或者被复制到 IP 分组中，甚至用到其他方面。

多层标签栈

如果分组在超过一层的 LSP 隧道中传送，就会有多层标签，形成标签栈（Label Stack）。在每一隧道的入口和出口处，进行标签的入栈（PUSH）和出栈（POP）操作。

标签栈按照"后进先出"（Last-In-First-Out）方式组织标签，MPLS 从栈顶开始处理标签。MPLS 对标签栈的深度没有限制。若一个分组的标签栈深度为 m，则位于栈底的标签为 1 级标签，位于栈顶的标签为 m 级标签。未压入标签的分组可看作标签栈为空（即标签栈深度为零）的分组。

标签分发协议（LDP）

标签分发协议（Label Distribution Protocol，LDP）是 MPLS 的控制协议，相当于传统网络中的信令协议，负责 FEC 的分类、标签的分配以及 LSP 的建立和维护等一系列操作。MPLS 可以使用多种分发标签的协议，包括专为标签分发而制定的协议，如 LDP、基于约束路由的 LDP（Constraint-Based Routing using LDP，CR-LDP）；也包括现有协议扩展后支持标签分发的，如边界网关协议（Border Gateway Protocol，BGP）、资源预留协议（Resource Reservation Protocol，RSVP）。同时，还可以手工配置静态 LSP。

LDP 在通过逐跳方式建立 LSP 时，利用沿途各 LSR 路由转发表中的信息来确定下一跳，而路由转发表中的信息一般是通过 IGP、BGP 等路由协议收集的。LDP 并不直接和各种路由协议关联，只是间接使用路由信息。另外，通过对 BGP、RSVP 等已有协议进行扩展，也可以支持标签的分发。

在 MPLS 的应用中，也可能需要对某些路由协议进行扩展。例如，基于 MPLS 的 VPN 应用需要对 BGP 进行扩展，使 BGP 能够传输 VPN 的路由信息；基于 MPLS 的流量工程（TE）需要对 OSPF 或中间系统-中间系统（IS-IS）协议进行扩展，以携带链路状态信息。

MPLS 工作原理

MPLS 是基于标签的 IP 路由选择方法。这些标签可以用来代表逐跳式或显式路由，并指明服务质量（QoS）、VPN 以及影响一种特定类型的流量（或一个特殊用户的流量）在网络上的传输方式等信息。MPLS 可以为每个 IP 分组提供一个标签，将它与 IP 分组封装于新的 MPLS 分组，由此决定 IP 分组的传输路径以及优先顺序，而与 MPLS 兼容的路由器会在将 IP 分组按相应路径转发之前仅读取该 MPLS 分组的报头标记，无须再去读取每个 IP 分组中的 IP 地址位等信息，因此分组的交换转发速度大大加快。

MPLS 交换采用面向连接的工作方式，即信息传送要经过以下三个阶段：
- 建立连接；
- 数据传输；
- 拆除连接。

建立连接

对于 MPLS 来说，建立连接就是形成标签交换路径（LSP）的过程。LSP 的建立其实就是将 FEC 和标签进行绑定，并将这种绑定通告 LSP 上相邻 LSR 的过程，并建立起相邻 LSR 间的标签映射关系。LSP 可以：
- 通过静态标签配置，无通告过程；
- 通过 LDP 或其他协议建立。

LSP 的建立是逐段进行的。以 Martinio 封装为例，一段 LSP 由一个 Tunnel（隧道）加 VC 组成，Tunnel 作为隧道，VC 进行点到点连接。

数据传输

数据传输就是数据分组沿 LSP 进行转发的过程。MPLS 网络的数据传输采用基于标签的转发机制。

1. 入口 LER 的处理过程

当数据流到达入口 LER 时，入口 LER 需要完成三项工作：
- 将数据分组映射到 LSP 上；
- 将数据分组封装成标签分组；
- 将标签分组从相应端口转发出去。

2. LSR 的处理过程

LSR 从"SHIM"中获得标签值，用此标签值来检索 LIB 表，找到对应表项的输出端口和输出标签，用输出标签替换输入标签，从输出端口转发出去。

3. 出口 LER 的处理过程

出口路由器是数据分组在 MPLS 网络中经历的最后一个结点，所以出口路由器要进行相应的弹出标签等操作。

拆除连接

拆除连接是通信结束或发生故障、异常时释放 LSP 的过程。因为 MPLS 网络中的虚连接（即 LSP）是由标签所标识的逻辑信道串联而成的，所以连接的拆除也就是标签的取消。标签的取消方式主要有两种：
- 采用计时器的方式；
- 不设置定时器。

MPLS 应用

最初，MPLS 技术结合了第 2 层交换技术和第 3 层路由技术，提高了路由查找速度。但是，随着专用集成电路（Application-Specific Integrated Circuit，ASIC）技术的发展，路由查找速度已经不是阻碍网络发展的瓶颈。这使得 MPLS 在提高转发速度方面不具备明显的优势。但由于 MPLS 结合了 IP 网络强大的第 3 层路由功能和传统的第 2 层网络高效的转发机制，在转发平面采用面向连接的方式，与现有的第 2 层网络转发方式非常相似，这些特点使得 MPLS 能够很容易地实现 IP 与帧中继等第 2 层网络的无缝融合，为 VPN、TE、QoS 等应用提供了很好的解决方案。

基于 MPLS 的 VPN

传统的 VPN 一般是通过 GRE（Generic Routing Encapsulation，通用路由封装）、L2TP（Layer 2 Tunneling Protocol，第 2 层隧道协议）、PPTP（Point to Point Tunneling Protocol，点到点隧道协议）、IPSec 等隧道协议来实现私有网络间的数据流在公网上的传送。而 LSP 本身就是公网上的隧道，所以用 MPLS 来实现 VPN 具有天然优势。

基于 MPLS 的 VPN 就是通过 LSP 将私有网络的不同分支连接起来，形成一个统一的网络。基于 MPLS 的 VPN 还支持对不同 VPN 间的互通控制。图 8.23 所示是基于 MPLS 的 VPN 的基本结构，其中用户边界设备（CE）可以是路由器，也可以是交换机或主机；服务商边界路由器（PE）位于骨干网络中。

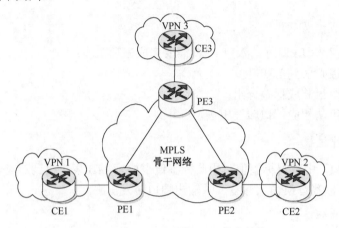

图 8.23　基于 MPLS 的 VPN 基本结构

基于 MPLS 的 VPN 具有以下特点：
- PE 负责对 VPN 用户进行管理，建立各 PE 间的 LSP 连接，以及同一 VPN 用户各分支间的路由分发。
- PE 间的路由分发通常是用 LDP 或扩展的 BGP 来实现的。
- 支持不同分支间 IP 地址复用和不同 VPN 间互通。
- 简化了寻址步骤，提高了设备性能，加快了分组转发。

基于 MPLS 的流量工程

基于 MPLS 的流量工程和差分服务（Diff-Serv）特性，在保证网络高利用率的同时，可以根据不同数据流的优先级实现差别服务，从而为语音、视频等数据流提供有带宽保证的低时延、低丢包率的服务。

由于全网实施流量工程的难度比较大，因此在实际的组网方案中往往通过差分服务模型来实施服务质量（QoS）。

差分服务的基本机制是在网络边缘，根据业务的 QoS 要求将该业务映射到一定的业务类别中，利用 IP 分组中的 DS 字段（由 ToS 域而来）唯一地标记该类业务；然后，骨干网络中的各结点根据该字段对各种业务采取预先设定的服务策略，保证相应的 QoS。

差分服务的这种对 QoS 的分类和 MPLS 的标签分配机制十分相似。事实上，基于 MPLS 的差分服务就是通过将 DS 的分配与 MPLS 的标签分配过程结合来实现的。

MPLS 网络的配置与验证

在帧模式的 MPLS 中，MPLS 标签位于第 2 层帧头和第 3 层报头之间，长度是 32 比特（标签值的长度是 20 比特）。第 2 层的封装协议可以是 HDLC、PPP、帧中继、以太网帧等。如果 IP 网络开启了 MPLS 功能，可称之为 MPLS 网络。MPLS 网络使用标签机制转发数据分组，标签对应着 IP 目的地址或其他参数。

MPLS 的基本配置

如图 8.24 所示，ISP 基于 MPLS 网络为用户边界路由器 CE2 的站点提供 MPLS 服务。帧模式 MPLS 网络包含 ISP1 边界路由器 PE3、ISP1 路由器 P4、ISP2 路由器 P8 和边界路由器 PE7，其中 PE3 和 PE7 是 LER，P4 和 P8 是 LSR。路由器 PE3、P4、P8、PE7 均支持 MPLS，运行 OSPF 作为 MPLS 网上的 IGP。PE3 与 P4 之间、P8 与 PE7 之间建立本地 LDP 会话，PE3 与 PE7 之间建立远端 LDP 会话。

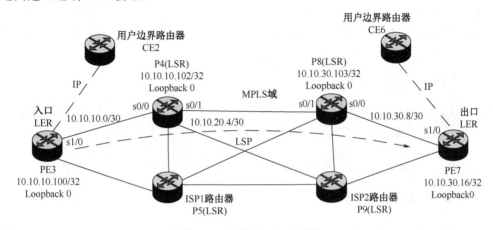

图 8.24　帧模式 MPLS 网络

MPLS 的基本配置如下（以 P4 为例，PE3、P8 和 PE7 的配置方法与 P4 相似）：

1. 配置各接口的 IP 地址

在配置 MPLS 之前，按照图 8.24 所示拓扑配置各接口 IP 地址和掩码，包括 Loopback 接口，具体配置从略。

2. 开启 CEF

在 Cisco 路由器上，MPLS 功能能够正常工作的前提是在路由器上已经开启了 CEF（Cisco Express Forwarding）。CEF 是 LSR 执行标签操作的关键组件，主要对压入标签和弹出标签操作起作用。CEF 需要在全局和接口下启用。

```
P4(config)#ip cef distributed        //开启 Cisco 设备的分布式 CEF 交换特性
P4(config)#do show running-config interface s0/1
P4(config)#interface s0/0
P4(config)#ip route-cache cef
```

3. 配置 IGP 路由协议

在此使用 OSPF 作为 IGP 路由协议。在 OSPF 进程下，PE3、P4、P8 和 PE7 使用命令 network ip-address wild-card-mask area area-id 在需要运行 MPLS 的接口上开启 OSPF。以 P4 为例：

```
P4(config)#router ospf 100
P4(config)#network 10.10.10.0 0.0.0.255 area 0
```

其他设备配置与此相似。配置完成后，在各设备上执行 display ip routing-table 命令，可以看到相互之间都学到了到对方的主机路由。路由器之间应建立起 OSPF 邻居关系，执行 display ospf peer verbose 命令可以看到邻居达到"FULL"状态。

4. 可选配置：定义分发标签的协议，指定 LDP 的 Router-ID

配置分发标签的协议是可选配置步骤。Cisco 设备默认使用 LDP。如果 LDP 不是默认协议或者需要调整分发标签的协议，可以在全局或接口下使用如下命令配置：

```
P4(config)#mpls lable protocol ldp
```

LDP 使用的最大 Loopback 接口地址作为 Router-ID。如果没有 Loopback 接口，LDP 使用最大的物理接口或子接口作为 Router-ID。在 LDP 自动设置之前，可以使用如下命令指定：

```
P4(config)#mpls ldp router-id loopback 0
```

5. 在接口下配置 MPLS 转发

```
P4(config)#interface serial 0/0
P4(config-if)#mpls ip       //在 interface serial0/0 上启用 MPLS
P4(config)#interface serial 0/1
P4(config-if)#mpls ip       //在 interface serial0/1 上启用 MPLS
```

MPLS 的配置结果验证

对 MPLSP 操作结果的验证包括如下内容：（验证步骤都以 P4 为例，其他路由器与此相似；命令的输出结果已被截断，只显示需要关注的信息）

1. 使用 show ip cef 命令验证 LSR 是否已经全局开启 CEF

```
P4#show ip cef
%CEF not running
Prefix next Hop interface
P4#show cef interface serial 0/0
Serial0/0 is up (if_number 5)
（输出截断）
IP CEF switching enabled
IP CEF fast switching turbo vector
P4#show cef interface serial 0/1
```

2. 使用 show mpls interface 命令验证已经开启 MPLS 转发

```
P4#show mpls interface
```

3. 使用 show mpls ldp discovery 验证 LDP 发现的状态

```
P4#show mpls ldp discovery
```

4. 使用 show mpls ldp neighbor 命令查看 LDP 会话

```
P4#show mpls ldp neighbor
```

LDP 通过 Hello 消息（UDP 端口 646）发现对方，然后通过建立一个 TCP 会话（TCP 端口 646）在对等体之间通告标签映射信息。

5. 查看 LDP 接口

```
P4#show mpls interfaces
```

6. 查看 MPLS 标签映射（LIB）

```
P4#show mpls ldp bindings
```

7. 查看标签分配和分发（LFIB）

```
P4#show mpls forwarding-table
```

练习

1. MPLS 的产生原因和定义是什么？
2. MPLS 技术有哪些特点？
3. 描述 MPLS 的封装格式及标签结构。
4. 简述转发等价类（FEC）的作用。
5. 在实际配置 MPLS 应用时，应如何选择相应的 MPLS 封装格式？
6. 对于 MPLS，"流量工程"是什么意思？

补充练习

MPLS 在光网络传输设备上的应用方式有哪些？

第四节 软件定义广域网（SD-WAN）

宽带接入以及因特网骨干网容量的持续提升，促使 WAN 技术不断变革。在已有专线的基础上，软件定义广域网（Software-Defined Wide Area Network，SD-WAN）提供了一种低成本的快捷方案，正受到电信业界的追捧。从 SD-WAN 名称上可以看出，它与软件定义网络（SDN）有着相同的理念。两者都将转发与控制分离，以简化网络的管理和操作；主要区别在于，SDN 针对数据中心网络，SD-WAN 针对 WAN。

SD-WAN 是一个很有发展前景的方向，本节从技术和应用解决方案的角度对 SD-WAN 进行介绍。

学习目标

▶ 了解 SD-WAN 的概念；
▶ 熟悉 SD-WAN 的典型应用。

关键知识点

▶ SD-WAN 应用场景及应用解决方案。

SD-WAN 的基本概念

广域网（WAN）是一个电信网络或者计算机网络，它可以覆盖较远的距离，如一个区域、一个国家，甚至全世界。早期通常通过租用电信线路来搭建 WAN。若从计算机网络协议和概念来看，WAN 关注的是远距离数据传输的计算机网络技术。这种技术应用在 LAN、MAN 和其他本地计算机网络之间，使得本地网络能够连接成为一个连通的广域网络。WAN 的物理连接技术包括电话线、无线电波和光纤等。在逻辑层方面，常见的 WAN 协议有早期的 X.25、帧中继，目前占主流的是 MPLS 和 Leased Line（T1，T3）等。尤其是 MPLS，它已在 WAN 构建中占据了主导地位。

WAN 就是远距离组网。仅就物理连接而言，以光纤为例，不同的陆地之间需要通过海底光缆连接，不同国家之间的连接可能会引起法律纷争、管制纷争。即便是在同一个国家，通过埋设地下光缆构建 WAN，也涉及租地、保护、施工等诸多问题。解决这些问题归根到底就是需要投资。这直接导致了 WAN 成本非常高，从而引出了 WAN 的最大问题——组建费用昂贵；即使租用服务提供商（Service Provider，SP）提供的 WAN 连接服务，其费用同样不菲。

随着网络应用的发展，许多现代网络应用，如 VoIP、视频会议、流媒体、虚拟现实（VR）和虚拟桌面等，都要求低时延、高带宽，尤其是高清视频对带宽的要求更高。面对这些网络应用，为了保障增值服务，有时必须扩展 WAN 带宽，这也会直接导致成本增加。

作为同样是 WAN 的因特网或者 LTE 网络，相比之下使用成本低很多，而且从用户的角度来看，管理和维护也容易。因此，为了节约 WAN 组建成本、降低运维难度，提出了基于现有公共 WAN 的 Virtual WAN（虚拟广域网），以实现用户的私有 WAN。提出 Virtual WAN 的目的是补充甚至替代传统的 WAN 连接（MPLS），让 Virtual WAN 提供物理的或者虚拟的设备，用户通过这些设备在公共 WAN 上构建私有的 WAN。公共 WAN 指的是因特网、LTE 或者公共无线局域网，如 Motorola Canopy 等。Virtual WAN 的优势在于降低成本，一条 20 Mb/s 的因特网连接，一年的租金可能只需要几百元人民币；但可能带来了安全、性能和稳定等问题。

实际上，Virtual WAN 已经给出了软件定义广域网（SD-WAN）的基本概念。SD-WAN 是指利用成熟软件技术（智能动态路由调控、数据优化、TCP 优化、QoS）与传统网络资源（如公共互联网）精致融合，最大限度地发挥传统资源的性能，从而提高效能。目前，普遍认为 SD-WAN 应该具有以下 4 个功能：

- ▶ 支持多种连接方式，包括 MPLS、FR、LTE、公共互联网等。SD-WAN 将 Virtual WAN 与传统 WAN 结合，在这之上做叠加。对于应用程序来说，不需要清楚底层的 WAN 究竟是什么连接。在不需要传统 WAN 的场景下，SD-WAN 就是 Virtual WAN。
- ▶ 能够在多种连接之间动态选择链路，以达到负载均衡或者资源弹性。与 Virtual WAN 类似，动态选择多条路径。SD-WAN 如果同时连接了 MPLS 和因特网，那么可以将一些重要的应用业务流量（如 VoIP）分流到 MPLS，以保证应用的可用性；对于一些对带宽或者稳定性不太敏感的应用流量（如文件传输），可以将其分流到因特网上。这样减轻了企业对 MPLS 的依赖。或者，因特网可以作为 MPLS 的备份连接，当 MPLS 出故障时，至少企业的 WAN 网络不至于也断连。
- ▶ 简单的 WAN 管理接口。凡是涉及网络的事务，似乎都存在管理和故障排查较为复杂的问题，WAN 也不例外。SD-WAN 会提供一个集中控制器来管理 WAN 连接，设置应用流量策略和优先级，监测 WAN 连接可用性等。基于集中控制器，可以再提供 CLI（命令行界面）或 GUI（图形用户界面），以达到简化 WAN 管理和故障排查的目的。
- ▶ 支持虚拟专用网（VPN）、防火墙、网关、WAN 优化器等服务。SD-WAN 在 WAN 连接的基础上，将提供尽可能多的、开放的和基于软件的技术。SD-WAN 的基本操作就是多条 WAN 路径的选择规划。

实际上，SD-WAN 的技术并不新颖。SD-WAN 更像是一些现有技术的打包和增强。SD-WAN 与传统 WAN 的区别在于：

- 简便的网络部署——无论网络分支是在数据中心还是在云上，SD-WAN 的嵌入式网络服务，将复杂的底层物理设备的配置策略定义进行抽象简化，可以灵活、自动化地实现网络部署。
- 可预知的应用程序——SD-WAN 可为企业提供可预知的网络，有效节省不必要的带宽成本。
- 带宽成本的降低——SD-WAN 基于企业现有的网络带宽，并借助 SD-WAN 的嵌入式网络，可以减少网络带宽的成本投入。

SD-WAN 应用场景

对于经典的企业广域网应用来说，包括 E-mail、文件共享、Web 应用等，一般采用集中部署方式。通常企业会在总部部署数据中心，并通过租用电信运营商的广域网专线（如以太网、帧中继、MPLS、SDH、xPON、xDSL 等），将企业分支机构连接到数据中心，如图 8.25 所示。

图 8.25　企业广域网应用示例

在这种企业广域网中，运营商承诺专线业务的服务等级协议（SLA），包括带宽、时延、抖动、丢包率等，满足企业在各分支机构部署各种应用的需求，如存储服务、统一通信系统等。这种专线网络目前虽仍为主要广域网解决方案，但它的可获取性比较差，需要单独部署光纤/电路，建设周期长；当专线跨越多个网络/运营商时，业务开通周期也比较长；而且专线价格昂贵，业务不能灵活订购。为尽可能提升专线的利用率，先后也提出了许多 WAN 优化及应用加速技术，如 QoS 流控、TCP 优化、协议代理、数据缓存技术、数据压缩技术等，但仍旧未能解决网络的灵活配置等问题。

随着以太网技术的发展，以及移动办公、云计算的引入，通过互联网连接总部及各分支机构成为可能。通过引入 SDN 技术，在 WAN 网络中部署 SDN 控制器以及协同器，可使专线业务发放效率得到提升，降低成本。SD-WAN 继承了 SDN 控制与转发分离、集中控制等理念，在企业 WAN 中部署软件控制系统，提供业务快速部署、业务智能管理等功能。一种典型的 SD-WAN 应用场景如图 8.26 所示。

这种 SD-WAN 基础场景应用，提供了基础的控制与转发分离功能。通过引入 SD-WAN 控制器，完成分支机构用户驻地设备（CPE）的集中管理以及自动化配置，包括各种因特网接入及专线接入的配置管理等。SD-WAN 可以提供企业 WAN 及应用的可视化，提供智能路由功能，能够基于 WAN 的实时状态，将各种应用的数据流智能调度到各种 WAN 链路上，保障时延抖动敏感应用（语音等）的服务质量。SD-WAN 控制器可灵活部署在企业侧或云端。

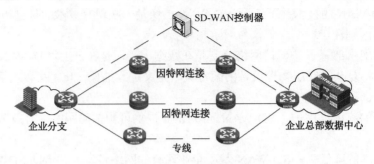

图 8.26　SD-WAN 典型应用场景

练习

1. 描述 SDN、SD-WAN 的基本概念。
2. 描述 SD-WAN 的体系结构。
3. 上网查找文献描述 OpenFlow 的 SDN 工作流程。
4. 调查研究 SD-WAN 在业界的应用部署情况。

第五节　基于广域网技术的通信融合

通信技术的发展使历史上彼此分开的网络和服务结合到了一起。通常情况下，人们使用多种网络来传输语音、数据等多媒体信息流。将这些不同的网络合并在一起，并使用单一低成本、高效率技术支持语音和数据，一直是努力的目标。在此主要研究将 PSTN（公用电话交换网）和数据通信集成在一起的关键构件，以及它们是怎样帮助企业来满足通信需要的。

学习目标

▶ 掌握通过不同技术传输语音的可选方案；
▶ 了解 VoIP 网络中的主要 H.323 构件；
▶ 掌握 VoIP 网络中的主要 MGCP 构件；
▶ 了解通过专用 VPN 进行电话综合时必须考虑的问题。

关键知识点

▶ H.323 通过分组网络提供多媒体传输；PBX 专用网络可通过专线承载长途业务。

语音传输技术

传统的电话网以电路结合的方式传输语音，其基本带宽（传输速率）为 64 kb/s。而要在基于 IP 的分组网上传输语音，则必须对模拟的语音信号进行特殊处理，使之能够方便地在无连接的分组网络上传输。这就是分组语音技术。分组语音技术的主要市场驱动力之一是能够降低电信成本。随着技术的发展，现在已能够通过使用 IP 的分组数据网传输语音业务。

基于因特网的语音传输

近年来，很多公司都试图投资于扩展因特网的功能，其中包含因特网电话的计划。这些公司提供了运行于多媒体计算机上的产品，并要求每一终端用户都使用相同的软件、类似配置的计算机（带有话筒和声卡）和统一费率的因特网接入。与传统的通过 PSTN 进行的电话呼叫相比，这种设置的基本问题是通话质量低于平均水平，听起来更像是卡车司机之间的民用电台频段（CB）通信。

许多人已被通过因特网传输语音和进行"免费"呼叫的设想所吸引。这是一种谬误，因为还有很多相关成本，例如额外的网络容量、设备、设备升级、软件等。

进一步的开发工作是处理网关问题。网关用来将传统的电路交换电话网络和因特网桥接起来。网关用户将语音呼叫送到服务提供商的本地"现场点"（POP）或中心局（CO）。网关在此接收到呼叫，将对这个语音信号进行授权，以便转换成数据信息，并通过因特网（或帧中继等其他基于分组的网络）发送。网关开发出来后，就可以与营业级的电话系统互连，并提供传统的拨号、呼叫等各种功能。对于公司用户，特别是要在因特网中进行语音呼叫传输的电信公司和其他服务提供商来说，网关是很关键的。

对很多用户而言，服务质量（QoS）似乎与成本同样重要，甚至比成本更为重要。如果传统公用交换服务的价格已经降低到接近于日常应用的水平，那么这一点尤其正确。呼叫质量受到可用带宽、延迟时间管理、回波消除和丢失数据包重建等因素的影响。因特网不是为语音流量设计的，不提供特别强调这些需求的方式。但是，IETF 定义了标准（例如允许用户保留带宽的资源保留协议——RSVP），用以改进通话质量。

基于帧中继的语音传输（VoFR）

帧中继是一种连接到基于分组的网络服务的高速接口标准。其动态带宽分配可支持商业环境下特有的"突发"流量。其性能通常依赖高质量的线路，高质量的线路减少了对差错检测和差错控制功能的需要。基于帧中继的语音传输（VoFR）技术，为通过帧中继网络将语音和语音频段的数据（如传真和模拟调制解调器数据）与数据服务合并提供了可能，如图 8.27 所示。

拥有帧中继连接的企业就像因特网用户一样，都想使用他们已有的因特网带宽。在过去的几年中，业已证明帧中继是可靠性高、可扩展且通用的数据传输方式。如果要通过帧中继发送语音信号，必须首先将其转换成数据包，可用帧中继接入设备（FRAD）完成该功能。必须将 FRAD 连接到网络中要传输或接收 VoFR 包的所有端点。有很多公司制造 FRAD。FRAD 可以是连接局域网和广域网的路由器或其他 CPE。

人们期待着大多数公司都在现有传输数据应用的帧中继端口增加语音应用。在这种情形下，各公司需要用支持语音的软件和可能的硬件来升级其 FRAD（或路由器）。在帧中继项目中，各公司会购买支持语音、传真和数据的新型路由器和 FRAD。

在小型办公环境下，用户可以将电话直接连接到路由器或 FRAD 的模拟语音接口，也可以将 PBX 通过 T1 接口直接连接到路由器。传真机可以直接连接到路由器或 FRAD，也可以通过 PBX 连接。

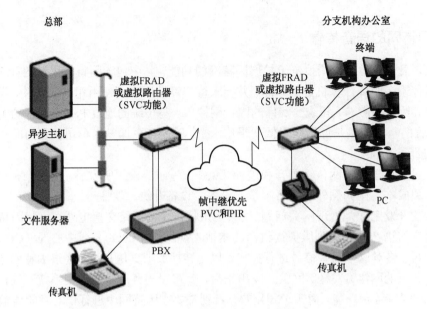

图 8.27 基于帧中继的语音传输

通过帧中继传输语音的另外一个考虑是适当限制网络的规模。很多电信公司和 FRAD 运营商建议提高语音信道的优先级，以确保有效容量和使发生延迟的概率最小化。通过给数据和语音包指定独立的永久虚电路（PVC），企业可以规划其帧中继网络，以优化使用，并减少制约数据包或语音分组传输的网络拥塞的可能性。

VoIP 网络构件

基于 IP 的语音传输（VoIP）网络由一些构件组成。ITU-T H.323 分组多媒体标准规定的构件有终端、多点控制单元（MCU）、网关（GW）以及网守（GK）等。而介质网关控制协议（MGCP）的基本构件包括介质网关、网关控制器、交换机/路由器与 PSTN 等。其中一些构件在所有 VoIP 网络的实现中都要用到。

ITU-T H.323 标准

H.323 标准规定了在基于分组的网络上传输实时音频、视频和进行数据通信的构件、协议和规程。基于分组的网络包括基于 IP 或基于 Novell（IPX）的局域网（LAN）、企业网、城域网（MAN）和广域网等。

根据所传输的业务类型，H.323 的应用方式可以多种多样：
- 只有音频（IP 电话）；
- 音频和视频（视频电话）；
- 音频和数据；
- 音频、视频和数据；
- 多点多媒体通信（音频或视频会议）。

因为 H.323 标准提供的服务数也数不清，因而它可应用于许多领域，包括消费业、企业、娱乐业等。

1. H.323v1：视频电话

H.323 标准的第一版（H.323v1）于 1986 年 10 月颁布，它定义了可视电话系统和不提供服务质量（QoS）保障的局域网设备。可见，第一版大大加重了局域网环境下多媒体通信的负担。

2. H.323v2：基于分组的多媒体

VoIP 应用（又称 IP 电话）的出现，没有得到任何标准的指导。而标准的缺乏导致出现不兼容的 IP 电话产品，所以当时急需修订 H.323 标准。

VoIP 提出了新的要求，如需要在基于 PC 的电话与 PSTN 电话之间建立通信。H.323 标准的第二版（H.323v2）增加了对这些附加要求的建议，并于 1998 年颁布。

3. H.323v3

一些新的特性加到 H.323 标准中，形成了 H.323 标准的第三版（H.323v3）。这些新增的特性包括基于分组网络的传真、网守（GK）到网守的通信以及快速连接机制等。

4. H.32x 系列的其他标准

H.323 标准是 ITU-T 规定的 H.32x 系列建议的一部分。该系列其他建议规定了基于不同网络的多媒体通信服务：

- H.324——SCN（电路交换网络），如公用电话系统；
- H.320——ISDN；
- H.321 和 H.310——B-ISDN；
- H.322——提供 QoS 保障的局域网。

制定 H.323 标准的一个主要目的，是提供与其他多媒体服务网络的互操作性。互操作性通过使用网关来实现。

H.323 网络构件

ITU-T H.323 分组多媒体标准规定了终端、MCU（多点控制单元）、网关（GW）和网守（GK）4 种构件，大多数 VoIP 解决方案的制造商已经采用这些构件。这些构件提供 VoIP 网络的点到点或点到多点多媒体通信服务。当然，并非每个 VoIP 网络都同时需要这些构件。而且，网守、网关和 MCU 在逻辑上都具有独立的 VoIP 网络功能。

1. 终端

H.323 终端用于实时双向多媒体通信，它可以是 PC 或运行 H.323 协议栈的独立设备。终端必须支持音频通信，同时有选择地支持视频或数据通信。因为 H.323 终端提供的基本服务是音频通信，因而其终端在 IP 电话业务中起着关键作用。

H.323 的主要目标是与其他多媒体终端互操作。所以，H.323 终端与遵守 H.32x 系列标准的其他终端是兼容的。

2. MCU

MCU 可协调 3 个以上 H.323 终端的多点会议。参加会议的所有终端都必须与 MCU 建立连接。MCU 对会议资源进行管理，在选择音频或视频编解码器（Codec）的各终端之间进行协调,还可以处理介质流。如果多点会议不使用 H.323 网络,则不需要 MCU。

3. 网关

有时,所有基于局域网的电话系统都需要连接到 PSTN,这就需要网关在分组(包)交换与电路交换之间转换语音信号格式。通常,H.323 网关在 H.323 网络与非 H.323 网络之间提供连接。当然,在两个相同的 H.323 网络终端之间的通信就不需要网关。

网关在 H.323 终端与 PSTN 之间提供通信。网关将分组化的语音转换为 PSTN 可以接受的格式。由于分组网络语音的数字化格式通常与 PSTN 上的格式不同,网关也能互相转换格式。所以,这些设备经常被称作"译码网关"。网关支持以下类型的连接:

- 模拟连接(标准电话);
- T1 或 E1;
- ISDN。

4. 网守(GK)

网守可以看作 H.323 网络的大脑,它是 H.323 网络内所有呼叫的焦点。网守可提供许多重要的服务,如寻址、终端和网关的授权和验证、记账、报表以及收费等,还可以提供呼叫控制和语音交换服务。

网守最重要的功能是限制实时网络连接的数量,以便这些连接不会超出有效网络带宽。实时的应用在想要进行会话之前必须经过网守注册。网守可以拒绝一个会话请求,也可以以降低了的数据速率批准该请求。这个功能对于视频连接是最重要的,因为视频消耗大量的带宽来获取高质量的连接。

尽管网守不是必需的设备,但如果网络上存在一个网守,则所有终端都必须使用它的服务。一个网守管理下的所有终端、网关和 MCU,称为一个 H.323 区。H.323 区可以是独立的网络拓扑结构,它可以由通过路由器和其他设备连接起来的多个网段组成。H.323 区如图 8.28 所示。

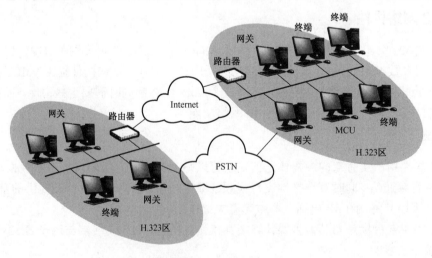

图 8.28 H.323 区

MGCP

MGCP 是由 IETF 首先提出的,它定义了呼叫网关依靠接收一个 ITU-T E.164 地址(PSTN

电话号码）来通知被叫方网守的方法。MGCP 用来从外部网关控制单元控制电话网关，这个控制单元称为介质网关控制器或呼叫代理。电话网关是一个网络单元，用来提供标准电话电路上承载的模拟音频信号与因特网或其他分组网络上承载的数据之间的转换。

MGCP 假设了一个呼叫控制体系，其中呼叫控制信息都在网关之外，由外部网关控制单元处理。MGCP 假设这些呼叫控制单元（或呼叫代理）相互之间同步，以向它们控制下的网关发送相互协调的命令。MGCP 实质上是一个主从协议，其中所有网关都准备执行呼叫代理发出的命令。

1. MGCP 网络构件

MGCP 网络构件包括介质网关（MG）、介质网关控制器（MGC），如图 8.29 所示。图中显示了这些设备及其在网络中的位置。

- 介质网关（MG）—— 一个提供转换功能的网络结点，用以通过不同的传输网络承载用户信息。MG 可以是 CPE、数据网络，也可以是到运营商网络之间的多媒体连接。MG 支持电路交换与分组网络之间的转换，它位于分组电话网络的边缘。MG 的组成包含有：端点，即介质流的进出点；住宅网关，即提供住宅用户 POTS 线路终接的介质网关（MG）；连接，即网络内不同 MG（或单个 MG）上的端点之间的纽带，用于在这些端点之间传送数据；呼叫，即不同端点之间的呼叫连接，呼叫连接可以是主动的，也可以是被动的。
- 介质网关控制器（MGC）—— 保持呼叫控制信息的网络设备，它给一个或多个 MG 提供指令。在某些规范（如 SGCP）中，MGC 也称为呼叫代理。MGC 可以是一个或多个服务器，其中有一些控制 MG 功能所需的软件和协议在运行，包括呼叫和连接控制以及资源管理。MGC 终止和启用所有与呼叫有关的信令，保存 MG 资源（如承载电路和实时协议流）的清单，并指导 MG 在必要时保留或释放资源。在 H.323 网络中，MGC 执行网守的功能，也可以提供网关的一些功能。在 PSTN 中，MGC 驻留在运营商的交换中心（CO）中，取代 5 类本地交换机的电话功能。

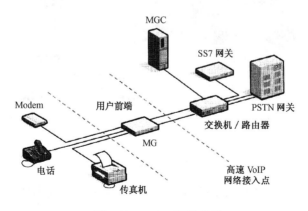

图 8.29 MGCP 网络构件

2. MGCP 呼叫控制事务

MGCP 通过一整套的事务来实现 MG 控制接口。这些事务都是由 1 个命令和 1 个管理响应组成的。其命令的类型有以下 8 种：

- ▶ CreateConnection——由 MGC 发送给 MG，用来建立两个端点之间的连接；
- ▶ ModifyConnection——由 MGC 发送给 MG，用来修改一个呼叫参数，如需要的资源等；
- ▶ DeleteConnection——由 MGC 发送给 MG，用来释放一个呼叫及其资源；
- ▶ NotificationRequest——由 MGC 发送给 MG，用来请求特定的端点事件通告消息；
- ▶ Notify——由 MG 发送给 MGC，用来显示出现了一个特定的事件；
- ▶ AuditEndpoint——由 MGC 发送给 MG，用来确定端点的状态；
- ▶ AuditConnection——由 MGC 发送给 MG，用来检索一个连接的参数；
- ▶ RestartInProgress——由 MG 发送给 MGC，用来显示一个端点启动、线路初始化、重新启动或不服务的状态。

专用 VPN

在电话领域，专用 VPN 是一组互连的通信系统。这些通信系统由长途交换通信公司（IXC）提供，如 AT&T 公司的软件定义网络（SDN）、MCI 公司的 Vnet 服务以及 Sprint 公司的 VPN 服务等。专用 VPN 中的每个用户，都可以与该专用 VPN 中的其他用户（包括本地和远端用户）交换语音和数据。专用 VPN 中的通信系统可以位于同一个园区，也可以利用国际合作伙伴提供的设备而分开放置在远端，甚至几千里之外。

许多机构在不同的地区都有分支办公地点，此时他们通常在每个分支办公室设置一个 PBX 系统，然后利用公用电话交换网（PSTN）来处理这些系统之间的通信。这种通信方式如图 8.30 所示。只要各地点之间的电话业务量不大，这种通信方式就能很好地工作。

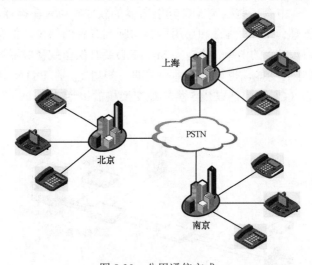

图 8.30 公用通信方式

但是，对于那些对长途业务有更高需求的公司来说，采用租用专线来连接各地办公室则会意义更大。这种通信方式如图 8.31 所示。在该方式的专用网络中，不同的通信系统通过专用传输设施连接起来。这些线路/中继线既可以是模拟专线中继线，也可以是仿真 T1 专线中继线。组合后的专用网络具有公用网络一样的灵活性，当一个公司需要对它进行控制时，可以采用语音 VPN。例如，AT&T 公司的 SDN 就可以通过 AT&T 公用交换网络设施为用户实现 VPN。

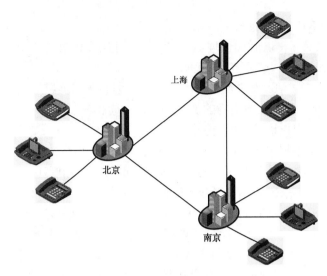

图 8.31 专用通信方式

SDN 是驻留在基于 AT&T 4ESS 的交换全球智慧网（WIN）之上的一个用户 VPN。它提供了专用网络中通常不具备的特性和管理能力，如客户化路由选择、先进编号计划、呼叫屏蔽、授权码、远程访问、安全码以及客户化记账等。另外，VPN 还提供类似于专线所提供的传输特性，如线路调节、差错检测和通过全双工四线拨号电路的高速连接。

每个 SDN 都包含一个网络控制点（NCP），公司唯一的 VPN 数据库就驻留在 NCP 上。该数据库确定一个呼叫是在网（保持在 VPN 之内）还是离网（在某一点离开 VPN），并确定该呼叫经过的路径。接收和处理呼叫的 SDN 服务局负责 VPN 的维护工作。VPN 服务完全支持速率达 28.8 kb/s 的模拟数据传输和 56 kb/s 或 64 kb/s 的端到端数字数据传输。

SDN 与大多数专用网络和 PBX 兼容，因此保护了这些已有的投资。由于 SDN 不需要建立在先进的 PBX 基础上，因而企业既可选择专用访问方式（如 T-carrier），也可选择拨号访问方式。

不管它们是如何实现的，专用网络都不同于世界范围的 PSTN。专用网络在一个机构之内传递呼叫，而 PSTN 线路和中继线将呼叫传递到机构之外的本地或长途用户。一个 PBX 专用网络若实施得当，可以大大节省费用，提高效率，增加用户满意度，提高安全性，而且增加网络的可升级性和灵活性。

练习

1. 在未来几年里，语音网络会发展成什么样子？
2. 在因特网上进行实时语音传输存在哪些问题？
3. 你将选择哪种技术用于你所在单位的语音网络？
4. 描述 MGCP MCU 的各个构件。
5. 简要描述下列设备：
   a. H.323 终端　　　　　　　b. H.323 网关　　　　　　c. H.323 区
   d. H.323 网守（Gatekeeper）　e. H.323 MCU

6. 一个 MGCP MGC 也称为（   ）。
    a. 终端代理   b. 呼叫代理   c. 呼叫终止器   d. MCU
7. MG 也可以是（   ）：（选 3 项）
    a. 呼叫代理   b. VoIP 网关   c. 调制解调器组   d. 软 PBX
8. 关于语音 VPN，下面表述正确的是（   ）。（选 3 项）
    a. FX 线路可用作语音 VPN 构件
    b. 语音 VPN 根据主叫方的 ANI（自动号码识别）码路由呼叫
    c. 语音 VPN 根据发起呼叫者的地点和所拨的号码路由呼叫
    d. 语音 VPN 的在网呼叫不经过 PSTN，从而省去了长途话费
9. 用户如何从 IXC 提供的语音 VPN 中获益？（   ）（选 2 项）
    a. 回波抑制   b. 全双工四线服务   c. 降低振铃电压   d. 线路调节
10. IXC 提供的语音 VPN 如何使用户获益？（   ）
    a. 它为小型企业用户提供了电信需求上的灵活性和可伸缩性
    b. 它采用点到点协议（PPP）连接远程结点
    c. 它采用加密和隧道技术来保障网络的安全
    d. 它给大型企业用户提供电信需求上的灵活性和可伸缩性
11. 关于语音 VPN，下列表述正确的是（   ）。（选 2 项）
    a. 语音 VPN 可利用现有的 Centrex 系统   b. 语音 VPN 不如专线
    c. 每分钟呼叫次数取决于用户对最少平均呼叫流量承诺的满足程度
    d. 具有密集语音和视频通信需要的大型站点，可实现很大的费用节省
12. 什么时候一个公司会选择基于专线网络的语音 VPN？（   ）
    a. 当他们想要保持网络管理可靠性时   b. 当其大多数呼叫离网时
    c. 当他们需要快速进行网络供应和重配置时
    d. 当他们需要连接多个大数据流量站点时

补充练习

1. 浏览"帧中继论坛"网站，查看关于语音传输的信息。
2. 利用因特网和 Web 浏览器，查找有关下列主题的最新信息：
    a. H.323 终端   b. H.323 网关   c. H.323 MCU   d. H.323 网守
    e. 实时传送协议（RTP）
3. 一个公司位于偏远地区，且与 IXC 网络没有直接连接，那么它可否利用语音 VPN？该用户的大部分呼叫将在哪里路由，离网还是在网？

本 章 小 结

X.25 可提供上至 OSI 参考模型第 3 层的广域网业务，它是帧中继的基础，它使用电话号码作为目的地址。X.25 在一些国际通信中仍被广泛采用。但是，X.25 正在迅速被吞吐量更大和开销更低的协议所取代。

现在大部分公司可提供帧中继服务，并将 X.25 作为可以选择的分组（包）交换协议。帧

中继运行于第 2 层，而不是第 3 层。它比 X.25 更快，开销更少，并提供 T1 数据速率，但不提供 X.25 的 DS-0 速率。帧中继为数据提供面向连接的服务。

MPLS 是具有竞争力的通信技术，是网络时代发展较为迅速的技术，也是目前宽带骨干网中采用的主要技术。MPLS 将第 2 层交换功能与第 3 层路由功能结合在一起，在 IP 路由和控制协议的基础上提供了面向连接的交换，也属于第 3 层交换技术。由于 MPLS 可以支持多种网络层的协议（包括 IPv4、IPv6、IPX 及 CLNP 等），并支持第 2 层的各种协议，而并不是针对某一种链路的技术，因此称为"多协议"。MPLS 使用固定长度的短标记作为数据转发的依据，其主要组成部分是标签边界路由器（LER）、标签交换路由器（LSR），以及在其中运行的标签分发协议（LDP）。MPLS 的工作原理是根据分组中的标签，检索路由器内部的转发信息表，使用转发信息表给定的出口信息，完成该分组的转发。而标签就是一个短且长度固定的数字。

基于广域网技术的通信融合具有许多可选的技术方案。有很多因素驱使企业中技术的融合，包括宽带广域网连接，如 T-carrier、DSL 服务提供的连接。H.323 和 SIP（会话起始协议）标准向更多、更好的融合产品打开了大门，采用这些标准的厂商销售的产品之间都可以进行互操作。

ITU-T H.323 推荐标准提供了通过分组交换网络承载多媒体业务所需的进程和协议。H.323 规定了 4 种构件：终端、MCU、网关和网守。其中，终端是 H.323 端点；MCU 协调 H.323 端点之间的多点会议；网关提供 PSTN 和分组网络之间的通信接口；网守则对 H.323 连接请求进行授权和验证，准许或拒绝连接请求，并对每个连接如何获取有效网络带宽进行控制。MGCP 提供了从外部设备控制电话网关的方法，该外部设备称为 MGC 或呼叫代理。MGCP 定义了一个主从环境，其中 MGC（主）控制 MG（从）。MGC 在 H.323 网络中执行网守的功能。

为了帮助公司用户减少其通信开支，同时增加语音网络功能，IXC 提供专用 VPN 服务。专用 VPN 支持 T-carrier，甚至模拟语音线路和中继线。

广域网技术为经常往返两地之间的人和远方办公室提供了远程网络访问服务。

小测验

1. 帧中继比 X.25 更简单和更有效的一个原因是（　　）。
    a．运行于数据链路层而不是分组层　　b．使用数字电路传输数据
    c．是一种较新的技术　　d．帧中继不比 X.25 简单
2. 下面哪个是帧中继网络中的虚电路？（　　）
    a．DLCI　　b．FECN　　c．BECN　　d．CBS
3. 帧中继网络中的 CIR 的最大特点是（　　）。
    a．确保平均速率　　b．确保最大速率
    c．在给定时间间隔内传输的比特数　　d．在给定时间间隔内传输的字节数
4. 如果设定了 DE 位，则表示（　　）。
    a．当与 SONET 同时使用时，帧可以被丢弃　　b．帧可以被发送到低速链路
    c．当与 T1 同时使用时，帧可以被丢弃　　d．当出现拥塞时，帧可以被丢弃
5. 帧中继是一种（　　）。
    a．无连接、面向帧的服务　　b．面向连接的物理层服务

c. 无连接的分组（包）传输服务　　　　d. 面向连接的交换服务
6. 典型的帧中继速率是（　　）。
　　a. 28.8～56 kb/s　　　　　　　　　　b. 56～128 kb/s
　　c. 56 kb/s～1.544 Mb/s　　　　　　　d. 1.544 Mb/s～2.4 Gb/s
7. 之所以帧中继比 X.25 更有效，是因为（　　）：
　　a. 传输信息所用的层更少　　　　　　b. 传输信息所用的层更多
　　c. 帧中继并不比 X.25 更有效　　　　 d. 网络层的包类型是不同的
8. 以下技术中开销最低的是（　　）。
　　a. 分组交换　　b. X.25 分组交换　　c. 帧中继　　d. SONET
9. 下面哪种语音通信技术会被其他 3 种所取代？（　　）
　　a. TCP/IP　　　b. 帧中继　　　　　c. ATM　　　d. 租用线路
10. MG 由下面哪两个构件组成？（　　）
　　a. 控制器　　　b. 呼叫代理　　　　c. 端点　　　d. 连接
11. 提供付账、验证和记账的 H.323 构件是（　　）。
　　a. 网关　　　　b. 网守　　　　　　c. 代理　　　d. 终端
12. 哪一个 MGCP 命令消息引导 MG 释放呼叫？（　　）
　　a. eleteConnection　　　　　　　　　b. NotificationRequest
　　c. AuditEndpoint　　　　　　　　　　d. RestartInProgress
13. 哪一个 MGCP 命令消息引导 MG 返回一个端点的状态？（　　）
　　a. DeleteConnection　　　　　　　　 b. NotificationRequest
　　c. AuditEndpoint　　　　　　　　　　d. AuditConnection
14. 哪一个 MGCP 命令消息向 MG 指出线路正在进行初始化？（　　）
　　a. RestartInProgress　　　　　　　　 b. NotificationRequest
　　c. AuditEndpoint　　　　　　　　　　d. AuditConnection
15. MGCP 也称为什么类型的协议？（　　）
　　a. 主从　　　　b. 对等　　　　　　c. 客户机/服务器　　d. 转换编码
16. 在语音 VPN 中存储公司 VPN 数据库的设备是（　　）。
　　a. NCP　　　　b. SDN 服务局　　　c. 虚拟控制点　　d. 信令传送点
17. 语音 VPN 支持的数据速率是（　　）。（选 2 项）
　　a. 56 kb/s 模拟数据　　　　　　　　 b. 28.8 kb/s 模拟数据
　　c. 56/64（kb/s）数字数据　　　　　　d. 128 kb/s 数字数据
18. VPN 数据库执行的功能是（　　）。（选 2 项）
　　a. 确定呼叫通路　　　　　　　　　　b. 接收和处理呼叫
　　c. 决定一个呼叫是否在网　　　　　　d. 实现 VPN 到 PSTN 的网关
19. 单个 POTS 远程访问线路的最大下载速率是（　　）。
　　a. 56 kb/s　　b. 28.8 kb/s　　　　　c. 33.6 kb/s　　d. 128 kb/s

第九章 远程访问与配置

远程访问就是通常所说的远程接入。利用路由和远程访问技术，可以将 Windows Server 配置为远程访问服务器，将远程或移动办公的工作人员连接到公司内部的网络。远程计算机联入公司内部网络之后，可以与本地网中的计算机具有完全相同的地位，可以共享资源、使用各种内部服务。也就是说远程用户在使用计算机时，就像是直接连接到公司内部网络一样工作。

远程访问有两种方式：一种是远程控制；另一种是远程客户端访问。远程控制就是利用远程计算机遥控本地计算机，如同在本地直接使用这台计算机一样；远程客户端访问是 Windows 拨号网络所支持的方式，需要分别配置远程访问服务器和远程访问客户端。

远程访问的配置是组网中的基本技术。本章主要基于 Windows Server 2016 讨论虚拟专用网络（VPN，又称虚拟专用网）和公用电话交换网（PSTN）的远程访问服务及其配置，包括远程连接的路由器配置，以使远程访问客户端通过广域网（WAN）基础结构连接到远程访问服务器。

第一节 远程访问技术

通常，用户在公司局域网（LAN）中的计算机上能够直接访问本局域网中服务器上的资源。但是，如果用户由于某种原因希望在另外一个地点仍然能够访问公司局域网中的资源，而且希望这种访问与他在公司局域网中的计算机上访问该局域网中的资源完全一样，应如何解决？

Windows Server 提供了路由和远程访问（RRAS）服务功能。通过将"路由和远程访问"将服务器配置为远程访问服务器，可以将远程工作人员或流动人员连接到企业或机构的内部网络上。运行"路由和远程访问"的服务器提供 VPN 和拨号网络两种类型的远程访问连接。远程访问的配置属于客户机/服务器工作模式。

学习目标

- ▶ 掌握拨号远程访问配置的概念及远程访问连接的类型；
- ▶ 了解拨号远程访问连接的组件；
- ▶ 掌握"路由和远程访问"服务的安装与启动。

关键知识点

- ▶ 远程访问客户端使用广域网（WAN）基础结构连接到远程访问服务器，是拨号远程访问的一种解决方案。

远程访问概述

近年来，各种组织机构的移动性要求越来越高，而且在地理上越来越分散。相应地，许多网络的设计也已经考虑了远程访问技术。通过采用远程访问技术，可为经常往返两地之间的人、远方工作人员和移动职员提供网络访问。远程访问的配置是组网中的基本技术，远程计算机可以通过电话线和其他公用网络连接到本地局域网，使用本地局域网上的资源。

例如，若用户希望在另外一个地点对公司局域网中的资源进行访问，他往往需要利用某种已有的广域网，如 PSTN（公用电话交换网）以及 Internet（因特网）等。从公司局域网的角度来看，把用户跨过广域网而对公司局域网所实施的访问称为"远程访问"，而把这个实施远程访问的用户称为"远程用户"，把远程用户执行远程访问所使用的计算机称为"远程访问客户机"。为了对用户远程访问提供支持，需要在公司的局域网中选择一台计算机，这台计算机至少应该具有两个网络接口，一个连接局域网，另一个连接广域网。然后，在这台计算机上安装"远程访问服务"，由它来提供对远程访问的支持。用来提供远程访问服务的计算机称为"远程访问服务器"，由它负责接受用户的远程访问。

当用户在一台远程客户机上希望对公司局域网实施远程访问时，这台远程客户机必须跨过广域网与远程访问服务器建立起通信信道，然后由公司局域网为它分配局域网中的一个有效 IP 地址，此时就相当于把这台远程客户机接入公司局域网中。这样，该用户就可以使用公司局域网中一个具有远程访问权限的用户账户进行登录，登录成功后该用户便以这个账户身份访问公司局域网中的资源。这种访问与用户在公司局域网中的计算机上访问该网络中的资源完全一样，即：原来在局域网中能够访问什么资源，在该远程客户机上也能访问到这些资源。

为提高路由和远程访问的安全性和易管理性，Windows Server 2016 设计了许多新功能，主要包括：

- 服务器管理器；
- SSTP（安全套接字隧道协议）；
- VPN 的网络访问保护强制；
- IPv6 支持；
- 新的加密支持。

基于 Windows Server 2016 的远程访问服务器，主要支持 VPN 和拨号网络两种类型的远程访问连接。通过远程访问功能可提供 VPN 服务，用户可以通过 Internet 访问公司网络，仿佛他们直接连接到公司网络上。远程访问还使使用拨号通信链路的远程工作人员或流动工作人员可以访问公司网络。

VPN 连接

VPN 可以跨专用网络或公用网络（如 Internet）创建安全的点到点连接。VPN 客户端使用基于 TCP/IP 的特殊协议（称为隧道协议）对 VPN 服务器上的虚拟端口进行虚拟呼叫。VPN 的最佳例子，是与连接到 Internet 的远程访问服务器建立 VPN 连接的 VPN 客户端。远程访问服务器应答虚拟呼叫，对呼叫者进行身份验证，并在 VPN 客户端与公司网络之间传输数据。

与拨号网络相反，VPN 始终是通过公用网络（如 Internet）在 VPN 客户端与 VPN 服务器之间建立的逻辑间接连接。为了确保隐私安全，必须对通过该连接发送的数据进行加密。

拨号网络连接

在拨号连接中，远程访问客户端使用电信提供商的服务［如 PSTN 或 ISDN（综合业务数字网）］与远程访问服务器上的物理端口建立非永久性的拨号连接。拨号网络的最佳示例，是拨打远程访问服务器的一个端口的电话号码的拨号网络客户端。

基于模拟电话的拨号网络是拨号网络客户端与拨号网络服务器之间的直接物理连接。Windows 系列拨号网络所支持的连接方式主要是在远程客户端上安装 Modem（调制解调器），通过 PSTN 与本地网络连接，当然也可以通过 X.25 等进行连接；对于通过该连接发送的数据，可以进行加密，但也可以不加密。

常用远程访问配置

在运行服务器管理器的"路由和远程访问服务器安装向导"时，会提示用户选择与所要部署的远程访问解决方案最近似的配置路径，如图 9.1 所示。最常用的远程访问解决方案包括：远程访问（拨号或 VPN），网络地址转换（NAT），虚拟专用网络（VPN）访问和 NAT，以及两个专用网络之间的安全连接。如果没有完全满足需要的向导配置路径，可以在向导完成后进一步配置服务器，也可以选择自定义配置路径。但是，如果选择自定义配置路径，必须手动配置"路由和远程访问"的所有元素。

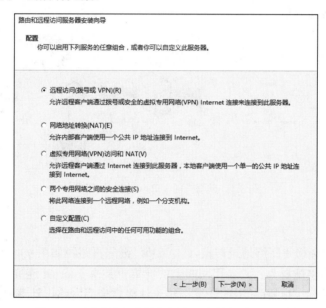

图 9.1 "路由和远程访问服务器安装向导"对话框

远程访问（拨号或 VPN）

在图 9.1 中，如果选择"远程访问（拨号或 VPN）"，需要配置以下两种连接路径。

1. 拨号连接

拨号连接配置路径如图 9.2 所示，运行"路由和远程访问"的服务器将配置为：允许远程访问客户端通过拨入调制解调器组或其他拨号设备来连接到专用网络。若要在向导中配置此服务器类型，则选中"远程访问"复选框，然后按照提示步骤操作。按向导完成操作步骤后，可以配置其他选项。例如，可以配置服务器如何应答呼叫，服务器如何验证哪些远程访问客户端有权连接到专用网络，以及服务器是否在远程访问客户端与专用网络之间路由网络通信。

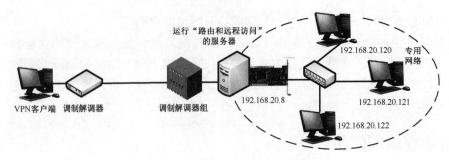

图 9.2 远程访问拨号连接配置路径

2. VPN 连接

VPN 连接配置路径如图 9.3 所示,运行"路由和远程访问"的服务器将配置为:允许远程访问客户端通过 Internet 连接到专用网络。若要在向导中配置此服务器类型,则选中"远程访问"复选框,然后按照提示步骤操作。按向导完成步骤后,可以配置其他选项。例如,可以配置服务器验证哪些 VPN 客户端有权连接到专用网络的方式,以及服务器是否在 VPN 客户端与专用网络之间路由网络通信。

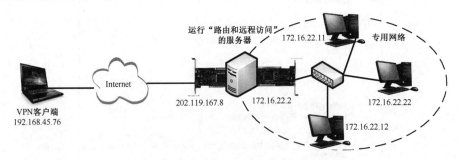

图 9.3 远程访问 VPN 连接配置路径

网络地址转换

如果在图 9.1 中选择"网络地址转换(NAT)",则配置路径如图 9.4 所示,运行"路由和远程访问"的服务器将配置为:与专用网络上的计算机共享 Internet 连接,并在其公用地址与专用网络之间转换通信。Internet 上的计算机将无法确定专用网络上计算机的 IP 地址。

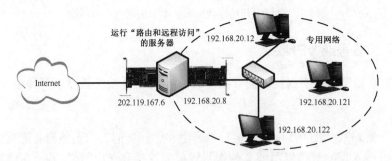

图 9.4 网络地址转换配置路径

若要在向导中配置这种服务器类型,则单击"网络地址转换(NAT)",然后按照提示步骤操作。按向导完成操作步骤后,可以配置其他选项。例如,可以配置数据包筛选器,并选择在公用端口上允许运行哪些服务等。

VPN 和 NAT

如果在图 9.1 中选择"虚拟专用网络（VPN）访问和 NAT"配置，则配置路径如图 9.5 所示，运行"路由和远程访问"的服务器将配置为：提供专用网络的 NAT 并接受 VPN 连接。Internet 上的计算机将无法确定专用网络上的计算机的 IP 地址。但是，VPN 客户端将可以连接到专用网络上的计算机，仿佛它们实际连接在同一个网络上。

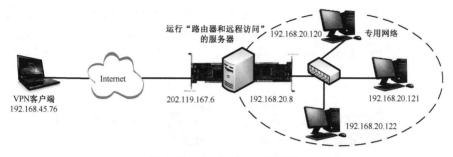

图 9.5　VPN 和 NAT 配置路径

若要在向导中配置这种服务器类型，可单击"虚拟专用网络（VPN）访问和 NAT"，然后按照提示步骤操作即可。

两个专用网络之间的安全连接

如果在图 9.1 中选择"两个专用网络之间的安全连接"，则配置路径如图 9.6 所示，运行"路由和远程访问"的两台服务器将配置为通过 Internet 安全地发送专用数据。在每台服务器上运行"路由和远程访问服务器安装向导"时，必须选择此路径。两台服务器之间的连接可以是永久性的（始终连接）或请求式的（请求拨号）。

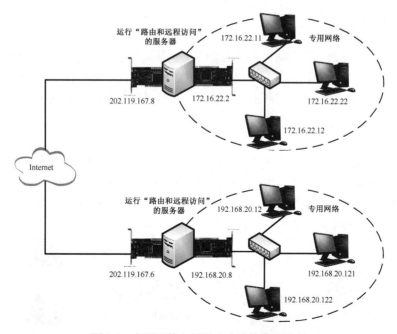

图 9.6　专用网络之间的安全连接配置路径

若要在向导中配置这种服务器类型，可单击"两个专用网络之间的安全连接"，然后按照提示步骤操作。按向导完成操作步骤后，可以为每台服务器配置其他选项。例如，可以配置每台服务器接受哪些路由协议，以及每台服务器通过哪种方式在两个网络之间路由通信。

远程访问拨号连接的组件

拨号远程访问是一种远程访问技术。在 Windows Server 2016 所包含的"路由和远程访问"中，它作为一项功能来提供。对于拨号远程访问，远程客户端只有在使用电信基础设施与远程服务器上的端口建立临时的网络线路或虚拟线路后，才可以协商其他连接参数。因此，远程访问拨号连接包含了远程访问客户端、远程访问服务器、拨号设备和 WAN 基础结构等组件，如图 9.7 所示。

图 9.7 远程访问拨号连接的组件

1. 远程访问客户端

运行 Windows Server 2016/2012、Windows Server 2008、Windows XP/7/10 等远程访问客户端，可以连接到运行 Windows Server 2008/2016 的远程访问服务器。几乎所有 PPP 远程访问客户端（包括 UNIX 和 Macintosh）都可以连接到运行 Windows Server 2008/2016 的远程访问服务器。

2. 远程访问服务器

运行 Windows Server 2008/2016 的远程访问服务器接受拨号连接，并在远程访问客户端与远程访问服务器所连接的网络之间转发数据包。

3. 拨号设备和 WAN 基础结构

通过远程访问客户端、远程访问服务器和 WAN 基础结构上安装的拨号设备，可以很方便地在远程访问服务器与远程访问客户端之间建立物理连接或逻辑连接。根据连接类型的不同，拨号设备和 WAN 基础结构也会有所不同。最常用的拨号远程访问方法之一是公用电话交换网（PSTN）。

PSTN 也称为普通电话服务（POTS），是用于携带分辨人类语音所需的最低频率的模拟电话系统。拨号设备由远程访问客户端上的模拟调制解调器和远程访问服务器上的模拟调制解调器（至少一个）组成。对于大型组织，远程访问服务器连接到包含多达数百个调制解调器的调制解调器组。由于 PSTN 并非为传输数据而设计，所以与其他连接方法相比，其传输速率有限。标准 PSTN 连接示意图如图 9.8 所示。

图 9.8 标准 PSTN 连接示意图

PSTN 的最高比特率取决于 PSTN 交换机传递的频率范围以及连接的信噪比。现在的模拟电话系统只有在本地环路上是模拟的，通过一组线路将客户端连接到总部（CO）的 PSTN 交换机。模拟信号到达 PSTN 交换机之后，将转换为数字信号。

如果远程访问服务器使用基于 T-Carrier(T 载波)或 ISDN 的数字交换机（而不是模拟 PSTN 交换机）连接到 CO，则它在向远程访问客户端发送信息时没有模数转换。由于返回远程访问客户端的路径中没有量化噪声，所以信噪比较高，从而最高比特率也较高。这项技术通常称为 V.90。通过 V.90 技术，远程访问客户端能以 33.6 kb/s 速率发送数据，以 56 kb/s 速率接收数据。若要达到 V.90 的速度，必须符合下列条件：

- 远程访问客户端必须使用 V.90 调制解调器；
- 远程访问服务器必须使用 V.90 数字交换机，并使用数字链路（如 T-Carrier 或 ISDN）连接到 PSTN；
- 从远程访问服务器到远程访问客户端的路径中不能有任何模数转换。

使用 V.90 建立的 PSTN 连接示意图如图 9.9 所示。

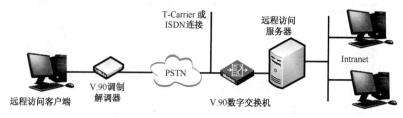

图 9.9　使用 V.90 建立的 PSTN 连接

安装、启用"路由和远程访问"服务

Windows Server 系列中的"路由和远程访问"服务提供：
- VPN 远程访问和拨号服务；
- 多协议 LAN-to-LAN、LAN-to-WAN、VPN 和网络地址转换（NAT）路由服务；
- 可使用"添加角色向导"安装"路由和远程访问"服务。

安装"路由和远程访问"服务

服务器管理器是一项新功能，用于引导信息技术（IT）管理员完成安装、配置和管理 Windows Server 2016 中的服务器角色和功能。服务器管理器在管理员完成"初始配置任务"中列出的任务之后自动启动。之后，会在管理员登录到服务器时自动启动。

通过下列步骤使用服务器管理器安装"路由和远程访问"端。
- 安装 Windows Server 2016。
- 依次单击"开始""服务器管理器"。
- 选择"添加角色和功能"，则系统给出图 9.10 所示窗口。
- 在窗口中单击"安装类型"，再选择默认的"基于角色或基于功能的安装"，单击"下一步"按钮。
- 在"服务器角色"中选中"远程访问"，则给出图 9.11 所示窗口，单击"下一步"按钮。
- 在"角色服务"中选中"DirectAccess 和 VPN(RAS)"与"路由"，如图 9.12 所示。

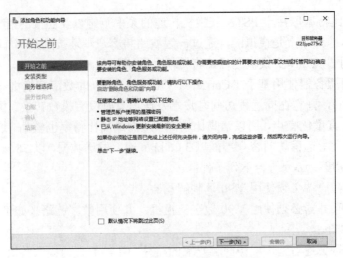

图 9.10 "添加角色和功能向导"窗口

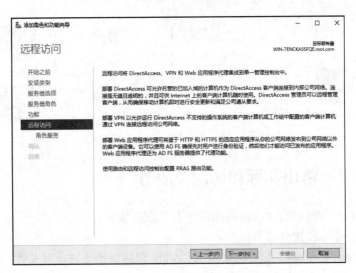

图 9.11 "远程访问"窗口

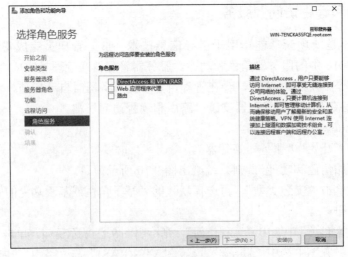

图 9.12 "选择角色服务"对话框

第九章 远程访问与配置

- 单击"下一步"按钮，会自动安装 Web 相关的角色和服务。
- 完成安装向导，系统给出图 9.13 所示窗口。然后连续单击"下一步"按钮，直至安装完成后单击"关闭"按钮。

图 9.13 功能"安装进度"窗口

配置并启用"路由和远程访问"服务

使用下列步骤配置并启用"路由和远程访问"服务：
- 依次单击"开始""管理工具""路由和远程访问"。
- 默认情况下，本地计算机作为服务器列出。用鼠标右键单击该服务器，然后单击"配置并启用路由和远程访问"。
- 单击"下一步"按钮，再单击"自定义配置"，然后单击"下一步"按钮。
- 选择除 NAT 以外的所有服务，如图 9.14 所示。单击"下一步"按钮，然后单击"完成"按钮。

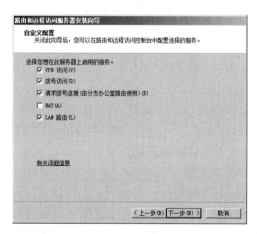

图 9.14 自定义配置窗口

注意：完成安装之后，安装的"路由和远程访问"服务处于禁用状态。若要启用并配置远程访问服务器，必须以 Administrator 组成员的身份登录。

启用"路由和远程访问"服务

安装了"路由和远程访问"服务之后，需要启用该服务，才能为服务器配置路由和远程访问。

如果此服务器是 Active Directory® 域的成员，而不是域管理员，则要求域管理员将此服务器的计算机账户添加到此服务器所属的域中的"RAS and IAS Servers"安全组。域管理员可以使用"Active Directory 用户和计算机"或使用"netsh ras add registered server"命令将该计算机账户添加到"RAS and IAS Servers"安全组。若此服务器使用本地身份验证或针对 RADIUS 服务器进行身份验证，则跳过此步骤。

- 打开"路由和远程访问"。
- 默认情况下，本地计算机作为服务器列出。
- 若要添加其他服务器，则在控制台树中，用鼠标右键单击"服务器状态"，然后单击"添加服务器"。
- 在"添加服务器"对话框中，单击适用的选项，然后单击"确定"。
- 在控制台树中，用鼠标右键单击要启用的服务器，然后单击"配置并启用路由和远程访问"。
- 按照"路由和远程访问服务器安装向导"中的说明操作，然后单击"完成"按钮。

练习

1. 简述"路由和远程访问"服务的工作模式。
2. 拨号网络有哪些工作方式？
3. 简述远程拨号访问连接所需的组件。
4. 简述安装和启用"路由和远程访问"的主要步骤。

补充练习

浏览远程访问服务技术论坛网站，查看关于远程访问技术的最新发展。

第二节　配置 VPN 远程访问服务

若要将服务器配置为 VPN 远程访问服务器，需要使用"路由和远程访问服务器安装向导"，选择"远程访问（拨号或 VPN）"。配置 VPN 远程访问服务器涉及下列任务：

- 将服务器配置为 VPN 远程访问服务器；
- 配置 VPN 服务器上的 TCP/IP；
- 配置 VPN 服务器上的名称解析。

完成基本远程访问 VPN 服务器的配置后，可根据使用远程访问 VPN 服务器所需的方式执行其他配置任务。

本节介绍使用服务器管理器、"添加角色向导"和"路由和远程访问服务器安装向导"配置远程访问 VPN 服务器的基本步骤，以实现 Windows VPN 网络的应用。

第九章 远程访问与配置

学习目标

- 掌握配置 VPN 远程访问服务器的方法，以支持 VPN 连接；
- 掌握配置 VPN 客户端的方法。

关键知识点

- VPN 服务器上的 TCP/IP、名称解析是 VPN 远程访问的重要组成部分。

配置的准备工作

Windows Server 2016 对 VPN 的配置提供了向导程序，所以配置 VPN 服务非常简单，可以按照以下步骤来完成。在添加远程访问 VPN 服务器角色之前，需要做好以下准备工作：

- 确定连接到 Internet 的网络接口以及连接到专用网络的网络接口。如果指定的接口不正确，则远程访问 VPN 服务器将无法正常运行。
- 确定远程客户端是从专用网络上的动态主机配置协议（DHCP）服务器接收 IP 地址，还是从要配置的远程访问 VPN 服务器接收 IP 地址。如果专用网络上有 DHCP 服务器，则远程访问 VPN 服务器可以一次从 DHCP 服务器租用 10 个地址，并将这些地址指派给远程客户端。如果专用网络上没有 DHCP 服务器，则远程访问 VPN 服务器可自动生成 IP 地址并将这些地址指派给远程客户端。如果希望远程访问 VPN 服务器指派指定范围内的 IP 地址，则必须确定该范围。
- 确定希望来自 VPN 客户端的连接请求是由远程身份验证拨入用户服务（RADIUS）服务器进行身份验证，还是由所配置的远程访问 VPN 服务器进行验证。如果计划在专用网络上安装多台远程访问 VPN 服务器、无线访问点或其他 RADIUS 客户端，则需要添加 RADIUS 服务器。
- 确定 VPN 客户端是否可以向专用网络上的 DHCP 服务器发送 DHCP 消息。如果 DHCP 服务器与远程访问 VPN 服务器在同一个子网上，则在建立 VPN 连接之后，来自 VPN 客户端的 DHCP 消息将可到达 DHCP 服务器。如果 DHCP 服务器与远程访问 VPN 服务器在不同的子网上，则应确保子网之间的路由器可以在客户端和服务器之间中继 DHCP 消息。如果路由器运行的是 Windows Server 2008 操作系统，则可以在路由器上配置 DHCP 中继代理服务，以便在子网之间转发 DHCP 消息。
- 验证所有用户都有为拨号访问而配置的用户账户。用户只有拥有了远程访问 VPN 服务器上或 Active Directory® 域服务中的用户账户，才能连接到网络。独立服务器或域控制器上的每个用户账户都包含用于确定该用户能否连接的属性。在独立服务器上，可以通过用鼠标右键单击"本地用户和组"中的用户账户并单击"属性"来设置这些属性。在域控制器上，可以通过用鼠标右键单击"Active Directory 用户和计算机"控制台中的用户账户并单击"属性"来设置这些属性。

VPN 服务器的配置

若要配置远程访问 VPN 服务器，可通过执行下列任意一项操作来启动"添加角色向导"：

（1）在"初始配置任务"窗口的"自定义此服务器"下，单击"添加角色"。默认情况下，"初始配置任务"在登录时自动启动。

（2）在 VPN 服务器上，从"管理工具"中打开"服务器管理器"，选中"角色"，单击"添加角色"，打开"添加角色向导"。在"添加角色向导"中执行下列操作：

- 单击"下一步"按钮或单击"选择服务器角色"。
- 在出现的"选择服务器角色"对话框的角色列表中选择"网络策略与服务"，然后单击"下一步"按钮。
- 在出现的"选择角色服务"对话框中的角色服务栏中选择"路由和远程访问服务"，也可以单独选择服务器角色。

继续执行"添加角色向导"中的步骤，以完成安装。最后，单击"关闭"按钮，返回"服务器管理器"对话框，可以看到角色摘要下显示"网络策略和访问服务"已安装，如图 9.15 所示。

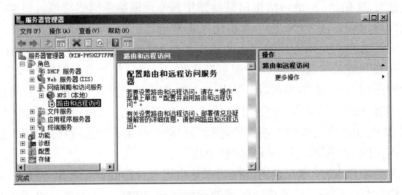

图 9.15　"服务器管理器"对话框

用鼠标右键单击"网络策略和访问"，在弹出的菜单中选择"配置并启用路由和远程访问"，如图 9.16 所示。

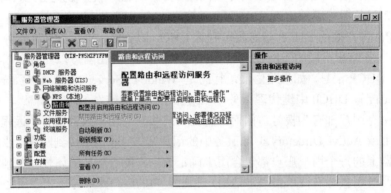

图 9.16　选择"配置并启用路由和远程访问"

在出现的"路由和远程访问服务器安装向导"窗口中单击"下一步"按钮，进入服务选择窗口，如图 9.17 所示。这里使用 VPN 服务器，所以选择第三项"虚拟专用网络（VPN）和 NAT"，然后连续单击"下一步"按钮，安装向导弹出图 9.18 所示的窗口。选择其中一个连接，这里选择"本地连接"。

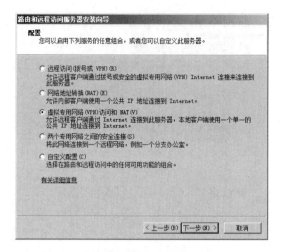

图 9.17　服务选择窗口

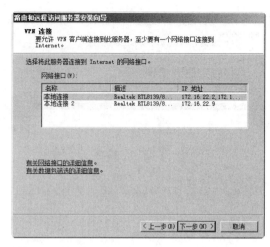

图 9.18　选择"本地连接"

单击"下一步"按钮，出现图 9.19 所示的对话框。如果在公司局域网中有 DHCP 服务器，那么可以让 DHCP 服务器为远程访问客户端分配局域网中的 IP 地址，此时选择"自动"。如果公司局域网中没有 DHCP 服务器，那么可以在远程访问服务器上建立一个静态 IP 地址范围，这些 IP 地址是用来分配给远程访问客户端的，此时选择"来自一个指定的地址范围"。

若选择"来自一个指定的地址范围"，则单击"下一步"按钮后，将要求指定相关的 IP 地址。此处指定的 IP 地址范围，是作为 VPN 客户端通过 VPN 连接到 VPN 服务器时所使用的 IP 地址池。单击"新建"按钮，出现"地址范围分配"对话框。在"起始 IP 地址"文本框中输入"172.16.22.11"，在"结束 IP 地址"文本框中输入"172.16.22.22"，如图 9.20 所示。

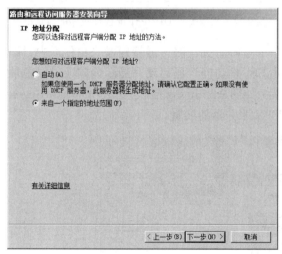

图 9.19　选择"来自一个指定的地址范围"

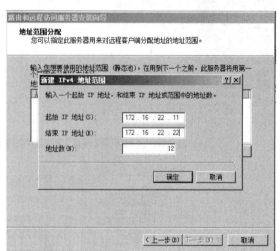

图 9.20　"地址范围分配"对话框

单击"确定"按钮，可以看到已经指定了一段 IP 地址，如图 9.21 所示。

单击"下一步"按钮，出现"管理多个远程访问服务器"对话框。在该对话框中可以指定身份验证的方法是路由和远程访问服务器还是 RADIUS 服务器，在此选择"否，使用路由和远程访问来对连接请求进行身份验证"复选框，如图 9.22 所示。

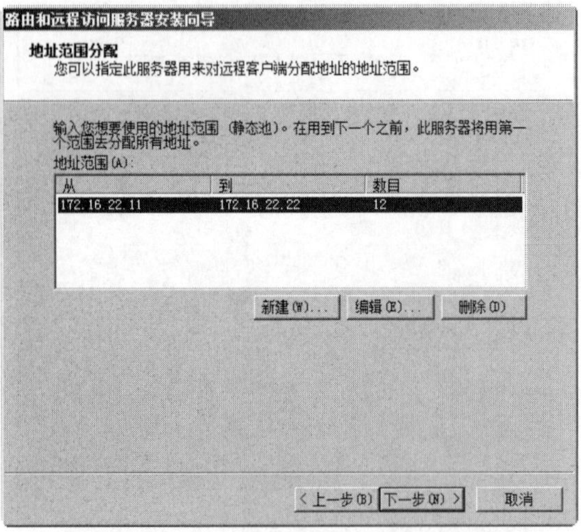

图 9.21 指定的一段 IP 地址

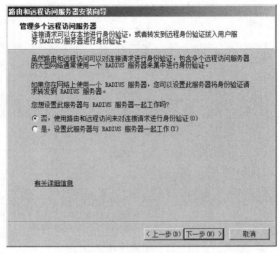

图 9.22 "管理多个远程访问服务器"对话框

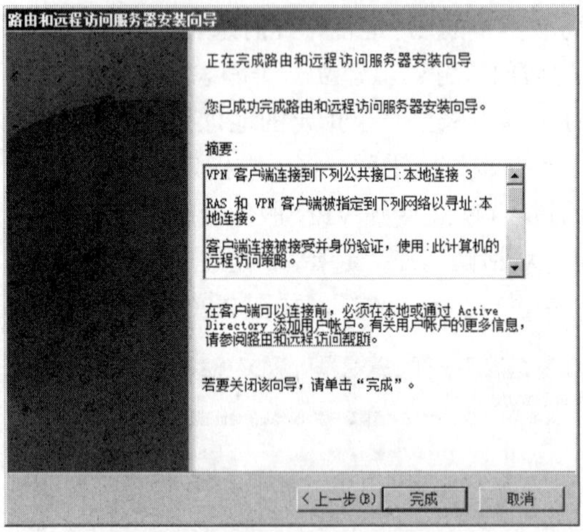

单击"下一步"按钮，完成 VPN 配置，如图 9.23 所示。单击"完成"按钮，出现图 9.24 所示的对话框，表示需要配置 DHCP 中继代理程序，单击"确定"按钮。

图 9.24 需要配置 DHCP 中继代理程序的对话框

这时看到，服务器管理器"角色"中"路由和远程访问"已启动（显示为向上的绿色箭头），如图 9.25 所示。至此，完成 Windows Server VPN 服务器的配置。

图 9.23 完成 VPN 配置后的窗口

图 9.25 "路由和远程访问"已启动窗口

为用户账户分配远程访问的权限

当用户进行基于 VPN 的远程访问时，必须使用一个用户账户的身份才能访问。为此，这个用户账户必须是 VPN 服务器上的一个用户账户，而且这个用户账户必须具有远程访问的权限。然而，默认情况下，在 VPN 服务器上所有的用户账户都没有与 VPN 服务器建立连接的权限。因此，为了使用户能够利用一个用户账户来进行远程访问，需要由 VPN 服务器的管理员为这个用户账户分配远程访问的权限。

（1）以域管理员账户登录到域控制器上，在 VPN 服务器上打开"管理工具"，选择"Active Directory 用户和计算机"控制台窗口，如图 9.26 所示。

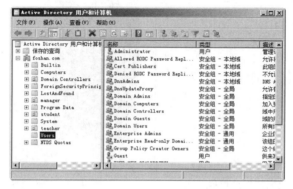

图 9.26 "Active Directory 用户和计算机"控制台窗口

（2）在"Active Directory 用户和计算机"窗口中，用鼠标右键单击"User"，选择"新建"→"用户"。

（3）在"新建对象—用户"窗口输入相关信息，新建一个用户。例如，设置用户 Administrator@ fosham.com，使用 VPN 连接到 VPN 服务器。

（4）依次展开"foshan.com"和"user"结点，用鼠标右键单击"Administrator"，在弹出的菜单中选择"属性"，则打开图 9.27 所示的"Administrator 属性"对话框。在"拨入"选项卡中选中"允许访问"，然后单击"确定"按钮即可。

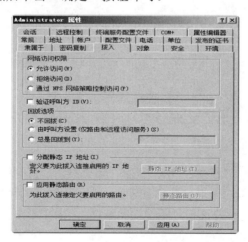

图 9.27 "Administrator 属性"对话框

配置 VPN 客户端

VPN 客户端的配置并不复杂，只需建立一个到服务器的虚拟专用连接，然后通过该虚拟专用连接来拨号建立连接即可。在创建 VPN 连接之前，必须保证 VPN 客户端已经连接到 Internet 上。创建 VPN 客户端连接的操作步骤如下：

（1）用鼠标右键单击"网上邻居"图标，选择"属性"，则会打开图 9.28 所示的窗口。

（2）双击"新建连接向导"图标，打开图 9.29 所示的窗口。

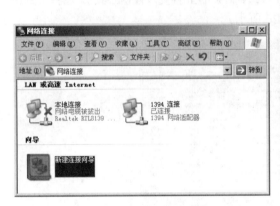

图 9.28　网络连接窗口

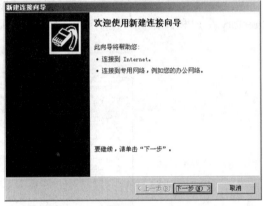

图 9.29　"新建连接向导"窗口

（3）单击"下一步"按钮，打开图 9.30 所示的窗口。

（4）选择"连接到我的工作场所的网络"，单击"下一步"按钮，则打开图 9.31 所示的窗口。

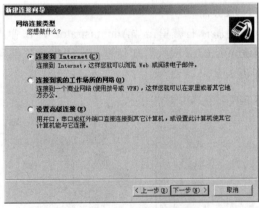

图 9.30　网络连接类型选择

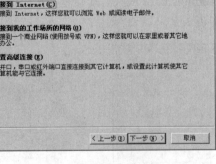

图 9.31　网络连接选择

（5）选择"虚拟专用网络连接"，单击"下一步"按钮，打开图 9.32 所示的对话框。

（6）在此对话框中输入一个名字，例如输入"foshan"，然后单击"下一步"按钮，则打开图 9.33 所示的窗口。此时若选择"不拨初始连接"，则在单击"下一步"按钮后，将打开图 9.34 所示的对话框。

（7）输入希望访问的 VPN 服务器的主机名或 IP 地址。例如，在出现的"VPN 服务器选择"对话框中的"主机名或 IP 地址"文本框中输入"192.168.45.9",然后单击"下一步"按钮,则打开图 9.35 所示的窗口。

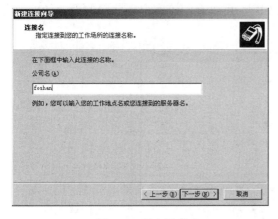

图 9.32 输入连接名

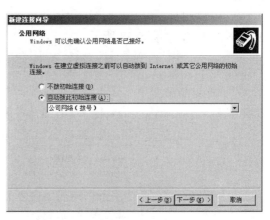

图 9.33 初始连接选择

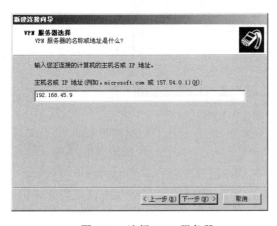

图 9.34 选择 VPN 服务器

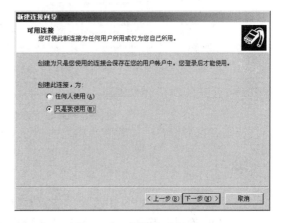

图 9.35 可用连接选择

(8)选择"任何人使用"或"只是我使用"后,单击"下一步"按钮,将打开图 9.36 所示的窗口。

(9)单击"完成"按钮,将打开图 9.37 所示的窗口。

图 9.36 VPN 连接完成

图 9.37 VPN 连接窗口

当需要远程访问时,可在图 9.37 中输入用户名和密码,然后单击"连接"按钮并按提示操作即可。

在客户端的命令行提示符下输入"ipconfig/all",可以看到该客户端获得的虚拟 IP 地址"172.16.22.13",如图 9.38 所示。

图 9.38　DOS 下查看客户端建立 VPN 的情况

练习

1. 什么是 VPN? VPN 中涉及的协议有哪些?分别在什么层次?
2. VPN 有几种应用场合?各有什么特点?
3. 某单位的办公局域网使用私有地址,通过防火墙接入 Internet,现在为了方便公司的员工在外地出差时能访问公司内部的数据库服务器以提取和上报资料,最好的解决方案是什么?请给出建议方案。
4. 什么是动态路由协议?
5. 什么是管理距离?它有什么用处?
6. 主机的默认路由起什么作用?是否可以不使用?
7. 在 Windows Server 2016 服务器上配置 VPN 服务器。
8. 在 Windows 客户机上建立 VPN 连接。
9. 建立连接并进行 VPN 测试。

补充练习

某公司随着规模的扩大,由原来的一个办公室扩展成多个部门,现在你作为公司的网络管理员,请设计一个方案,保证各个部门都有一个小局域网,并且公司的各个部门之间也能进行通信。

第三节　配置拨号远程访问服务

当远程用户希望通过 PSTN 等广域网进行远程连接时，需要拨号连接到远程访问服务器，然后实现对局域网中资源的访问。由于 PSTN 就是人们平时打电话所使用的电话网，所以对于普通用户，通过 PSTN 进行远程访问十分方便。

可以使用运行"路由和远程访问"的服务器提供对公司 Intranet 的拨号访问。如果希望远程访问服务器支持拨号连接，则具体的配置需要完成以下步骤：
- 配置与 Intranet 的连接；
- 配置远程访问服务器支持拨号连接；
- 为用户账户分配远程访问权限；
- 配置用于远程访问的端口等；
- 配置远程访问客户端。

本节主要讨论远程客户端如何利用 PSTN 拨号连接到 Windows Server 远程访问服务器。远程访问拨号客户机的配置，请参见配置 VPN 客户端的步骤。

学习目标
- 掌握远程访问服务器的配置方法，以支持拨号连接拨号网络；
- 掌握拨号客户端的配置方法。

关键知识点
- 随着人们的移动性越来越大，远程访问技术已成为连接网络的关键构件。

配置远程访问服务器支持拨号连接

如果客户端希望通过 PSTN 与远程访问服务器建立拨号连接，那么客户端与远程访问服务器都必须安装调制解调器。由于 PSTN 采用模拟信号，而计算机采用数字信号，因此它们之间要进行通信，就必须通过调制解调器执行数模转换操作。操作步骤如下：

（1）单击"开始"→"管理工具"→"服务器管理器"，展开"网络策略和访问服务"，选择"路由和远程访问"，将打开图 9.39 所示的窗口。

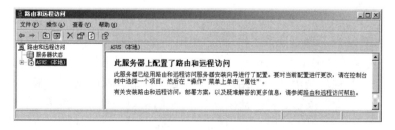

图 9.39　配置并启用"路由和远程访问"

（2）用鼠标右键单击计算机名称（本例为：ASUS），选择"配置并启用路由和远程访问"，将打开"路由和远程访问服务器安装向导"窗口，如图 9.40 所示。

（3）选择"远程访问（拨号或 VPN）"，单击"下一步"按钮，将打开图 9.41 所示的窗口。

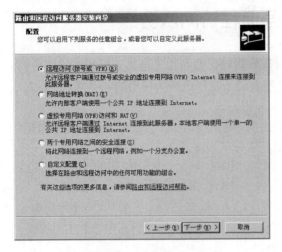

图 9.40　配置选择

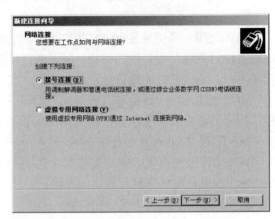

图 9.41　选择网络连接方式

（4）选择"拨号连接"，单击"下一步"按钮。如果计算机中有多个网卡，将打开图 9.42 所示的窗口，其中每个网卡连接到一个网络。选择一个用于远程连接的网卡，单击"下一步"按钮，将打开图 9.43 所示的窗口。

图 9.42　选择网卡

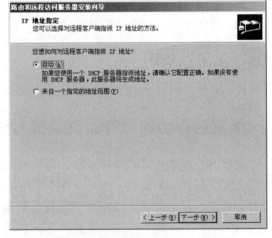

图 9.43　选择获取 IP 地址的方法

（5）如果在公司局域网中有 DHCP 服务器，那么可以让 DHCP 服务器为远程访问客户端分配局域网中的 IP 地址，这里选择"自动"，单击"下一步"按钮后将直接打开图 9.44 所示的窗口。如果公司局域网中没有 DHCP 服务器，那么可以在远程访问服务器上建立一个静态 IP 地址范围，这些 IP 地址是用来分配给远程访问客户端的，此时选择"来自一个指定的地址范围"，则单击"下一步"按钮后将打开图 9.45 所示的窗口。单击"新建"按钮，在新出现的窗口中输入地址范围，然后单击"确定"按钮，再单击"下一步"按钮，则打开图 9.44 所示窗口。

（6）选择"否，使用路由和远程访问来对连接请求进行身份验证"，单击"下一步"按钮，将打开图 9.46 所示的窗口。然后单击"完成"和"确定"按钮。

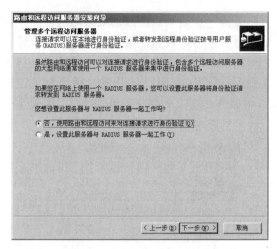

图 9.44 RADIUS 服务选择

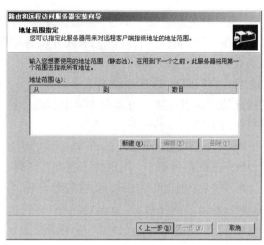

图 9.45 指定 IP 地址范围

（7）设置完成后的窗口如图 9.47 所示。

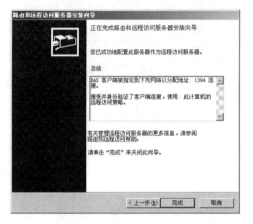

图 9.46 远程访问配置完成窗口

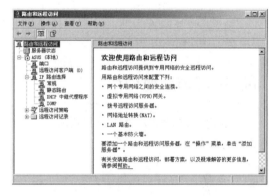

图 9.47 "路由和远程访问"窗口

为用户账户分配远程访问权限

当用户进行远程访问时，也必须使用一个账户的身份才能访问，那么对这个账户的要求是：
▶ 必须是远程访问服务器上的一个用户账户；
▶ 必须具有远程访问的权限。

然而，默认情况下，在远程访问服务器上的所有用户账户都没有拨号连接远程访问服务器的权限。因此，为了使用户能够使用一个用户账户进行远程访问，需要由远程访问服务器的管理员为这个用户账户分配远程访问权限。具体步骤参见 VPN 远程访问服务的配置。

配置用于远程访问的端口

运行"路由和远程访问"的服务器将已安装的网络设备作为一系列设备和端口对待。其中，设备是可以建立物理点到点连接或逻辑点到点连接的硬件或软件，可以是物理的（如调制解调器),也可以是虚拟的(如 VPN 协议);端口是可以支持一个点到点连接的通信通道。对于单端口设备(如调制解调器),无法区分设备和端口。对于多端口设备,端口是设备中可以建立独立点到点连接的细分。例如,主速率接口(PRI)ISDN 适配器支持两个独立的通道(称为 B 通道),则 ISDN 适配器就是设备,每个 B 通道都是一个端口,因为可以通过每个 B 通道建立独立的点到点连接。可以在"路由和远程访问"中单击"端口"来查看拨号端口。配置用于远程访问端口的步骤如下:

- 打开"路由和远程访问"。
- 在控制台树中,用鼠标右键单击"端口"。
- 位置:远程和路由访问/服务器名称/端口。
- 单击"属性"。
- 在"端口属性"对话框中,单击某个设备,然后单击"配置";
- 在"配置设备"对话框中,执行以下一项或多项操作(如图 9.48 所示):若要启用远程访问,则选中"远程访问连接(仅入站)"复选框;若要启用请求拨号路由,则选中"请求拨号路由选择连接(入站和出站)"复选框。

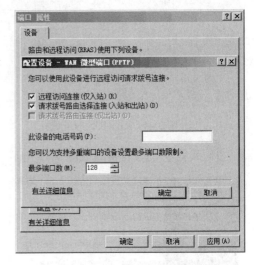

图 9.48 端口属性配置窗口

创建静态 IP 地址池

在配置远程访问服务器时,可以使用静态 IP 地址池给基于 TCP/IP 的远程访问连接和请求拨号连接分配静态 IP 地址。

- 打开"路由和远程访问"。
- 用鼠标右键单击要为其创建静态 IP 地址池的服务器的名称,然后单击"属性"。
- 在"IPv4"选项卡中,单击"静态地址池",然后单击"添加"。
- 在"起始 IP 地址"中输入起始 IP 地址,然后在"结束 IP 地址"中输入结束 IP 地址,或在"地址数"中输入 IP 地址数。
- 单击"确定"按钮,然后对任何需要添加的地址范围重复上述两个步骤,如图 9.49 所示。

图 9.49 创建静态 IP 地址池

注意：如果静态 IP 地址池由单独子网的 IP 地址范围组成，则需要在远程访问服务器计算机上启用 IP 路由协议，或向 Intranet 的路由器中添加由每个地址范围的{IP 地址，掩码}组成的静态 IP 路由。如果不添加路由，远程访问客户端将无法与 Intranet 上的资源进行通信。

路由和远程访问服务器与 DHCP 一起使用

"DHCP 服务器"服务可以与"路由和远程访问"服务一起部署，以便在连接期间为远程访问客户端提供动态分配的 IP 地址。在同一台服务器的计算机上同时使用这些服务时，动态配置期间提供信息的方式与基于局域网（LAN）的客户端的典型 DHCP 配置不同。

在 LAN 环境中，DHCP 客户端协商并接收下列配置信息（全部基于在 DHCP 服务器的 DHCP 控制台中配置的设置）：

- DHCP 服务器上某个活动范围的可用地址池中所提供的租用 IP 地址。DHCP 服务器直接管理该地址，并将其分配给基于 LAN 的 DHCP 客户端。
- 通过地址租约中指派的 DHCP 选项所提供的其他参数和其他配置信息。选项的值和列表对应于 DHCP 服务器上配置并指派的选项类型。

路由和远程访问服务器在为拨号客户端提供动态配置时，首先执行下列步骤：

- 当通过"使用 DHCP 分配远程 TCP/IP 地址"选项启动时，运行"路由和远程访问"的服务器将指示 DHCP 客户端从 DHCP 服务器获取 10 个 IP 地址。
- 远程访问服务器将从 DHCP 服务器获取的这 10 个 IP 地址的第一个地址用于远程访问服务器接口。
- 剩余的 9 个地址在基于 TCP/IP 的客户端通过拨入与远程访问服务器建立会话时，分配给这些客户端。

重复使用远程访问客户端断开时所释放的 IP 地址。使用了全部 10 个 IP 地址后，远程访问服务器将从 DHCP 服务器再获取 10 个 IP 地址。"路由和远程访问"服务停止时，将释放通过 DHCP 所获取的所有 IP 地址。

当对拨号客户端的 DHCP 地址租约使用这种主动缓存的方式时，路由和远程访问服务器将记录从 DHCP 服务器获取的每个租约响应的下列信息：

- DHCP 服务器的 IP 地址；
- 客户端租用的 IP 地址（以后分配给路由和远程访问客户端）；
- 获取租约的时间；
- 租约过期的时间；
- 租约期限。

DHCP 服务器返回的所有其他 DHCP 选项信息（如服务器、作用域或保留选项）将被丢弃。客户端在拨入服务器并请求 IP 地址（即选择"服务器分配的 IP 地址"）时，将使用缓存的 DHCP 租约为拨号客户端提供动态 IP 地址配置。

在为拨号客户端提供 IP 地址时，该客户端不会意识到已在 DHCP 服务器与路由和远程访问服务器之间通过中间过程获取了 IP 地址；路由和远程访问服务器代表客户端维护租约。因此，客户端从 DHCP 服务器接收的唯一信息是 IP 地址租约。

在拨号环境中，DHCP 客户端使用下列修订的行为来协商并接收动态配置：

- 路由和远程访问服务器从 DHCP 作用域地址缓存中租用 IP 地址，即获取缓存的地址池，并向 DHCP 服务器进行续订。
- ▶ 通过地址租约中指派的 DHCP 选项所提供的其他参数和其他配置信息通常由 DHCP 服务器提供，这些信息将返回到路由和远程访问客户端（基于路由和远程访问服务器上配置的 TCP/IP 属性）。

练习

1. PSTN 可提供哪些远程访问技术？
2. 你所在地区哪些技术可用？如果在你的机构中必须支持远程网络用户，最佳选择是什么？
3. 下图示出了运行"路由和远程访问"的服务器实现拨号连接的网络结构。

试完成以下配置工作：
（1）搭建远程访问服务器以支持拨号连接；
（2）激活路由和远程访问服务；
（3）配置客户端拨号访问连接。

第四节 远程连接的路由器配置

当两个相距较远位置的网络需要连接时，可以自行布设通信线路（如光纤），也可以租用电信部门的网络设备。本节介绍利用 ASDL、PSTN 等技术远程接入互联网时有关路由器的配置，以及光纤连接的路由器配置方法。在配置过程中，所用到的有关路由器配置的基本知识，请参阅本丛书《网络互连与互联网》中的相关内容。

学习目标

▶ 掌握常见接入广域网远程连接的配置方法，包括 ASDL、PSTN 和光纤连接的配置。

关键知识点

▶ 远程配置连接配置命令的功能、使用方法。

通过 ADSL 拨号上网的路由器配置

ASDL 是一种宽带 FDM 技术，使用电话线进行数字传输。ADSL 虚拟拨号采用 PPPoE（以太网上的点到点协议）。拨号后直接由验证服务器进行验证，用户输入用户账号与密码，检验通过后就建立一条高速的数字链路,并分配相应的动态 IP 地址。用户账号和密码是在用户申请接入时由 ISP 提供的。用户可以重新设置密码。

基于 ADSL 的路由器配置命令

使用路由器连接 ADSL 时,需要将路由器设置为 PPPoE 的客户端,在路由器上配置用户名和密码,用于 PPPoE 拨号。路由器还要负责实现网络地址转换(NAT),内网的客户端只要将网关设置为路由器内网的 IP 地址,就可以通过它上网。基于 ADSL 的路由器配置命令如表 9.1 所示。

表 9.1 基于 ADSL 的路由器配置命令

命 令	说 明
vpn enable	启用虚拟拨号功能
vpn-group pppoe	为 PPPoE 启动 VPDN 的进程
request-dialin	作为 PPPoE 客户端向 PPPoE 终结设备请求连接
pppoe enable	打开 PPPoE 功能
pppoe-client dial-pool-number *dial-pool-number*	PPPoE 拨号进程使用了常规的拨号进程 dial-pool-number
interface *dialer number*	建立一个虚拟拨号端口
ip address negotiated	由于局域网提供动态地址,所以这里将地址设定为自动协商获得的,而不是手动设置的
ip mtu	修改 mtu 值
ip pool *dial-pool-number*	设置拨号进程
ip nat inside source list *acl-num* interface *dialer number* overload	设置 NAT 的转换方式,使用 dialer number 端口的动态地址

ADSL 拨号上网配置实例

有多种方式可以将 PC 通过 ADSL 接入互联网。例如,有一个用户从电信公司申请了一个 ADSL 账户,现在用户有几台计算机组成了局域网,计划通过 ADSL Modem(调制解调器)连接到互联网。路由器通过 ADSL 拨号上网的其连接方式如图 9.50 所示。其中,R1 为 Cisco1721 路由器,配置广域网接口卡(WIC-1ENET)端口,Ethernet0 端口连接 Modem,fa0 端口连接内网,PPPoE 认证方式为 pap。局域网 192.168.10.1/24 通过 ADSL 接入互联网。对于路由器的配置,通常包括拨号设置、接口配置、NAT 转换、路由设置等主要部分,配置命令如下。

图 9.50 局域网通过 ADSL 拨号上网示意图

```
R>enable                    //进入特权模式
R#config terminal           //进入配置模式
R(config)#vpdn enable       //启用 VPDN（虚拟专用拨号网络）服务。由于 ADSL 的 PPPoE 应用是通过
    虚拟拨号来实现的，所以在路由器中需要使用 VPDN 的功能
R(config-if)#vpdn-group pppoe       //为 PPPoE 启动 VPDN 的进程
R(config-vpdn)# request-dialin      //作为 PPPoE 客户端向 PPPoE 终结设备请求连接
R(config-vpdn-req-in)#protocol pppoe    //设置拨号协议为 PPPoE
R(config-vpdn-req-in)#end           //退回全局配置模式
R(config)#interface fastethernet0   //进入端口 fa0 配置模式
R(config-if)#ip address 192.168.10.1 255.255.255.0   //设置默认网关
R(config-if)#ip nat inside    //启用 NAT 转换，设置 fa0 端口为内部网络，从内部网络收到数据
    的源地址转换为公网地址
R(config-if)#exit       //退出端口配置模式
R(config)# interface Ethernet0    //设置 WIC-1ENET 端口，即与 ADSL Modem 连接的端口
R(config-if)#pppoe enable       //打开 PPPoE 功能
R(config-if)#pppoe-client dial-pool-number 1    //将以太网端口的 PPPoE 拨号客户端加入
    拨号池 1
R(config-if)#exit       //退出端口配置模式
R(config)# interface dialer 1    //建立一个虚拟拨号端口
R(config-if)#ip address negotiated   //协商获得 IP 地址
R(config-if)#ip mtu 1492    //修改 mtu 值以适用于 ADSL 线路，默认为 1500，需要修改为
    1492=1500-pppoe header，不修改有可能出现丢包现象
R(config-if)#ip nat outside      //启用 NAT，设置外网端口为公网
R(config-if)#encapsulation ppp    //使用 PPP 帧格式
R(config-if)#dialer pool 1       //设置拨号进程 dial-pool 1，应与上面 fa0 端口
    pppoe-client dial-pool-number 号码一致
R(config-if)#ppp authentication pap callin    //设置拨号验证方式 pap 而不是 chap
R(config-if)#ppp pap sent feng pass 123    //设置发送用户名 feng 和密码 123，这里需要
    据实填写；如不清楚，咨询当地电信服务商
R(config-if)#ip nat inside source list 1 interface dialer 1 overload    //设置 NAT
    的转换方式，使用 dialer 1 端口的动态地址
R(config-if)#end        //退回全局配置模式
R(config)#ip classless      //启用默认路由
R(config)#ip route 0.0.0.0 0.0.0.0 dialer 1    //配置内部到远端的默认路由
R(config)#access-list 1 permit 192.168.10.0 0.0.0.255    //设置 ACL 供 NAT 在转换时进
    行过滤
R(config)#exit
```

完成上述配置后，就可以通过路由器启用 PPPoE 连接 ADSL 了。

使用命令 "show run" 可以查看配置情况。

PSTN 连接的远程访问服务器配置

电话网络（即 PSTN）是目前普及程度高、成本低的公用通信网络，它在网络互联中也有

广泛的应用。电话网络的应用一般可分为两种类型，一种是同等级别机构之间以按需拨号（DDR）的方式实现互联，一种是 ISP 为拨号上网为用户提供的远程访问服务。通常情况下，计算机可以采用 PSTN 拨号方式接入互联网，对应的网络端接入设备称为远程访问服务器，Cisco 2501/2511 就是其典型设备。作为远程访问服务器使用的路由器，配置内容主要包括以下 4 方面（其中前 3 项为必须配置的内容）：

- 物理层 Modem 的配置；
- 数据链路层的配置，包括 PPP、SLIP 等；
- 网络层协议的配置，包括 IP、IPX；
- 其他附加功能的配置，包括 DHCP 动态分配 IP 地址、安全、性能等方面。

相应的配置命令如表 9.2 所示。

表 9.2 基于 PSTN 连接的远程访问服务器配置命令

命 令	说 明
interface async number	进入异步端口配置模式
username *username* password *password*	设置用户名和密码
login local	允许以本地账户方式登录
ip local pool {default | pool-name low-ip-address [high-ip-address]}	设置用户的 IP 地址池
ip address-pool [dhcp-proxy-client | local]	指定地址池的工作方式
ip unnumber type *slot/number*	使异步端口借用某个活动端口的 IP（一般为以太网端口）
encapsulation ppp	设置封装形式为 PPP
async default routing	启动异步端口的路由功能
async mode {dedicated | interactive}	设置异步端口的 PPP 工作方式
peer default ip address {ip-address | dhcp | pool pool-name}	设置用户的 IP 地址
ip unnumbered ethernet0	设置 IP 地址与 Ethernet0 相同
modem {inout|dialin}	设置 Modem 的工作方式
modem autoconfig discovery	自动配置 Modem 类型
autocommand ppp neg	在拨号过程中，通过用户验证后自动进行 PPP 验证
stopbots{1|1.5|2}	设置每个字节所带的停止位
speed *speed*	设置拨号线的通信速率
flowcontrol hardware	设置通信线路的硬件流控方式
autocommand *command*	连通后自动执行命令

例如，在图 9.51 所示的电话拨号上网示意图中，Windows 用户通过 PSTN 连接拨入访问服务器（选用 Cisco 2511 路由器）的异步串行端口 2（Async2），拨入访问服务器为其提供一个 IP 地址 192.168.10.18。该拨号网络必须设置为拨号时出现终端窗口，用户输入用户名和口令后到远程访问服务器上进行验证，验证通过后启动 PPP。路由器 RTA 的配置命令为：

```
Router#config terminal          //进入全局配置模式
Router(config)#hostname RTA     //设置访问服务器名称 RTA
PE3(config)#enable secret feng0    //设置密码为 feng0
PE3(config)#username liu password 1234   //设置身份验证的用户名 liu 和密码 1234
```

```
PE3(config)#interface g0/0        //进入端口g0/0的配置模式
PE3(config-if)#ip address 10.10.10.2 255.255.255.0  //设置IP地址和掩码
PE3(config-if)#no shutdown        //激活端口
PE3(config-if)#exit
PE3(config)#interface async2      //进入异步串口2配置模式
PE3(config-if)#ip unnumbered g0/0 //共用g0/0的IP地址
PE3(config-if)#no shutdown        //激活端口
PE3(config-if)#encapsulation ppp  //使用PPP协议
PE3(config-if)#async dynamic address  //给远端用户动态分配IP地址
PE3(config-if)#async mode interactive //设定交互模式通信
PE3(config-if)#peer default ip address 192.168.10.18  //指定地址池
PE3(config-if)#exit               //退出端口配置模式
PE3(config)#line 1                //进入线路1配置模式
PE3(config-line)#login local      //拨号时进行身份认证
PE3(config-line)#modem InOut      //设置可以呼入和呼出
PE3(config-line)#modem autoconfigure discovery  //自动配置Modem
PE3(config-line)#autocommand ppp neg  //自启动PPP
PE3(config-line)#stopbots 1       //1位停止位
PE3(config-line)#speed 115200     //设置速率为115.2kb/s
PE3(config-line)#flowcontrol hardware  //设置硬件流控
PE3(config-line)#transport input all   //在线路连接时,允许使用所有协议
PE3(config-line)#exit             //退出线路配置模式
```

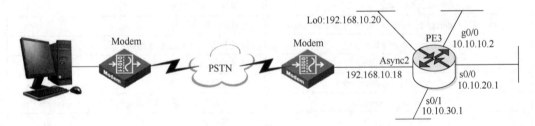

图9.51　电话拨号上网示意图

光纤连接的默认路由配置

在连接两个网络时,采用光纤直接连接是最简单的远程接入方法。光纤连接基本上是路由器的外网端口通过双绞线连接到光电转换器,再用光纤直接或者间接(经ISP)连接到对方的光电转换器,从而实现网络连接。对于这种远程连接方式,在线路连通的情况下,在路由器上配置静态路由或者默认路由即可。如图9.52所示,路由器R1和R2通过光纤连接,需要按照图中所示参数配置默认路由。

第九章 远程访问与配置

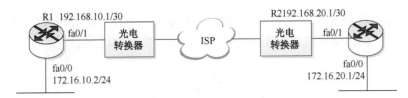

图 9.52　光纤连接的默认路由配置

路由器 R1 的配置过程及命令：

```
R1#config terminal                    //进入全局配置模式
R1(config)#interface fastethernet 0/0   //进入端口 fa0/0 的配置模式
R1(config-if)#ip address 172.16.10.2 255.255.255.0  //设置端口 fa0/0 的 IP 地址和掩码
R1(config-if)#no shutdown            //激活端口
R1(config-if)#exit
R1(config)#interface fastethernet 0/1   //进入端口 fa0/1 的配置模式
R1(config-if)#ip address 192.168.10.1 255.255.255.252  //设置端口 fa0/1 的 IP 地址和掩码
R1(config-if)#no shutdown            //激活端口
R1(config-if)#exit
R1(config)#ip route 0.0.0.0 0.0.0.0 192.168.20.1   //在 R1 上设置默认路由
R1(config)#ip classless              //启用默认路由
```

路由器 R2 的配置过程及命令：

```
R2#config terminal                    //进入全局配置模式
R2(config)#interface fastethernet 0/0   //进入端口 fa0/0 的配置模式
R2(config-if)#ip address 172.16.20.1 255.255.255.0  //设置端口 fa0/0 的 IP 地址和掩码
R2(config-if)#no shutdown            //激活端口
R2(config-if)#exit
R2(config)#interface fastethernet 0/1   //进入端口 fa0/1 的配置模式
R2(config-if)#ip address 192.168.20.1 255.255.255.252  //设置端口 fa0/1 的 IP 地址和掩码
R2(config-if)#no shutdown            //激活端口
R2(config-if)#exit
R2(config)#ip route 0.0.0.0 0.0.0.0 192.168.10.1   //在 R2 上设置默认路由
R2(config)#ip classless              //启用默认路由
```

练习

1. 判断对错：ADSL 用户可以获取动态 IP 地址，也可以分配静态 IP 地址。（√）
2. 判断对错：ADSL Modem 无法同时配置成桥接方式和路由方式。（√）
3. 判断对错：利用 PPPoE 拨号的 ADSL 接入方式，网络中必须有 BAS 设备。（√）
4. 判断对错：用户使用固定的静态 IP 地址不需要安装运行 ADSL 拨号软件，但还是需要上网账号。（×）

5. 使用 ADSL 拨号上网是否可以建立自己的网站？（可以，使用静态 IP 方式）
6. 实验题：将路由器作为远程连接设备时，例如作为远程访问服务器时的配置方法。

本 章 小 结

Windows Server 2016 集成了功能强大的远程访问服务器和 LAN 路由功能，为企业网络的数据通信提供灵活、廉价的技术解决方案，被当前的企业网络广泛采用。路由和远程访问的配置在组网中是非常重要的，路由和远程访问服务器使用 IP 转发过程来将包转发到某个连接的子网上的邻近主机。因此，掌握 Windows Server 远程访问服务器和路由器的设计、配置和测试具有非常重要的实际意义。

当远程用户进行远程访问时到底使用哪一种远程连接类型，主要取决于所使用的广域网类型。如果希望通过 ADSL、PSTN 等广域网进行远程访问，那么需要建立拨号连接；如果希望通过 Internet 进行远程访问，那么需要建立 VPN 连接。

另外，配置路由和远程访问服务，还有许多重要的配置工作，如网络策略和访问服务等。网络策略和访问服务提供以下网络连接解决方案：网络访问保护（NAP），安全无线与有线访问，远程访问解决方案，使用 RADIUS 服务器和代理进行的集中网络策略管理。网络策略服务器（NPS）允许通过以下三个功能集中配置和管理网络策略：RADIUS 服务器、RADIUS 代理和网络访问保护（NAP）策略服务器。读者可以自行练习。

本章基于 Windows Server 2016 介绍了路由和远程访问的主要配置方法。

小测验

某个实现 VPN 远程访问服务连接的网络结构如图 9.53 所示。njit 公司出差的职工需要经常访问单位内部局域网文件服务器上的共享文件夹 magnet，文件服务器的 IP 地址为 192.168.20.10。出差的职工使用 VPN 连接到单位局域网，VPN 服务器连接 Internet 的 IP 地址为 202.119.167.11。出差职工的计算机的操作系统为 Windows 7。要求出差职工能使用路径 "\\192.168.20.10\magnet" 访问局域网中的文件服务器。（备注：VPN 服务器也是 njit.com 的一台域控制器，文件服务器加入了该域。）尝试完成以下配置工作。

1. 搭建远程访问服务器；
2. 激活路由和远程访问服务；
3. 配置客户端网络连接。

图 9.53 实现 VPN 远程访问服务连接的网络结构

附录 A 课 程 测 验

1. 路由器包含多种端口以连接不同类型的网络设备,其中能够连接 DDN、帧中继、X.25 和 PSTN 等广域网的是(   )。
   a. 同步串口　　　　b. 异步串口　　　　c. AUX 端口　　　　d. consol 端口
   【提示】参考答案是选项 a。

2. 在 xDSL 技术中,能提供上下信道非对称传输的技术是(   )
   a. HDSL　　　　　b. ADSL　　　　　c. SDSL　　　　　d. ISDN DSL
   【提示】 参考答案是选项 b。

3. 使用 ADSL 拨号上网,需要在用户端安装(   )协议。
   a. PPP　　　　　　b. SLIP　　　　　c. PPTP　　　　　d. PPPoE
   【提示】 参考答案是选项 d。

4. IETF 开发的多协议标记交换(MPLS)改进了第 3 层分组的交换过程,MPLS 包头的位置在(   )。
   a. 第 2 层帧头之前　　　　　　　b. 第 2 层和第 3 层之间
   c. 第 3 层和第 4 层之间　　　　　d. 第 3 层头部
   【提示】 参考答案是选项 b。

5. 通过正交调幅技术把 ASK 和 PSK 两种调制模式结合起来组成 16 种不同的码元,这时数据速率是码元速率的(   )倍。
   a. 2　　　　　　　b. 4　　　　　　　c. 8　　　　　　　d. 16
   【提示】 参考答案是选项 b。

6. SLIP 通常用于(   )。
   a. 至 Internet 的串行连接　　　　b. 至主干的连接
   c. 调制解调器到局域网的连接　　d. 局域网到广域网的连接

7. 下列哪个的线路传输速率最大?(   )
   a. T1　　　　　　b. SONET　　　　c. 256 kb/s　　　　d. 512 kb/s

8. 无连接网络是什么样的网络?(   )
   a. 在端点之间没有建立起连接
   b. 网络中任意两点之间没有物理路径
   c. 使用线路交换网络
   d. 所有连接到物理介质的结点都接收到传输的信息

9. 将许多家庭和商业机构连接到第一个中心局的铜缆连接被称为(   )。
   a. 本地环路　　　　b. 干线　　　　　c. 数字环路　　　　d. 租用线路

10. 电信网络的哪个部分通常传输模拟信号?(   )(选两项)
    a. 干线　　　　　b. 本地环路　　　c. RS-232 电缆　　d. V.35 电缆

11. 下列哪种电信线路通常是定长的?(   )
    a. 交换线路　　　b. 拨号线路　　　c. 全双工线路　　　d. 租用线路

12. 调制解调器可用来（　　）。（选两项）
    a. 放大模拟信号　　　　　　　　　b. 将数字信号转换为模拟信号
    c. 转发数字信号　　　　　　　　　d. 将模拟信号转换为数字信号
13. Codec 是一种什么样的设备？（　　）
    a. 将语音信号转换为数字信号　　　b. 将数字信号转换为电信号
    c. 在本地环路上放大数字信号　　　d. 提供 ISDN 连接
14. 使用卫星传输语音信息的一个缺点是（　　）。
    a. 发送设备和接收设备之间的传输延迟　　b. 小带宽
    c. 高差错率　　　　　　　　　　　d. 不可预知的设备行为
15. 通常用来在卫星网络上传输数据的协议是（　　）。
    a. HDLC（或 HDLC 子集）　　b. LAPD　　c. XDSL　　d. ADSL
16. 下面哪一项最适合描述 ADSL？（　　）
    a. 它是模拟服务
    b. 它是永久服务
    c. 信息只从用户传输到中心局
    d. 信息在一个方向的传输速率高于另一个方向的传输速率
17. 部分 T1 线路是（　　）。
    a. 64 kb/s 信道　　b. 58 kb/s 信道　　c. T1 信道　　d. T3 信道
18. T1 载波数据速率是（　　）。
    a. 1.544 Mb/s　　b. 6.312 Mb/s　　c. 6.2.408 Mb/s　　d. 44.73 Mb/s

【提示】　参考答案是选项 a。

19. DTE 的特征是（　　）。
    a. 网络中的终端设备或结点　　b. 电话公司维护的通信设备
    c. 高速交换机　　　　　　　　d. DSU/CSU
21. T1 等同于（　　）。
    a. DS 0　　b. ISDN 基速率　　c. DS 1　　d. E1
20. 数据通过 T1 信道时的传输速率通常为 56 kb/s 的原因是（　　）。
    a. T1 信道的一部分用于语音通信的带内信令
    b. 56 kb/s 是通过 T1 进行数据通信的最高理论速率
    c. T1 只以 56 kb/s 的速率传输信息
    d. 它是使用 T1 信道的最有效方式
21. 多路复用器用来（　　）。
    a. 将低速输入信号映射成高速输出信号
    b. 将高速输入信号映射成低速输出信号
    c. 将模拟信号转换为数字信号
    d. 将数字信号转换为模拟信号
    e. 以上都不对
22. SONET 的构件块是（　　）。（选两项）
    a. STS-1　　b. 51.84 Mb/s　　c. 48 kb/s　　d. 64 kb/s　　e. a 和 b 都对
23. STS 和 OC 信号之间的主要区别是（　　）。

  a．STS 是数字的，OC 是模拟的   b．STS 是低速的，OC 是高速的
  c．STS 是电信号，OC 是光信号   d．STS 是二进制的，OC 是八进制的

24．HDLC 协议的目的是（   ）。
  a．通过远程通信链路传输信息   b．在网络上传输数据包
  c．在进程之间传输信息   d．将应用信息从客户机传输到服务器

25．下列哪种技术在协议栈的最低层？（   ）
  a．包交换   b．X.25 包交换   c．帧中继   d．信元中继

26．帧在协议栈的哪一层？（   ）
  a．物理层   b．数据链路层   c．网络层   d．运输层

27．SONET 位于下面的哪一层？（   ）
  a．物理层   b．数据链路层   c．网络层   d．运输层

28．下列哪种技术效率最低？（   ）
  a．帧交换   b．信元交换   c．包交换   d．帧中继

29．下面关于表示帧中继电路标识符的是（   ）。
  a．CIR   b．LMI   c．DLCI   d．VPI

【提示】 参考答案是选项 c。

30．下面关于 RS-232-C 标准中，正确的是（   ）。
  a．可以实现长距离远程通信   b．可以使用 9 针或 25 针 D 型连接器
  c．必须采用 24 根线电缆进行连接   d．通常用于连接并行打印机

【提示】 参考答案是选项 b。

31．设信道带宽为 4 000 Hz，采用 PCM 编码，采样周期为 125 μs，每个样本量化为 128 个等级，则信道的数据速率为（   ）。
  a．10 kb/s   b．16 kb/s   c．56 kb/s   d．64 kb/s

【提示】 参考答案是选项 c。

32．在异步通信中，每个字符包含 1 位起始位，7 位数据位，1 位奇偶校验位和 1 位终止位，每秒钟传送 200 个字符，采用 DPSK 调制，则码元速率为（1），有效数据速率为（2）。
（1）a．200 波特   b．500 波特   c．1000 波特   d．2000 波特
（2）a．200 b/s   b．1 000 kb/s   c．1 400 b/s   d．2 000 b/s

【提示】 参考答案：（1）选项 d；（2）选项 c。

33．关于无线网络中使用的扩频技术，下面描述中错误的是（   ）。
  a．用不同的频率传输信号扩大了通信的范围
  b．扩频通信减少了干扰并有利于通信保密
  c．每一个信号比特可以用 N 个码片比特来传输
  d．信号散布到更宽的频带上降低了信道阻塞的概率

【提示】 参考答案是选项 a。

34．第四代无线通信技术推出了多个标准，下面的选项中不属于 4G 标准的是（   ）。
  a．LTE   b．WiMAX   c．WCDMA   d．UMB

【提示】 参考答案是选项 c。

35．下图是家庭用户安装的 ADSL 宽带时的拓扑结构，图中左下角的 X 设备是 (1)；为了建立虚拟拨号线路，在用户终端上应安装 (2) 协议。

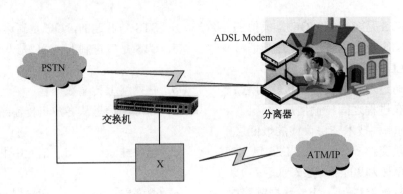

（1）a．DSLAM　　　b．HUB　　　c．ADSL Modem　　　d．IP Router
（2）a．ARP　　　　b．HTTP　　　c．PPTP　　　　　　d．PPoE

【提示】 参考答案：（1）选项 a；（2）选项 d。

36．HDLC 信息帧的控制字段用来进行流量控制和信息接收。判断正误。

37．数字信号的传输使用 4 条线来支持半双工通信。判断正误。

38．网络-网络接口（NNI）协议依赖于所使用的技术。判断正误。

39．多路复用器可以获取高速数字比特流，并将其分解为多路数字输出信息流。判断正误。

40．Codec 和调制解调器的作用基本相同。判断正误。

附录 B　术　语　表

A

Access Concentrator　访问集中器

在基于 IP 的语音传输（VoIP）网络中，访问集中器将 IP 网络上承载的多条电话线或语音线合并在一起。

Adaptive Differential Pulse Code Modulation（ADPCM）　自适应差分脉冲编码调制

ADPCM 是脉冲编码调制（PCM）的一种形式，它产生的数字信号比标准 PCM 速率较低。ADPCM 不对整个波形进行取样，而只记录样值之间的差值，其总的信号数字带宽可减小到 PCM 的一半。

Add/Drop Multiplex（ADM）　增 / 放多路复用器

增 / 放多路复用器（ADM）是不必对较高速率的多路复用信号进行多路分解，就从中抽取和插入较低速率信号的多路复用器（MUX）。OADM 即光 ADM。

Adjacent Channel Interference　（相）邻（信）道干扰

一个信号超出其指配的频带而"溢出"到指配给另一个信号的频带内所造成的干扰，就是邻道干扰。

Alternate Mark Inversion（AMI）　极性交替转换码

AMI 是 T1 线路编码格式，其中连续的"1"位（传号）是交替转换的，而"0"位（空号）表示振幅为零。

Amplitude Modulation（AM）　幅度调制

AM 是使载波的振幅随调制信号的变化规律而改变的调制方式。

Active Optical Network（AON）　有源光网络

有源光网络是指信号在传输过程中，从局端设备到用户分配单元之间采用光电转换设备、有源光电器件以及光纤等有源光纤传输设备进行传输的网络。有源光器件包括光源（激光器）、光接收机、光收发模块、光放大器（光纤放大器和半导体光放大器）等。

Asynchronous　异步

异步操作就是不按照严格的时间表传输数据。每个字符的开头都是通过传输一个起始位的方式表示的。发送完字符的最后一位后发送一个停止位，表示字符发送结束。调制解调器只能在它们传输 8 位数据的时间之内保持同步状态。如果它们的时钟存在微小的不同步现象，仍然能够成功地进行数据传输。

Asymmetric Digital Subscriber Line（ADSL）　非对称数字用户线

ADSL 是一项比较新的技术，用于通过本地环路进行高速数字通信传输。

Automatic Repeat（or Retransmission）Request（ARQ）　自动重发请求

ARQ 是通信设备用于验证数据接收的一种常用方法。在发送端，输入的信息码元被编码后发送，同时暂存在存储器中。若接收端检出错码，则发送重传指令，要求发送端重发一次；若接收端未发现错码，则发出不需要重传指令。发送端收到此指令后，即可发送下一码组，同时更新存储器的内容。

Automatic Route Selection（ARS） 自动路由选择

自动路由选择（ARS）也称为最低成本路由选择（LCR），它是一个交换软件模块，能够使用户对系统进行编程，以通过选择最佳的公司及其提供的服务来路由个人呼叫。

Automatically Switched Optical Network（ASON） 自动交换光网络

ASON 是指在选路和信令控制之下完成自动交换功能的新一代光网络。它是一种标准化的智能光传送网，被广泛地认为是下一代光网络的主流技术。

Automation Protection Switching（APS） 自动保护交换

自动保护交换（APS）是一种同步光纤网（SONET）结构，其中 SONET 可从信号路径上的任一点进行网络管理和差错校验。

B

Backward Explicit Congestion Notification（BECN） 后向显式拥塞通告

BECN 是帧中继帧格式中由帧中继设备设置的位，该位用来表示在所发送帧相反方向的通信流可能发生过拥塞。

Bandpass Filter 带通滤波器

带通滤波器是一种允许特定频带信号通过而阻止其他频带信号通过的电子设备。带通滤波是频分复用（FDM）的基础。

Bearer Circuit 承载电路

承载电路是信令层次中定义的基本通信信道。在 VoIP 网络中，承载电路是从 PSTN 到网关或者跨越两个通信结点之间分组网络的一条特定的端到端介质流。

Bipolar Violation（BPV） 双极破坏（点）

在 T1 编码格式中，BPV 出现于两个连"1"具有相同的极性时。

Bit Stuffing 位填充

位填充也称为零位插入，它使二进制数据可在同步传输线路上传送。每一帧都含有用来标识地址、标志位等的特殊位序列，如果某一帧的信息（数据）部分也含有一个这样的特殊序列，则发送站在其中插入一个 0，而接收站将其删除。

Broadband Wireless Access（BWA） 宽带无线接入

部分或全部采用无线方式提供宽带接入能力的技术。

C

C Band C 波段

C 波段是电磁频谱的一部分，其频率范围是 4～6 GHz，用于卫星通信。

Call Detail Report（CDR） 呼叫详细报告

CDR 是对所有呼叫及其持续时间的分项记录报告，用于呼叫计费。

Central Office（CO） 中心局

CO 是指电话公司在本地环路终结的地方设置的一种装置。CO 的功能是通过一系列交换机将单个电话连接起来，将 CO 分层次捆绑在一起可以提高交换效率。CO 的其他称呼有本地交换中心（Local Exchange）、配线中心（Wiring Center）和端局（End Office）。

Channel Service Unit（CSU） 信道服务单元

CSU 是一种将用户设备连接到数字传输设备（如 T1 电路）的设备。CSU 可以通过本地环路(即电话信道)产生传输信号。CSU 一般与 DSU 配对使用(即 CSU/DSU)。

Class of Service(CoS)　服务类别

服务类别(CoS)通常用来度量一个传输服务的不同特性。从 OSI 参考模型的角度来看,运输层的用户将 QoS 参数规定为对通信信道要求的一部分。这些参数根据应用要求来定义服务的级别。例如,一个要求快速响应的交互应用,对连接建立、吞吐量、转换延迟和连接优先级等将规定较高的 QoS 值。但是,对一个文件传输应用来说,它更需要可靠、无差错的数据传输,因而对剩余差错率要求较高的 QoS 值。

Cellular Mobile Communication(CMC)　蜂窝移动通信

蜂窝移动通信是采用蜂窝无线组网方式,在终端和网络设备之间通过无线通道连接起来,实现移动用户相互通信的。其主要特征是终端的移动性,并具有越区切换和跨本地网自动漫游功能。

Coarse Wavelength Division Multiplexing(CWDM)　稀疏波分复用

稀疏波分复用(CWDM)是波长间隔在 0.2 nm 以下(相应频率间隔大于 25 GHz)的波分复用。

Code Division Multiple Access(CDMA)　码分多址

码分多址(CDMA)是利用不同的码序列分割成不同信道的多址技术。

Coder-Decoder(Codec)　编解码器

Codec 是一种硬件设备,能够接收模拟信号,并将其转换成相应的数字化表示形式。

Committed Burst Size(CBS)　承诺最大信息帧长度

CBS 是指在一段时间间隔内电路所能传输的比特数。

Committed Information Rate(CIR)　承诺信息速率

CIR 是对帧中继服务所承诺的平均数据传输速率。

Convergence Technologies　融合技术

融合技术是允许不同类型的媒介在相同网络上传输的协议和系统。

Customer Premises Equipment(CPE)　用户驻地设备

CPE 也可以表示用户自备设备,它是指用户端的电话设备。

D

Data Communication/Circuit-terminating Equipment(DCE)　数据通信设备/数据电路端接设备

DCE 设备是 OSI 模型的第 1 层设备,负责与物理链路上电信号的正确初始化,并建立信号时钟和实现同步。

Digital Data Service(DDS)　数字数据服务

DDS 表示数字数据服务(也叫数据电话数字服务,Dataphone Digital Service),是由提供数据通信数字设备的电话公司开设的一系列服务。DDS 有多种传输速率,包括 2.4 kb/s,4.8 kb/s,9.6 kb/s 和 56 kb/s。

Data Link Connection Identifier(DLCI)　数据链路连接标识符

DLCI 是帧中继帧的一部分,用来标识一帧的虚电路。它是一个 10 位的地址,前 6 位来自帧中继报头的第一个 8 位字节的前 6 位,后 4 位来自帧中继报头的第二个 8 位字节的前 4 位。DLCI 标识了用户和网络之间的逻辑信道,但不能涵盖整个网络。

Data Service Unit（DSU） 数据服务单元

DSU 是将用户专用设备连接到数字传输设备上的另一种设备，常与 CSU 一起使用。DSU 从 LAN 获取信息，并生成适合公共发送设备传输的数字信息。

Data Terminal/Termination Equipment（DTE） 数据终端/端接设备

DTE 是执行第二层或更高层协议的设备，通常是一台计算机。DTE 取决于与通信链路连接的 DCE 的服务。

Dense Wavelength-division Multiplexing（DWDM） 密集波分复用

DWDM 利用多个光波长通过单根光纤传输信号，其中每个波长（或信道）都能承载其速率达 2.5 Gb/s 或更高的数据。每根光纤的可用信道在 50 个以上。

Dial-on-Demand Routing（DDR） 按需拨号路由

DDR 是用于电路交换链路的一种技术，它允许路由器只有当信息在路由器接口时开始连接，信息传输结束后路由器断开连接。

Differential Phase-Shift Keying （DPSK） 差分相移键控

DPSK 是一种由相位的变化来表示数据的调制方式。

Digital Subscriber Line Access Multiplexer（DSLAM） 数字用户线访问多路复用器

DSLAM 是各种 DSL 系统的局端设备，属于最后一公里接入设备，其功能是接纳所有的 DSL 线路，汇聚流量，相当于一个二层交换机。通常，DSLAM 位于 LEC 的中心局（CO），将许多用户 DSL 链接到一条单个高速 ATM 线路。

Discard Eligibility（DE）bit 可丢弃位

DE 位用来为帧中继设备提示：在发生拥塞时，同其他没有设置 DE 位的帧相比，该帧可以被丢弃。

Drop-and-insert Equipment 分接/插入设备

分接/插入设备用于在某个中间结点对电路进行解调（分接），加入信息（插入）后在同一电路上传输。例如，ATM 增/放多路复用器（ADM）就属于分接/插入设备。

E

E1

E 标准是与北美 T-Carrier 标准类似的欧洲标准。E1 与 T1 类似，但数据速率为 2.048 Mb/s，支持 30 个通信信道。

End Office 端局

端局是指电信公司在本地环路终结的地方设置的一种装置。端局的功能是通过一系列交换机将单个电话连接起来。将端局分层次捆绑在一起可以提高交换效率。端局的其他名称有本地交换中心（Local Exchange）、配线中心（Wiring Center）、中心局（Central Office）和公用交换中心（Public Exchange）。

Ethernet over PON（EPON） 以太网无源光网络

EPON 是基于千兆以太网的无源光网络，继承了以太网的低成本和易用性以及光网络的高带宽，是 FTTH 中性价比最高的一种。

Excess Burst Size（EBS） 超出最大信息帧长度

EBS 是帧中继网络在给定的时间间隔内能传输的超出 CBS 的最大未承诺数据量（以位为单位）。该数据通常是以较低的概率传输，作为可丢弃帧处理。

Excess Information Rate（EIR） 额外信息速率

帧中继 EIR 是在 CIR 之上的数据速率。超出 CIR 的数据由运营商尽力传输，被认为是可丢弃的。

F

Fade 衰落

衰落是指信号随着传输距离的增加而逐渐减弱（常称为"衰减"）。

Fiber Distributed Data Interface（FDDI） 光纤分布式数据接口

FDDI 是一种局域网（LAN）标准，适用于使用光缆的 100 Mb/s 令牌传递网络。

Forward Error Correction（FEC） 前向纠错

FEC 是一种检错和纠错的技术，就是在发送的数据净荷帧中加入一些多余的位，接收设备可以再生这些位并恢复传输错误。

Forward Explicit Congestion Notification（FECN） 前向显式拥塞通告

FECN 是帧中继设备在所发送帧中设置的位，用来告知接收设备该帧在从源结点到目的结点的途中发生过拥塞。

Frame Relay 帧中继

帧中继是一种广域数据传输技术，其工作速率通常为 56 kb/s～1.5 Mb/s。帧中继实质上是一种电子交换，它物理上是一台连接到 3 条以上高速链路上并在他们之间路由数据流量的设备。

Frame Relay Access Device（FRAD） 帧中继接入设备

FRAD 是一种提供帧中继网络接入的设备，如交换机或路由器。

Frame Tagging 帧标记

帧标记是用来标识虚拟局域网（VLAN）网段成员的一种技术。当一帧通过网络传送时，帧标记在帧头中加入一个唯一的标识符。

Frequency-Shift Keying（FSK） 频移键控

FSK 是一种用模拟波形表示数字信号的方法，如"0"用一个特定频率表示，"1"用另一个特定频率表示。

G

Geostationary Satellite 静止卫星

卫星通信系统从地球站向位于空间的卫星发射信号，其地面天线对准离地面约 35 800 km 轨道上固定点的静止卫星。静止卫星又称为同步卫星。

Gigabit-capable PON（GPON） 千兆无源光网络

GPON 技术是基于 ITU-T G.984.x 标准的最新一代宽带无源光综合接入标准，具有高带宽、高效率、大覆盖范围，用户接口丰富等众多优点，被大多数运营商视为实现接入网业务宽带化、综合化改造的理想技术。

Guardband 保护带

保护带是防止相邻传输信道之间重叠而设置的未用频带。例如，分配给两个相邻无线基站的频带之间就是由一个无发射的保护带分隔开的。

H

Harmonic Distortion　谐波失真

一个频率的整数倍称为谐波。例如，4 000 Hz 和 6 000 Hz 都是 2 000 Hz 的谐波。谐波失真描述的是一个输入信号的谐波被放大和传送的趋势。例如，放大器的回授就是一种谐波失真，它是由于话筒离扬声器太近而引起的尖叫声。

High-Level Data Link Control（HDLC）　高级数据链路控制

HDLC 是表示一系列数据链路层协议（如 SDLC，LAPB 和 LAPD）的 ISO 通信协议。HDLC 的操作包括 3 种类型帧（信息帧、监督帧和未编号帧）的交换。两台正在通信的计算机通过这 3 类帧来交换命令和应答信息。

High-Level Data Link Control（HDLC）Information Frame　HDLC 信息帧

HDLC 信息帧是在两台计算机之间承载数据的 HDLC 帧。

High-Level Data Link Control（HDLC）Supervisory Frame　HDLC 监督帧

HDLC 监督帧是两台计算机之间交换控制数据流的 HDLC 帧。例如，通过在监督帧中插入适当的码，一台计算机可以确认数据已收到，否则可要求对方重发。

High-Level Data Link Control（HDLC）Unnumbered Frame　HDLC 未编号帧

HDLC 未编号帧是两台正在通信的计算机之间交换控制信息的帧。例如，通过在监督帧中插入适当的号，一台计算机可以改变操作模式，或者要求断开连接。

Hybrid Fiber Coax（HFC）　混合光纤同轴电缆

HFC 是一种网络设计方法，将光纤与同轴电缆组合成一个单一网络。HFC 通常用于有线电视产业。

I

Intelligent Information（II）Digits　智能信息（II）数字

II 数字是与 ANI 一起使用的两位数字串，用以识别基于 ISDN-PRI 服务的入呼叫类型。用户可根据 II 数字信息对呼叫进行检测、路由和禁止。

Intermediate Distribution Frame（IDF）　中间配线架

中间配线架是为主配线架（MDF）与终端设备线之间提供中间连接的设备间或设备柜。网络主干运行于 MDF 和 IDF 之间。

Inverse Multiplexer　反向多路复用器

反向多路复用器是将一组数据流拆分成两组或更多组数据流，以便通过多条信道进行传输的设备。

K

Ka Band　Ka 波段

Ka 波段是电磁频谱的一部分，其频率范围是 20～30 GHz，用于卫星通信。

Ku Band　Ku 波段

Ku 波段是电磁频谱的一部分，其频率范围是 11～14 GHz，用于卫星通信。

L

Leased Line　专线

由于早期的模拟电话线路有噪音，电话公司常常将线路"租借"给公司，供他们连续、不间断地使用。这些租借线路也叫作"专线"。

Line Overhead（LOH） 线路开销

SONET 线路开销（LOH）是 SONET 帧中控制净荷在网络单元之间可靠传输的那部分。

Line Terminating Equipment（LTE） 线路端接设备

SONET LTE 是运行在 SONET 线路层的设备，如 ADM。路径端接设备（PTE）的功能与 LTE 相同。

Link Access Procedure Balanced（LAPB） 平衡型链路接入规程

LAPB 是通过 HDLC 协议实现的一种数据链路层协议。LAPB 主要用于 X.25 网络，它在两台已连接的设备之间提供一条无差错的链路。

Link Access Procedure for D Channel（LAPD） D 信道链路接入规程

LAPD（或 LAP-D）是综合业务数字网（ISDN）层次协议的一部分，与 LAPB 非常相似。LAPD 定义了 ISDN D（信令）信道所使用的协议，以提供设置呼叫和其他信令功能的接口。

Link Capacity Adjustment Scheme（LCAS） 链路容量调整机制

LCAS 是为了在传统SDH网络中更好地传送数据业务开发的一种技术，它提供了一种虚级联链路首端和末端的适配功能，可用来增加或减少 SDH/OTN 网中采用虚级联构成的容器的容量大小。LCAS 利用 SDH 预留的开销字节来传递控制信息。

Link Control Protocol（LCP） 链路控制协议

LCP 是点到点协议（PPP）用来建立和测试串行连接的一种传输协议。

Local Access and Transport Area（LATA） 本地接入传输区域

LATA 是地理上的呼叫区域，在此区域范围内本地交换公司（LEC）可提供本地和长途服务。

Local Loop 本地环路

本地环路或用户线环路是从家庭或公司延伸到电话网络中的第一台交换机的连线，又叫作"最后一公里"。

M

Media Gateway Control Protocol（MGCP） 介质网关控制协议

MGCP 是与 H.323 标准竞争的控制和信令标准，它将大量的呼叫处理开销卸载到外部呼叫控制单元，因而不需要复杂的 IP 电话设备，从而简化了 VoIP 标准。

Media Gateway Controller（MGC） 介质网关控制器

MGC 用来控制 MG 的功能，包括呼叫和连接控制以及资源管理。

Media Gateway（MG） 介质网关

MGCP MG 是一个网络结点，其功能是终止 PSTN 电路以及与路由器的连接。

Meshed Network 网状网络

网状网络是端点之间由多条物理路径构成的网络。

Metropolitan Area Network（MAN） 城域网

城域网是在一个城市范围内所建立的计算机通信网，简称 MAN。属宽带局域网。由于采用具有有源交换元件的局域网技术，网中传输延迟较小，它的传输媒介主要采用光缆，传输速率在 100 Mb/s 以上。MAN 的一个重要用途是用作骨干网，通过它将位于同一城市内不同地点的主机、数据库以及 LAN 等互相连接起来，这与 WAN 的作用有相似之处，但两者在实现方法与性能上有很大差别。

Modem　调制解调器

Modem 是"modulator/demodulator"的缩写,用来将二进制数据转换成适合于在电话网络上传输的模拟信号。

Modulation　调制

调制是改变载波(电信号)形状,以便能够在某些特定的通信介质上携带智能信息的过程。

Modulo　模

"模"用来描述计数器的最大状态数。例如,在卫星通信链路中,模 128 表示在接收端发送确认信息之前包计数器可跟踪 128 个出站和入站的包。计数器在达到其最大计数值后就复位为 0。

Multipath Reflection　多径反射

多径反射是指一个无线电信号经过多个障碍物的反射,引起多路信号到达接收天线的现象。由于原信号和反射信号的传输距离不同,抵达接收端的时间就不同,从而会引起声音回响和图像"鬼影"。多径反射又称多径接收。

Multiplexer(MUX)　多路复用器

多路复用器(MUX)是使多个信号能在同一物理介质上传输的计算机设备。

Multipoint Control Unit(MCU)　多点控制器

多点控制器(MCU)指协调拥有 3 个或 3 个以上终端的多点会议的主机,而这些终端使用 H.323 数据包多媒体标准。所有参与会议的 H.323 终端都必须与多点控制器(MCU)建立连接。

Multi-Protocol Label Switching(MPLS)　多协议标签交换

多协议标签交换(MPLS)是核心路由器利用边缘路由器在 IP 分组内所提供的前向信息的标签(Label)或标记(Tag)来实现网络层(第 3 层)交换的一种交换技术。

Multi-Service Transport Platform(MSTP)　多业务传送平台

MSTP 是基于同步数字系列(SDH)技术,同时实现时分复用(TDM)、异步转移模式(ATM)、以太网等业务接入、处理和传送功能,并提供统一网管的网络。

N

Network Control Point(NCP)　网络控制点

NCP 是软件定义网络(SDN)的一个结点,用户的 VPN 数据库就驻留在 NCP 上。 NCP一个呼叫是保留 VPN 上还是必须 VPN,这由 NCP 来决定。

Network Control Protocol(NCP)　网络控制协议

NCP 是允许 PPP 同时在单一连接上支持多个第 3 层协议的协议。

Network Interface(NI)　网络接口

网络接口(NI)是用户设备和运营商网络之间的互连点,位于用户端。

Network Interface Unit(NIU)　网络接口单元

网络接口单元(NIU)是运营商网络与用户驻地设备(CPE)之间的分界点。NIU 可以包括雷击时断开线路的保护设备。

O

Optical Access Network(OAN)　光纤接入网

光纤接入网是指局端与用户端之间完全以光纤作为传输介质的网络环境，又称光纤环路系统，其实是一种接入链路群。

Optical Carrier（OC）　光载波

光载波（OC）是用来规定符合同步光纤网络（SONET）标准的网络速率的一个术语，指SONET 技术的光特性。

Optical Cross-connect（OXC）　光交叉连接

光交叉连接（OXC）是一种能在不同的光路径之间进行光信号交换的光传输设备。

Overreach　渡越（干扰）

当无线电信号从发送天线通过中间转发天线发射到接收天线时，由于来自转发天线的信号略有延迟，因而直射信号和转发信号在接收端会产生干扰，即渡越干扰。

P

Packet Assembler/Disassembler（PAD）　包装拆器

PAD 是一种 X.25 网络设备，它从终端或主机接收字符，并将它们"组装"为便于在网络中传输的包。然后，接收端从传输到目的终端或主机的数据包中提取字符。

Packet Layer Protocol（PLP）　分组层协议

分组层协议（PLP）是一个 OSI 模型第 3 层协议，用来管理 X.25 网络中 DCE 与 DTE 之间的连接。

Packet Switching　分组交换，包交换

分组交换是将数据以分组的形式通过网络传送的过程。帧中继和 X.25 网络都是分组交换网络的例子。

Packet Telephony　分组电话

分组电话是利用无连接的分组网络（而不是公共交换电话服务）提供的语音电话服务。

Path Overhead（POH）　路径开销

SONET POH 是同步净荷包（SPE）的一部分，它承载用于端到端网络管理的 OAM&P 信息。

Passive Optical Network（PON）　无源光网络

无源光网络是指（光配线网中）不含有任何电子器件及电子电源，ODN 全部由光分路器（Splitter）等无源器件组成，不需要有源电子设备。

Path Terminating Equipment（PTE）　路径端接设备

SONET PTE 由发起和结束传输服务的网络部件组成。

Permanent Virtual Circuit（PVC）　永久虚电路

PVC 是两种虚电路中的一种，另一种是 SVC。PVC 就像信源和信宿（端结点）之间的专线。激活后，PVC 总会在两个端结点之间建立一条链路。PVC 通常应用在包（或信元）交换网中。

Phase-Shift Keying（PSK）　相移键控

PSK 是一种用改变模拟载波的信号相位来表示数字信号的方法。

Point of Presence（POP）　出现点

POP 是两个网络之间的物理传输点。在大多数情况下，POP 是与 LEC 的 CO 位于同一座建筑的 CO 交换机，但也可以指 ISP 的 Internet 接入结点。

Point-to-Point Protocol（PPP） 点到点协议

PPP 是允许计算机按照点到点连接方式使用 TCP/IP 的协议。PPP 是基于处理局域网链路和广域网链路的 HDLC 标准的，运行于 OSI 模型的数据链路层。

Private Branch Exchange（PBX） 专用小交换机

专用小交换机（PBX）是将一个专用网络的电话用户（如一个企业）连接到外部电话公司线路的设备。现在的 PBX 都是全数字的，不仅提供非常先进的语音服务（如语音消息），而且提供语音和数据的综合业务。

Private Network 专用网络

专用网是由专线、交换设备以及其他联网设备组成的仅供一家用户使用的网络。换句话说，此网络及其相关设备不是供普通公用用户使用的。

Packet Transport Network（PTN） 分组传送网

分组传送网是指一种光传送网络架构和具体技术。在 IP 业务和底层光传输介质之间设置了一个层面，它针对分组业务流量的突发性和统计复用传送的要求而设计，以分组业务为核心并支持多业务提供，具有更低的总体使用成本（TCO），同时秉承光传输的传统优势，包括高可用性和可靠性、高效的带宽管理机制和流量工程、便捷的 OAM 和网管、可扩展、较高的安全性等。

Public Network 公用网

公用网是公众可以用来传输语音、数据和其他业务类型的网络。

Public Switched Telephone Network（PSTN） 公用电话交换网

即主要用于提供电话业务的公用网。一般来说，PSTN 是国内电话网的统称。

Pulse Code Modulation（PCM） 脉冲编码调制

PCM 是将模拟语音信号转换成经传输后可以精确还原成语音信号的方法。编解码器（Codec）对语音信号每秒取样 8 000 次，然后以非常紧凑的形式将每个样值转换成表示该样值振幅和频率的二进制数。这些二进制数被传送到目的结点。接收端的 Codec 执行相反的过程，用二进制数流重构模拟语音的原始波形。

Q

Quadrature Amplitude Modulation（QAM） 正交幅度调制

QAM 是一种将数字数据表示成模拟波形的调制方式。QAM 同时改变模拟信号的相位和幅度，使它在单一信号中能表示 4 位或更多位的数字数据。

R

Rate-Adaptive Digital Subscriber Line（RADSL） 速率自适应数字用户线

速率自适应数字用户线（RADSL）是通过现有的双绞电话线进行自适应高速数据传送的一种传输技术。它使用智能 DSL 调制解调器，可根据本地环路的性能特点，动态地调节传输速率。RADSL 支持高达 7Mb/s 的下行数据流传输和 640 kb/s 的双向上行数据流传输。

Resilient Packet Ring（RPR） 弹性分组环

弹性分组环（RPR）技术是一种在环形结构上优化数据业务传送的新型 MAC 层协议，能够适应多种物理层（如 SDH、以太网、DWDM 等），可有效地传送数据、语音、图像等多种业务类型。它融合了以太网技术的经济性、灵活性、可扩展性等特点，同时吸收了 SDH 环网的 50 ms 快速保护的优点，并具有网络拓扑自动发现、环路带宽共享、公平分配、严格的业务

CoS 等技术优势，目标是在不降低网络性能和可靠性的前提下提供更加经济有效的城域网解决方案。

S

Section Overhead（SOH） 分段开销

SONET SOH 是 SONET 帧的一部分，专门用来传送状态、消息和告警指示，用于 SONET 链路维护。

Section Terminating Equipment（STE） 分段端接设备

SONET STE 是运行在 SONET 分段层上的设备，如 SONET 分段器。PTE 和 LTE 也执行 STE 的功能。

Serial Line Internet Protocol（SLIP） 串行线路互联网协议

SLIP 不是正式的 Internet 标准，而是包括很多 TCP/IP 应用的一个实际标准。SLIP 最初是为远程连接到 UNIX TCP/IP 主机而开发的。

Session Initiation Protocol（SIP） 会话发起协议

SIP 是一个 OSI 模型的应用层协议，用于通过基于 IP 的网络进行会议和电话会话的建立、修改和终止。SIP 比 H.323 速度更快，可伸缩性更大，而且更易于实现。

Signaling 信令

信令是电话系统用来表示呼叫状态的方法。信令用来建立和强拆呼叫，还表示与呼叫处理有关的交换局和 PBX 的呼叫接续过程。

Simple Gateway Control Protocol（SGCP） 简单网关控制协议

SGCP 是 Bellcore 创立的一个协议和体系结构，用来为传统 PSTN 语音网络与包交换 IP 网络之间提供接口。SGCP 工作在 OSI 模型的数据链路层（第 2 层）。

Software Defined Network（SDN） 软件定义网络

软件定义网络是 Emulex 网络一种新型网络创新架构，是网络虚拟化的一种实现方式，其核心技术 OpenFlow 通过将网络设备的控制平面与数据平面分离开来，从而实现了网络流量的灵活控制，使网络作为管道变得更加智能。

Software-Defined Wide Area Network（SD-WAN） 软件定义广域网

从名字上可以看出，SD-WAN 与 SDN 有相同的理念。两者都是将转发与控制分离，以简化网络的管理和操作。其区别是，SDN 是针对数据中心的网络，而 SD-WAN 是针对 WAN。

Statistical Time-Division Multiplexing（STDM） 统计时分复用

统计时分复用（STDM）是时分复用 （TDM）的一种更灵活的方法。TDM 给每个信道都分配固定数量的时隙，而不管该信道是否有数据要发送。与此不同，STDM 的多路复用器（MUX）对传输模式进行分析，以预测一个信道流量中的间隙，这个间隙可用另一个信道的部分流量来临时填充。

Switched Multimegabit Data Service（SMDS） 交换多兆位数据服务

SMDS 是由电话公司提供的一种高速信元交换数据通信服务。

Switched Virtual Circuit（SVC） 交换虚电路

SVC 是在交换网络中建立的临时连接。ATM VC 和电话连接是 SVC 的典型例子。

Synchronous 同步

同步操作是指两台通信设备将其内部定时电路进行严格同步的过程（通常在建立连接之后

通过发送一定长度的突发位来实现）。传输数据时，发送设备（如一台调制解调器）不时地向线路中发送一个 0 或 1。接收设备按照与发送设备相同的时序对线路进行采样，以便准确地接收信息。要进行无差错通信，设备之间必须保持同步。

Synchronous Data Link Control（SDLC）　同步数据链路控制

SDLC 作为一种数据链路协议，被 IBM 系统网络体系结构（SNA）的基于主机的系统广泛采用。SDLC 使用一般的主 / 从模式，其中一个结点控制其他结点如何接入网络。

Synchronous Data Link Control（SDLC）　同步数据链路控制

SDLC 是 HDLC 标准的子集，它是数据链路层协议，通常用于 SNA 网络。

Synchronous Digital Hierarchy（SDH）　同步数字系列

SDH 是在光缆上传输同步数据的一种国际标准，类似于北美 SONET 标准。SDH 定义的标准传输速率为 155.52 Mb/s。

Synchronous Optical Network（SONET）　同步光纤网

SONET 是高速光纤传输标准。SONET 标准定义了一个类似于 T 形载体的信号分层，但可以扩展到更高的带宽。基本的传输数据块是 STS-1 51.84 Mb/s 信号，用于适配 T3 信号。数据块最高定义到 STS-48，即 48 个 STS-1 通道，合计速率为 2 488.32 Mb/s，能够承载 32 256 个语音电路。

Synchronous Payload Envelope（SPE）　同步净荷包

SONET SPE 是 SONET 帧中承载净荷数据的那部分。

T

T1

1962 年，贝尔系统建立了第一个北美 T-Carrier 标准，用于复用数字化的语音信号，以取代 FDM 系统，提供更好的传输质量。T-Carrier 标准系列包括 T1、T1C、T1D、T2、T3 和 T4 等。

Telephony　电话

电话是指语音信号的长距离传输设备,例如采用交换机、电话机和传输介质等。

Telephony Application Programming Interface（TAPI）　电话应用编程接口

TAPI 是由 Microsoft 和 Intel 于 1993 年提出的应用编程接口（API），用来给 Windows 系列产品添加电话性能。

Telephony Gateway　电话网关

电话网关是经过专门装备的计算机或路由器，用来在电话网络和 IP 网络之间提供接口，将语音电话呼叫转换成 IP 数据，或者将分组化的呼叫转换成标准的电话信号。

Terminal Adapter（TA）　终端适配器

TA 是非 ISDN TE2 与 ISDN 网络间的硬件接口。

Time Slot　时隙

时隙又称时间片,是时分复用（TDM）中给数据流分配的一个固定传输时间周期。

Time-Division Multiplexing（TDM）　时分复用

TDM 是通过给每一路信号分配固定的时隙,在同一传输链路上传输多路信号的复用技术。

Time Division-Synchronous Code Division Multiple Access（TD-SCDMA）　TD-SCDMA 系统（时分同步码分多址）

TD-SCDMA 是由中国提出的采用时分双工技术的同步码分多址系统,是第三代移动通信系统(3G)三大国际标准之一(另外两个 3G 标准是 cdma2000 和 WCDMA)。TD-SCDMA 是以我国知识产权为主的、被国际上广泛接受和认可的无线通信国际标准,是我国电信史上重要的里程碑。

Transponder 转发器

转发器是安装在卫星上的设备,它接收微弱的微波信号,进行放大、调节,并重新发射回地面。

Trunk 干线,中继线

干线是指电话网络中端局之间的物理连接。中继线是专用小交换机(PBX)与中心局(CO)交换机之间的连接。

Tunneling 隧道

隧道技术使得网络协议可以将其他协议的信息放到自己的数据包内,例如:将 IPX 数据包放到 IP 数据包中。使用数据加密技术,可使数据包的安全性得到保证。

U

Unified Messaging 统一消息传送

统一消息传送也称为综合消息传送,它允许用户从一个中心位置以所有的消息源(语音、E-mail、传真和语音邮件等)进行接收、发送和交互。

Universal Asynchronous Receiver/Transmitter(UART) 通用异步收发器

UART 是一种串行接口的一部分。这种串行接口进行并/串变换,添加起始位、停止位和奇偶校验位,监控端口状态,控制电路时序,缓冲数据等;在接收端进行相反的过程。

V

Very High-bit-rate Digital Subscriber Line(VDSL) 甚高速数字用户线

VDSL 是新一代更高速的 DSL 技术,其传输速率可达 52 Mb/s(下行)和 1.5~2.3 Mb/s(上行)。

Very Small Aperture Terminal(VSAT) 甚小口径地球站

VSAT 是一种较小口径(1.5~3 m)的卫星天线,用于卫星点到多点通信。

Virtual Circuit 虚电路

虚电路是一条通信路径。虽然数据在源结点和目的结点之间传送时可能会途经不同的路径,但是对发送设备和接收设备而言,虚电路就像只有一条单一的线路一样。

Virtual Tributary(VT) 虚拟分支

虚拟分支(VT)是一个可进行多路复用,从而组成较高容量信道的低级信道。例如,28 个 T1(DS1)信道

Voice over Internet Protocol(VoIP) 基于 IP 的语音传输

VoIP 是以 IP 分组的形式传送电话信号的技术。

W

Wavelength Division Multiplexing(WDM) 波分复用

波分复用(WDM)是为了使若干独立信号能在一条公共光通路上传输,而将其分别配置在分立的波长上的复用。由于其经济性与有效性,WDM 技术已成为光纤通信网络扩容的主要

手段。

Wideband Code Division Multiple Access（WCDMA） 宽带码分多址
WCDMA 是由欧洲和日本提出的第三代移动通信（3G）标准。

Wireless MAN 无线城域网
无线城域网是指以无线方式构成的城域网，提供面向互联网的高速连接。

Worldwide Intelligent Network（WIN） 全球智能网
全球智能网（WIN）是世界上最大、最先进的通信网。

参考文献

[1] 刘化君，等．城域网与广域网．北京：电子工业出版社，2015.

[2] REED K D．广域网（第 7 版）．蒋先泽，等，译．北京：电子工业出版社，2003.

[3] 谢希仁．计算机网络（第 7 版）．北京：电子工业出版社，2017.

[4] 雷震甲，等．网络工程师教程（第 5 版）．北京：清华大学出版社，2018.

[5] 刘化君，等．计算机网络原理与技术（第 3 版）．北京：电子工业出版社，2017.

[6] 刘化君，等．计算机网络与通信（第 3 版）．北京：高等教育出版社，2016.

[7] 李春生，李琳莹．FTTx ODN 技术与应用．北京：北京邮电大学出版社，2016.

[8] 科墨（COMER D E）．计算机网络与因特网（第 6 版）．北京：电子工业出版社，2015.

[9] 刘化君，刘传清．物联网技术（第 2 版）．北京：电子工业出版社，2015.

[10] RACKLEY S．无线网络技术原理与应用．吴怡，朱晓荣，宋铁成，等，译．北京：电子工业出版社，2012.

[11] ZHANG Yan，CHEN Hsiao-Hwa．构建宽带无线城域网的移动 WiMAX 技术．李赞，等，译．北京：电子工业出版社，2009.

[12] 郎为民，郭东生．EPON/GPON 从原理到实践．北京：电子工业出版社，2010.

[13] 杨峰义，等．5G 网络架构．北京：电子工业出版社，2017.

[14] 罗振东，等．宽带无线接入技术．北京：电子工业出版社，2017.

[15] 全国计算机专业技术资格考试办公室．网络工程师考试大纲（2018 年审定通过）．北京：清华大学出版社，2018.